U0158091

水利精准调度
理论与实践

江苏省水旱灾害防御调度指挥中心
江苏省水文水资源勘测局

◎ 编著

河海大学出版社
HOHAI UNIVERSITY PRESS
·南京·

图书在版编目（CIP）数据

水利精准调度理论与实践 / 江苏省水旱灾害防御调度指挥中心，江苏省水文水资源勘测局编著. -- 南京：河海大学出版社，2022.8
ISBN 978-7-5630-7248-4

Ⅰ.①水… Ⅱ.①江… ②江… Ⅲ.①水库调度 Ⅳ.①TV697.1

中国版本图书馆 CIP 数据核字(2021)第 226532 号

书　　名	水利精准调度理论与实践	
书　　号	ISBN 978-7-5630-7248-4	
责任编辑	彭志诚	
特约校对	薛艳萍	
装帧设计	槿容轩　杭永红	
出版发行	河海大学出版社	
地　　址	南京市西康路 1 号(邮编:210098)	
电　　话	(025)83737852(总编室)	
	(025)83722833(营销部)	
经　　销	江苏省新华发行集团有限公司	
排　　版	南京布克文化发展有限公司	
印　　刷	南京迅驰彩色印刷有限公司	
开　　本	787 毫米×1092 毫米　1/16	
印　　张	15.5	
字　　数	340 千字	
版　　次	2022 年 8 月第 1 版	
印　　次	2022 年 8 月第 1 次印刷	
定　　价	98.00 元	

《水利精准调度理论与实践》

编写人员

主　　编	张劲松
副 主 编	朱建英　陈　静　辛华荣
编写人员	唐运忆　陶娜麒　张领见
	高　菲　方　瑞　何　健
	鲍建腾　焦　野　周春飞
	栾承梅　冯胜男　钱睿智
	闻余华

前言
Preface

　　水善利万物而不争，承载水的河湖总是低调。君不知，河湖的功能悄然发生着变化，传统的防洪、灌溉、排涝功能依旧，借水行舟仍然自在。然而河湖的生态、愉悦功能，让公众不知不觉中感知，近者悦，远者来，河湖岸边成了人们休闲悦乐的好去处。功能变化了，河湖便不能像原本自然的状态，丰水的时候水位猛涨，枯水的季节水位骤跌。维持一个恰当的水位，保持一个达标的水体，成了说来平常但近乎奢侈的需求。这个使命，便由水利调度来担当。调度成了常态，不分时空，不论季节，现如今已经鲜有自然状态的水，所见的河湖水都经过了物化的劳动。调度也无处不在，水多了要调度，水少了要调度，水脏了要调度，水浑了也要调度。据统计，有的泵站水闸年运行360多天，几乎夜以继日地忙碌。

　　水利调度，是水利工程调控与自然法则之间循环博弈的系统行为。《中国大百科全书》对"水利调度"的解释为"运用水利工程的蓄、泄和挡水等功能，对河流水流在时间、空间上按需要重新分配或调节江河湖泊水位。其目的在于保证水利工程安全，满足国民经济各部门对除害兴利、综合利用水资源的要求"。精准调度，就是要求调度运行掌握多维度大数据，在优化方案的基础上，实现不偏不倚、零误差的决策目标。《说文》中有"准，平也。谓水之平也。天下莫平于水，水平谓之准"。

　　精准调度不能一蹴而就，它不仅需要长期的理论研究和实践探索，还必须具有前提基础，非至此便不能论及。精准调度在江苏先行，并取得成效，细细数来，源远流长。一是自然禀赋。江苏地处长江淮河下游，水面占到国土面积百分之十七。长江横贯西东，带来丰沛优质的水资源，京杭大运河穿流经纬，串联长江、太湖、淮河、沂沭泗四大水系。境内河网既均衡密布、互联互通，又高低分流、错落有致。众多湖泊水库分布其间，调蓄来水、涵养水源。独特的自然资源成就了调度的前提。二是水利工程。江苏已经建成防洪、挡潮、排涝、灌溉、调水五大工程体系。水往低处流，亦能向高处走。江水北调工程20世纪70年代初步建成，实现跨流域调水。引江济太20世纪启动实施，开调水引流之先河。三是决策支持。江苏建成了省市两级防汛防旱指挥系统，正在往县乡延伸，实现了省防办与重点工程的互联互通，制定了全省防汛防旱应急预案等各类预案，编制了流域性、区域性和重点工程调度方案。

精准调度乃学、乃术，由专业研判与实际操作构成，加上后续评估，可分三步。"前奏曲"：预报、预测、预案、预警紧密相联，天气预报定制到各个水利分区及不同时段，接着做水文预报。根据预报进行降水量、来水量预测，分析水位流量。预测之后出预案，调度预案要几经研判。预案出台发出预警，到基层到公众。"进行时"：直指调度指令的生成、执行与反馈。生成的指令从科学研判与行政决策而来，调度指令的执行是执行力和操作力的有机结合，反馈及时或者适时监控，便能相机做出新的调度指令。"落脚点"：归根结底在后评估，即调度之后的效率和效益分析，这当中社会效益永远是第一位的，其次才是经济效益和财务效益。

实践出真知。江苏是个水旱灾害频发的省份，中华人民共和国成立以来，我省正常年景仅8年，发生干旱灾害17年，洪涝灾害22年，旱涝交错24年，累计有63年发生水旱灾害。而最近几年在提出了精准调度的理念后，对其进行了实践，既检验理论、丰富理论，又取得显著、实效的减灾免灾效益。据统计近三年累计实现减免灾效益192.8亿元。

本书系统梳理了水利精准调度的理论与实践。理论篇提出了水利精准调度的概念和内涵，解析了江苏精准调度的基础；技术篇概述了精准调度的过程，提炼了精准调度的关键技术；实践篇总结了江苏近年来精准调度的实例，从单目标调度、多目标调度、应急调度等诸方面进行剖析，选取若干典型年，将精准调度逐个呈现；最后附录是水利精准调度的有益补充。

水利精准调度已成为人水和谐不可或缺的一部分，无论除害兴利还是生态环境的保护，水利调度无处不在，精准施策审势而行，不断提升水利精准调度的水平正是本书的初衷。

目录
Content

理论篇

第一章　整观"精准调度"

1.1　解说"调度"　/003

1.2　调度内容与分类　/004

    1.2.1　从解决水资源的角度　/004

    1.2.2　从水利调度的目的　/004

    1.2.3　从调度需要响应的缓急程度

           /006

1.3　剖析"精准"　/006

1.4　"精准调度"之必要性　/007

1.5　"精准调度"之方法论　/008

    1.5.1　树立江河治理的系统思维

           /008

    1.5.2　践行"知行合一"的行动准则

           /009

    1.5.3　继承与创新的辩证取舍　/010

第二章　精准调度基础

2.1　自然禀赋　/011

    2.1.1　调度之源　/011

    2.1.2　通济之网　/012

    2.1.3　治水之鉴　/013

2.2　工程基础　/014

    2.2.1　湖库蓄滞工程布局　/015

    2.2.2　防洪治涝工程布局　/018

    2.2.3　跨流域调水工程　/025

    2.2.4　工程精细化管理　/028

2.3　决策支持　/030

　　2.3.1　情报分析系统　/030

　　2.3.2　预报调度系统　/031

技术篇

第三章　精准调度流程

3.1　调度原则　/037

　　3.1.1　洪涝调度原则　/037

　　3.1.2　水量调度原则　/038

　　3.1.3　生态(环境)调度原则　/039

　　3.1.4　应急调度原则　/040

　　3.1.5　风险调度原则　/041

3.2　调度前奏　/041

　　3.2.1　方案预案　/041

　　3.2.2　信息获取　/046

　　3.2.3　预测预报预警　/047

　　3.2.4　会商决策　/050

3.3　调度实施　/051

　　3.3.1　指令生成　/051

　　3.3.2　指令执行　/054

3.4　调度评估　/055

　　3.4.1　执行评估　/055

　　3.4.2　效果评估　/057

　　3.4.3　调度调整　/057

第四章　精准调度关键技术

4.1　洪涝调度　/059

　　4.1.1　洪涝调度方案　/059

　　4.1.2　预降水位　/061

　　4.1.3　联合调度　/062

　　4.1.4　全力排水　/064

　　4.1.5　错时错峰　/065

　　4.1.6　洪水资源利用　/066

4.2　水量调度　/068

　　4.2.1　水量调度方案　/068

　　4.2.2　蓄水保水　/070

4.2.3 计划用水 /072

4.2.4 联合调度 /075

4.2.5 用水管理 /076

4.3 生态(环境)调度 /079

4.3.1 解析生态(环境)调度 /079

4.3.2 确定调度尺度 /082

4.3.3 调度控制指标 /084

4.4 应急调度 /084

4.4.1 防洪排涝应急调度 /084

4.4.2 抗旱应急调度 /086

4.4.3 生态应急调度 /087

4.4.4 突发性水污染应急调度 /088

4.5 风险调度 /092

4.5.1 风险调度类型 /092

4.5.2 实施条件 /096

4.5.3 风险承受 /097

4.5.4 风险调度决策和控制 /097

实践篇

第五章 防洪排涝调度

5.1 1999 年太湖大水 /101

5.1.1 太湖水位突破历史最高 /101

5.1.2 紧急调度力争"三防五保"
/102

5.1.3 事件总结——预测预报与水利
调度的作用 /102

5.2 2003 年江淮大水 /103

5.2.1 多地出现历史第二高水位
/103

5.2.2 同步调度,有序排水 /103

5.2.3 紧急启用淮河入海水道工程
/104

5.2.4 事件总结 /105

5.3 2007 年淮河及里下河大水 /105

5.3.1 洪泽湖蒋坝大幅超警,里下河
地区全面超警 /106

    5.3.2　全力敞泄,防控有序　/106

    5.3.3　事件总结——科学规划与防控
    的胜利　/108

  5.4　2016 年太湖及秦淮河大水　/109

    5.4.1　太湖发生流域性特大洪水,秦
    淮河、水阳江水位超历史
    /109

    5.4.2　精准调度,迎战太湖、秦淮河流
    域洪水　/110

    5.4.3　事件总结——反复测算调度方
    案的重要性　/111

  5.5　2017 年淮河秋汛　/111

    5.5.1　洪泽湖大流量入湖,下游地区
    水位猛涨　/112

    5.5.2　科学合理调度,全力泄洪排涝
    /112

  5.6　2000 年第 12 号台风"派比安"暴雨
  /113

    5.6.1　对江苏影响第二严重的台风
    "派比安"　/114

    5.6.2　沿海潮位接近或超过历史最高
    /114

    5.6.3　多措并举,确保防洪安全　/115

    5.6.4　事件总结——水利调度的复杂
    性　/116

第六章　抗旱水量调度

  6.1　1994 年淮河大旱　/117

    6.1.1　淮干蚌埠闸一度断流　/117

    6.1.2　遭遇 1934 年以来最严重伏旱
    /118

    6.1.3　多管齐下全力保障各地用水
    /118

    6.1.4　事件总结——作为水乡江苏同
    样资源紧缺　/119

  6.2　2011 年江苏省全省性大旱　/120

6.2.1 气象干旱致全省河湖普遍干旱 /120

6.2.2 开源节流应对严重干旱 /121

6.2.3 事件总结——调水体系发挥巨大作用 /122

第七章 生态(环境)调度

7.1 生态径流友好调节 /123

7.2 重要河湖互济互调 /124

7.3 区域河网量质保障 /124

7.4 城市畅流活水调控 /125

第八章 应急调度

8.1 污染事件应急调度 /127

8.1.1 1994年洪泽湖特大水污染事件 /127

8.1.2 2007年沭阳县饮用水源地污染事件 /128

8.2 生态应急调度 /130

8.2.1 2002年南四湖生态补水 /130

8.2.2 2014年南四湖生态补水 /131

第九章 科技支撑精准调度

9.1 2016年暴雨洪水调度决策 /134

9.1.1 拉尼娜接棒强厄尔尼诺 /134

9.1.2 继2015年后再遇"暴力雨季" /137

9.1.3 流域区域现超级别洪水 /140

9.1.4 防洪治涝工程凸显成效 /144

9.1.5 预报预警强力支撑防汛 /146

9.2 2020年暴雨洪水——全域洪水与调度决策 /149

9.2.1 遭遇超强超长梅雨季 /149

9.2.2 全域超标洪水接踵而至 /149

   9.2.3 科学调度取得抗旱抗洪全面胜

     利 /152

 9.3 干旱预报预警 /155

   9.3.1 江苏省干旱时空格局及其前兆

     异常信号研究(2015 年) /155

   9.3.2 江苏省旱情监测预测系统研究

     (2017 年) /157

 9.4 城市畅流活水调度 /160

   9.4.1 以扬州中心城区为例 /160

   9.4.2 以苏州古城区为例 /168

 9.5 2019 年"三抗" /179

   9.5.1 洪旱形势异常严峻复杂 /179

   9.5.2 水文测报强力支撑水旱灾害防

     御 /181

   9.5.3 科学调度有效缓解苏北旱情

     /182

附 录

 附录A 调度方案 /190

 附录B 江苏省水情预警发布管理办法

    /206

 附录C 水利工程调度运用规范化技术要求

    简介 /213

 附录D 发表论文 /221

 附录E 图件 /229

参考文献 /230

后 记 /233

理论篇

　　"尧舜时，九河不治，洪水泛滥。尧用鲧治水，鲧用雍堵之法，九年而无功。后舜用禹治水，禹开九州，通九道，陂九泽，度九山。疏通河道，因势利导，十三年终克水患。"这是《史记》中记载的最精短的大禹治水过程，是人类对水进行最原始腾挪"调度"的具体实践。春秋起，《大唐六典》《唐律疏义》《水部式》等典籍中也均有"调度"规矩可循，其中内容包括防汛和河防调度、灌溉管理和用水分配制度、运河和漕运管理制度等。时至今日，如何科学治水、系统治水、精准治水、高效治水依然是我们面对的核心问题，而水利工程运行调度怎样实现精准有序更是其中的关键要素。本书先阐述"精准调度"的概念与主要内容。

第一章
整观"精准调度"

剖析"精准",解说"调度"。我们需要用一种正确的思维方式去思考"精准调度"的必要性,用一套行之有效的方法去研究如何实现"精准调度"。

1.1 解说"调度"

本篇"调度"意指水利工程之调度运行,是人为工程调控与自然法则之间循环博弈的系统行为。

图 1.1.1 汉字"调度"

引段玉裁《说文解字注》:"度,法制也。论语曰:谨权量。审法度。中庸曰:非天子不制度。今天下车同轨。古者五度。分寸尺丈引谓之制。周礼:出其淳制。天子巡守礼,制币丈八尺。纯三咫。纯谓幅广。从又,周制,寸尺咫寻常仞皆以人之体为法。寸法人手之寸口。咫法中妇人手长八寸。仞法伸臂一寻。皆于手取法。故从又。庶省声。徒故切。五部。"所以,"度"针对本篇内容存在两层含义:其一,计量长短的标准、尺码。度中的"又"字意为人手,古代多用手、臂等来测量长度,是人为去丈量、了解和摸清尺度的意境。其二,延伸之意义为知度而制度,是在掌握自然界尺度的基础之上制定的规则、法则与相关制度。

"调"为人之调,"度"为天地之度、自然之道法,而又通过"度"中之人

（又，手）审时度势、顺势而为、实现与天地融合并生之调。所以，水利工程的调度运行中"度"是基础，是必须遵循的自然法则；人是施力方，是源动力，是在"道法"基础之上做出预测、预判完成调控的行为过程。如《中国大百科全书》对"水利调度"的解释为："运用水利工程的蓄、泄和挡水等功能，对河流水流在时间、空间上按需要重新分配或调节江河湖泊水位。其目的在于保证水利工程安全，满足国民经济各部门对除害兴利、综合利用水资源的要求。"

1.2 调度内容与分类

按照水利系统的组成情况和承担的水利任务，要拟定相应的调度原则和有关的控制指标，根据水情情况进行实时调度。其主要的调度目的包括防洪安全、灌溉供水、水力发电等。《水文基本术语和符号标准》明确定义水资源调度："为兴利除害，综合利用水资源，合理利用水工程和水体，在时间和空间上对径流进行重新分配，以适应国民经济各部门的需要。包括供水调度、防洪调度、水库调度、水沙调度。"综合利用水利系统调度原则，兼有防洪、灌溉、发电、航运、排涝、渔业、供水、环境保护、旅游等多种用途的综合利用水利系统，应根据其承担任务的主次关系及相互结合情况，拟定调度原则，处理好防洪与兴利的关系、各兴利部门之间的关系等，以整体综合效益最优进行统一调度。

1.2.1 从解决水资源的角度

洪涝灾害、水资源紧缺、水环境污染是水资源的三大问题，如从解决水资源问题的角度分类，可将调度分为防洪调度、供水调度、环境调度三大类。洪涝灾害受各级政府的关注，因此防洪调度处于各类调度的优先地位；供水调度主要解决健康安全，是水资源调度的重点研究对象，处于第二位；环境调度则主要解决生态环境安全，越来越被关注，是目前国内外较新的研究热点，也是今后水资源调度发展的趋势。

1.2.2 从水利调度的目的

根据水利调度目的进行分类，可以分为防洪调度、供水调度、水力发电调度、航运调度、水沙调度、水质调度和生态调度等7类。

1. 防洪调度

防洪调度主要利用河槽、过流性湖泊宣泄洪涝水，利用湖泊、湖荡、水库、河网蓄滞洪涝水、削减洪峰，利用江、河、湖、海堤防和控制建筑物挡御控制洪水，在合适的时间因地制宜地将洪水放到合适的地方。在确保工程安全和防护区的洪灾总损失最小的前提下，人为地实现对天然洪水的蓄洪、滞洪、分洪、错峰等，减免洪水灾害，妥善处理防洪与兴利的矛盾，以达到除水害兴水利之目的。

2. 供水调度

供水调度主要是利用河湖拦蓄、输送水资源，并通过河道、湖泊、水库上的泵站、涵、闸等控制建筑物及渠道、管道等配水建筑物，以丰补枯，满足生活、生产与生态等经济社会发展用水需求的功能。其中，通过水源工程调度，从各类水源地提供生产性供水的功能具有公益性质，而通过进一步水处理，面向工业、农业及生活的社会生产性供水，具有开发性质。根据用水对象分布情况，合理划分各种工程的灌溉范围，分别由水库、湖泊、河道等蓄水体来引水、提水。各供水水源地的水量分配与调度，则是按照区域优先、城乡居民生活用水优先原则，统筹生活、生产、生态用水。总之，供水调度主要是在沿线河、湖、库等大型有调节功能水体调蓄作用的基础上加强用水管理。

3. 水力发电调度

水力发电调度是运用河道、水库等的调蓄能力，在保证堤防、大坝安全的前提下，利用河道自然落差或通过工程措施增加河道、水库的势能，调节径流过程，实现水力发电，达到除害兴利、综合利用水资源的目的，最大限度地满足国民经济各部门的需要。

4. 航运调度

航运调度是为解决由于天然径流年内分配不均匀而导致的枯水季节河道的水深不能满足航运要求的矛盾。航运调度通过调节水利工程，保证河道、湖泊具有一定的水深、宽度、水流等，从而满足航运的条件。

5. 水沙调度

水沙调度主要是通过控制泥沙淤积的部位和速率，对来水、来沙进行统一调度，减轻淤积，防止由于泥沙淤积引起的水库防洪、兴利库容逐渐减少，提高水库的综合效益，延长水库寿命，减少泥沙淤积对水库建筑物和上、下游环境的不利影响，维持河势的动态稳定。

6. 水质调度

水质调度是指在保证防汛安全，生产、生活用水，航运及重要区域水环境安全的前提下，充分利用外河潮汐动力和清水资源，通过水闸、泵站等工程设施的调度，使河网内主要河道水体定向、有序流动，加快水体更新速度，改善内河水质。从环境水利的角度，水质调度主要是利用水利工程的调度达到改善环境的目的，目前国内主要有以下三类调度情况：城市上游建有水库的地方可通过综合利用，改善下游水质；靠近大江、大湖的城市，从江、河、湖引水改善水质；大河、湖泊可通过加强水体循环，改善水质，防止富营养化。

7. 生态调度

生态调度主要通过调水引流，改善生态环境，维持河道基本流量，净化河湖水质，提供生物栖息场所，维护生物多样性，实现生态良性循环；同时通过开发河湖的观光、娱乐、休闲、度假、科学、文化、教育活动等景观功能，改善城市居住环境与生态环境，具有一定的公益性质。

以上 7 类调度，前 4 类均是以水量增减为调度目标，而后 3 类则通过水量的调节来解决泥沙、生态环境和水质问题。近年来的实践也表明，水利工程设施不仅要为防洪、排涝、供水服务，还要为生态环境的改善服务；不仅要满足人对水的需求，还要满足水及水周边环境对水自身的需求。

1.2.3　从调度需要响应的缓急程度

按照调度需要响应的缓急程度，调度又分为常态化调度和应急调度。流域应急调度是指为应对流域突发事件而运用水库调度尤其是实时调度，对自然水流进行重分配的过程。相比于常规情况下对水资源有计划地综合调配，在面临突发事件时，调度更多的是服务于某种特定需求。通常流域突发事件是指突然发生并造成或可能造成流域水体污染、水工建筑物结构破坏、水利设施损毁，从而导致生命财产损失、生态环境破坏、危害社会安全的特定事件。

1.3　剖析"精准"

"精准"是当前水利事业现代化发展对运行调度的最终要求。精准，就是时间概念中、空间位置上精细练达的准确。

图 1.3.1　汉字"精准"

精，择米也，提炼或挑选出的优质的东西，引申义为拨开云雾而见青天。"准"在《说文解字》中意为"准，平也。谓水之平也。天下莫平于水，水平谓之准"。这是指古人用水平仪测量物体的倾斜度，当指针凝固在正中位置时，其倾斜度就是"零"。这种"指针凝固在零度位置"就是"准"。

"精准"的要求就是调度运行在优化精选方案的基础上，从时空各级尺度上掌握多维度大数据，从而实现不偏不倚、零误差的各级决策目标。所谓"精"即指专业性，"准"就是靶向定位。"精准调度"引领的是围绕当前水利形势的战略性发展思路，是围绕自然资源禀赋特征和水利工程布局提出的针对性专业方向，为最终实现"水安全有效保障、水资源永续利用、水环境整洁优美、水生态系统健康、水文化传承弘扬"的多重目标奠定坚实的理论基础。

1.4 "精准调度"之必要性

江河治理是人与河湖的对话,只有充分尊重河湖的自然属性,对话才可能和谐,人们才可能在江河治理实践中取得预期的效果,达到预期的目的。为实现调用水的经济效益、社会效益、环境效益和生态效益的有机统一,在当前形势下实践精准调度势在必行,而且,随着经济社会的发展,对水利行业的要求越来越多,也越来越高,体现在水利工程调度上主要有:一是调度内容、调度目标不断增加。以前水利工程调度侧重防洪、农业灌溉供水,现在则是坚持防汛抗旱并举,实现由控制洪水向洪水管理转变,由单一抗旱(农业)向全面抗旱(城市供水、工业、航运、农业生产等用水)转变;以前重点在汛期防洪调度、枯水期供水调度,现在是全年调度。调度从防汛防旱向多元化、多目标调度转变,包括生态(环境)调度等方面的拓展。二是从常规调度提升到精准调度,就是要在调度过程每个环节都体现科学、精准、规范,把调度要求量化、明确化,确保调度指令能够执行到位,并要求调度人员及时掌握指令执行情况,并进行执行效果评估,以便调整调度,发挥水利工程最大减灾兴利效益,反映了对水利工程调度精益求精的要求。

提炼精准调度的深刻内涵,把握精准思维与尺度,是全面贯彻"节水优先、空间均衡、系统治理、两手发力"新时期治水方针的思维强化与方法引导。当前,江苏省正处于全面建成小康社会、加快推进现代化建设的关键时期,我们要在"十三五"和水利现代化规划总体战略指引下,深入学习贯彻习近平总书记"节水优先、空间均衡、系统治理、两手发力"新时期治水方针,按照江苏省委省政府和省水利厅党组加快水利改革发展的决策部署,大力践行建设与管理均衡发展理念,加强河湖和水利工程管理的精细化、法制化、社会化和信息化建设,确保水利工程安全运行和效益充分发挥,建设与水利基本现代化进程相适应的河湖管理体系,推动我省河湖和水利工程管理实现新跨越。精准调度的思维与方法是植入新时期治水思路的强心剂与重要抓手,是实现智慧水利决策的重要来源。

强化水利调度的精准能力建设,完善防洪减灾体系和洪水风险管理体制,是遵循自然规律,切实保障区域、流域水安全的实践基础。经过中华人民共和国成立以来几十年的持续努力,江苏省基本建成流域与区域相配套的防灾减灾工程体系,覆盖全省范围的跨流域跨区域调配水工程体系也在不断完善,江水北调工程体系已经建成,江水东引工程体系日趋完善,引江济太供水体系得到发展。江苏省水利工程发挥着吞吐江河、蓄滞洪水、调洪削峰的重要功能,完善水利工程的防洪除涝减灾体系,实行精准调度,对于保障区域乃至流域防洪安澜具有十分重要的作用。

实施精准的科学调度,是践行"人与自然和谐、维护河湖生态健康、水资源持续利用的可持续发展"新时期治水理念的必须途径。江苏地处东部沿海中部，江淮下游，黄海之滨。境内山水平原错落，河流湖泊纵横，是全国唯一拥有大江大河大湖大海的省份，也是名副其实的"洪水走廊"。虽然我省水系已形成防洪排涝、灌溉供水、改善水环境、航运等主功能布局体系，但长期以来河流湖泊等围垦种植、圈圩养殖、侵占水域等行为，导致生态环境受损、承载能力越来越差、湖泊沼泽化等较为突出的生态问题。江河湖泊是生态系统的重要组成部分，维护江河湖泊健康是生态文明建设中的一项重要任务。在当前工业化、城镇化深入发展的阶段，必须加强河流湖泊管理能力建设，实施科学精准的工程调度，让开发与保护相平衡，建设以水体资源环境承载力为基础、以水体自然规律为准则、以可持续发展为目标的资源节约型，环境友好型社会。

开展水利精准调度研究，提升河道管护水平，是助力河长制、湖长制和生态河湖行动计划，实现"天人合一"美好愿景的有力保障。十九大报告指出"当前生态环境保护任重道远，今后必须坚持人与自然和谐共生，加大生态系统保护力度，提升生态系统质量和稳定性"。在河湖生态需水保障和河湖健康保护的制度层面，2016 年 11 月 28 日中共中央办公厅、国务院办公厅联合印发了《关于全面推行河长制的意见》，2018 年 1 月 4 日中共中央办公厅、国务院办公厅又联合印发了《关于在湖泊实施湖长制的指导意见》，是将绿色发展和生态文明与美丽中国建设，从理念向行动转化的具体制度安排，也是中国水环境管理制度和运行机制的重大创新，使责任主体更加明确、管理方法更加具体、管理机制更加有效。开展水利精准调度研究，可为近期的重点工作加速助推，保障社会经济综合协调发展。

1.5 "精准调度"之方法论

1.5.1 树立江河治理的系统思维

系统思维是原则性与灵活性有机结合的基本思维方式。只有系统思维，才能抓住整体，抓住要害，才能不失原则地采取灵活有效的方法处置事务。客观事物是多方面相互联系、发展变化的有机整体。系统思维就是人们运用系统观点，把对象的互相联系的各个方面及其结构和功能进行系统认识的一种思维方法。

当前江苏治水的思路中明确强调要树立系统思维，就是要树立全面、联系的观点，系统思考，科学统筹，推动各项政策举措良性互动、协调配套。要突出系统性，坚持水陆统筹、空间融合、功能协调，推进山水林田湖草一体化治理。要突出整体性，科学把握洪涝旱特性和水资源时空分布规律，坚持流域、区域、城市、乡村治理的统筹协调，构建互联互通、协调配套的河网水系。要突出协同性，发挥河长制、湖长制平台功能，强化地区间、部门间的协调联动，统筹上下游、左右岸等各方面关系，协同做好治水兴水大文章。

1.5.2 践行"知行合一"的行动准则

1. 坚持问题导向的研究路线

问题导向是研究河湖精准调度最基础的方法。面对每个流域、区域的河湖调度的研究,必须回答以下几个最基本的问题:①本区域自然地理属性如何?水系是怎样的特征?人文历史需进行简要回溯。②水利工程是怎样的布局?当前调度管理采用什么样的模式?③根据海量信息,明确精准调度的目标,如何知"度"和定"度"?④知"度"和定"度"后如何制"度"?⑤如何精准地据"度"而"调",实现多重目标?"精准调度"的研究,就要遵循提出问题→解决问题→再提出问题→再解决问题这样一条研究路线,把工作不断拓展和引向深入,逐一摘下"问题树"中的果实。

2. 探索实践的知"度"方式

对任何一件事情发表看法、行为、思想、决断的前提就是知。知包含了知识、知道、信息等等一切的元素。精准调度的"度"是涉及系统的自然之道法,是对自然地理水系特征精准把握,是"天人合一"的历史序列中凝炼出的基本规律。知是认知的过程,它与行不断交融提升,"知是行之始,行是知之成"。没有独立的、先于行或与行割裂的知,要达到知就必须通过行。通过知的过程,我们掌握了流域和区域水问题研究尺度、水文要素特征与阈值范围、并能以量化的数学表现形式加以描述。但是,仅凭文献资料与单纯数据分析是无法真实、系统、全面地深度认识精准调度的,在前人的成果中汲取精华的基础上还需尽可能的结合实地考察获得感性认识。

3. 融合贯通的制"度"方法

制"度"必须知"度",而对"度"的认知又是一个循环提升的实践过程,制"度"的过程也就随之不断更新优化。制"度"必须把握两个要点:其一,理论联系实际,充分利用行业内外长期以来的研究与应用成果。现有的水文情报预报技术与调度方案是前辈们积累与实践的宝贵成果,我们在研究精准调度的过程中必须逐层垒砌、优化更新,让海量数据与成果发挥应有的作用;其二,精准把握调度目标,因地制宜多学科综合集成"度"的精髓。尽管现有研究成果与积累的资料如此丰富,但水利调度理论与实践与精准的要求还有一定的距离。"精准"要求之下的调度行为是一项新兴的、跨学科的原创性系统工程,必须从浩瀚的科学研究成果中汲取所需的科学事实、观点、结论和认识。为此,须把握住从目标导向到问题导向的技术路线,即明确并牢固把握精准调度的实际目标,梳理出为调度目标所需揭示的水文地理等学科要素,厘清构成精准调度理论的诸要素需要回答的问题,阐明理论要素的成因、特点以及构成精准调度理论应用的价值与意义。集成各方学科要领,才能真正达到"他山之石可以攻玉"的效果。

4. 据"度"而"调"的决策支持

制"度"的目的是更加精准有力地调"度","度"是基础,是调度的核心,精准是从时空上对实现控制目标的量化要求，调度必须围绕着核心基础展开，来解决如何调控的问题。时间尺度上从中长期→短期→临近，空间尺度上全球→流域→区域→单元，逐级分类，针对多重调度目标，对形势做出预测预判，结合调度规则（调度之"度"）谋篇预案，实施调度行动。期间还须根据情势变化对调度这个控制系统实施回馈分析，应时做出细部调整，最终完成精准调度的全过程。

1.5.3 继承与创新的辩证取舍

继承不是照搬照抄，而是加以合理的取舍；创新不是离开传统另搞一套，而是对原有事物合理部分的发扬光大。正确处理"继承"与"创新"的关系，应立足于"继承"，着力于"创新"，使批判继承与发展创新有机统一起来。虽然传统的调度经验在某些方面已经不适应现代社会发展需求，但是传统技术中的思路与核心理论还是保持着战斗力，在防洪、供水和应急调度等方面仍然发挥主打作用。在精准的高度要求下的调度工作必须加大创新力度，立足原有基础，这样社会经济的发展才能在大数据、智能化建设的背景下搭建成多重目标的现代化综合系统。

第二章
精准调度基础

江苏占据天时地利人和，条件可谓得天独厚，让"精准调度"的实现成为可能。"江淮穿境入海，供可调度之源；水系互联互通，布通济之网；工程精细布局，扣水脉之穴；信息决策支持，调弦乐之律。"水之源、水之网、水之脉、水之韵，人与自然亲密和谐、天人合一不再是奢望。

2.1 自然禀赋

要实现"精准调度"，必须要有"源"有"道"。既要有可调的水源，也有可通达的水道，才能完成水量的腾挪与重新布局。江苏地处长江淮河下游，水域面积占到国土面积百分之十七。长江横贯西东，带来丰沛优质的水资源，京杭大运河穿梳经纬，串联长江、太湖、淮河、沂沭泗四大水系。境内河网既均衡密布、互联互通，又高低分流、错落有致。众多湖泊水库分布其间，调蓄来水、涵养水源。独特的自然资源成就调度的前提。

2.1.1 调度之源

江苏位于中国大陆东部沿海地区中部，辖江临海，扼淮控湖，万里长江穿境入海，千古大运河纵贯全省，全国五大淡水湖之太湖、洪泽湖雄踞南北，遥相呼应。在我国，集"大江大河大湖大海大运河"于一省的唯有江苏。

长江，中国第一大河，干流全长 6 300 余 km，横贯我国西南、华中、华东三大区，大小支流约 7 000 条辐辏南北，构成庞大的长江水系，流域面积约 180 多万 km²，约占我国土地总面积的 1/5。流域大部属亚热带季风气候区，温暖湿润，降水丰富，水量充足，年径流量超 9 600 亿 m³，占全国年径流总量的 1/3 以上。同时，长江也是我国水量最为稳定的河流，年径流量变差系数在 0.12～0.15，有利于水资源的持续开发利用。长江自南京江浦新济洲入江苏境，于南通启东元陀角入海，江苏段全长 400 余 km，是沿江地区的引排水"大动脉"。江苏本地水资源量不足，长江东流过境，成为最为可靠的水源，润泽全省。长江年过境水量为 9 113.7 亿 m³，占全省年过境水总量的 96%，而其中 99% 以上来自长江干流。在江苏治水实践中，早在中华人民共和国成立初期就确立了"扎根长江，江、淮、沂沭泗诸河统一调度，跨流域调水"的基本思路，并进行了科学规划和持续建设，到如今已形成"江水北调""江水东引""引江济太"并驾齐驱的水资源调配格局。无论是生产生活用水的引调，还是洪水涝水的泄排，长江作为源头和归宿，均功不可没。

淮河，中国古代"四渎"之一，发源于河南桐柏山，东流经豫、皖、苏三省，主流从扬州三江营泄入长江，干流全长 1 000 余 km，流域面积 19 万 km²。古淮河独流入海，尾闾畅通，黄河夺淮后，下游河床不断淤高，在淮阴以西逐渐壅塞潴积成洪泽湖，并改道入江。洪泽湖现为淮河中、下游结合部的一座巨型平原调洪蓄水水库，总库容 135 亿 m³，承接上游 15.8 万 km² 范围来水，年入湖水量 325.1 亿 m³，其中汛期 6—9 月占 66%。在保证防洪安全的前提下，通过及时拦蓄尾洪，基本可保证汛末洪泽湖达到或超过正常蓄水位，具备洪水资源化利用条件。

长江、淮河两大江河源远流长，纳百川，汇千流，过境江苏，终归于海。以 10 万 km² 国土承接上游长江、淮河流域近 200 万 km² 范围来水，丰沛、稳定、优质的过境水成为江苏最大的资源优势，为水资源精准调度提供了得天独厚的条件。

2.1.2 通济之网

江苏地势平坦，平原辽阔，水系发达，河道纵横交织如脉络，湖库星罗棋布似镶玉，素有"水乡泽国"之称。几经自然变迁和人工整治，境内水系逐渐形成"江淮四系十七区，百湖千库缀河网，六横排洪保安澜，两纵引江润米乡"的总体格局，在防洪排涝、灌溉供水、改善水环境等方面发挥着重要的载体作用，从而使江苏真正实现"水"遂人愿，调度自如。

以仪六丘陵经江都、老通扬运河至如泰运河一线为分水岭，江苏南北分属长江、淮河两大流域。境内长江流域又可分为长江水系，以及长江南岸茅山山脉以东、宜溧山地以北相对独立的太湖水系；淮河流域废黄河以北为沂沭泗水系，以南为淮河水系。

沂沭泗水系发源于山东沂蒙山区，跨鲁、苏两省，流域面积 7.96 万 km²，其中中下游江苏境内 2.54 万 km²。沂、沭河自源头平行南流，沂河经山东临沂至江苏新沂入骆马湖，在彭家道口和江风口分别辟有分沂入沭水道和邳苍分洪道，分泄沂河洪水入沭河和中运河；沭河在山东大官庄分为新、老沭河两支，老沭河循旧道南下于江苏沭阳口头入新沂河，新沭河向东经石梁河水库至临洪口就近入海。泗河下接南四湖，汇湖东沂蒙山区西部和湖西平原各支流来水，沿韩庄运河、中运河再汇邳苍地区洪水入骆马湖，与沂河洪水一并经骆马湖调蓄后，东出嶂山闸由新沂河入海。

江苏境内淮河中下游水系，主要覆盖洪泽湖周边及下游保护区，面积 3.86 万 km^2，约占全流域面积的 20%。淮河干流过安徽蚌埠、临淮关、五河，于浮山入江苏境，经泊岗引河接原道折向南，在盱眙花园嘴转向东北至老子山入洪泽湖；南岸有池河，北岸有怀洪新河、新汴河、新濉河、老濉河、徐洪河等支流直接入湖。淮河上中游来水经洪泽湖调蓄后，分三路下泄：向南经三河闸，由淮河入江水道穿高邮湖、邵伯湖在扬州三江营借江归海；向东出二河闸或高良涧闸，从淮河入海水道、废黄河或苏北灌溉总渠直接入海；在淮、沂洪水不遭遇的情况下，向北可相机分淮入沂，依次经二河、淮沭河、新沂河入海。

长江自西向东横穿江苏，将境内 1.91 万 km^2 范围的长江水系分割为南北两片，北岸有滁河，以及仪六山丘区、通扬和通吕通启地区诸多通江河道，南岸则有秦淮河、水阳江等支流。滁河发源于安徽肥东，至陈浅进入江苏，于南京六合大河口入江，境内有驷马山河、马汊河等分洪道分洪入江；秦淮河有溧水河、句容河南北两源，在南京江宁西北村汇合为秦淮河干流，后至东山又分为秦淮新河和外秦淮河两支分别入江；水阳江由安徽流经江苏，再从安徽注入长江，固城、石臼二湖是其下游重要的调蓄湖泊。

太湖水系是以太湖为中心的湖泊水网系统，源委错综，津渠交错，河道总长约 12 万 km，平均每 km^2 达 3.25 km。太湖上游有发源于浙西天目山的苕溪水系，以及发源于湖西茅山和界岭的南河、洮滆水系汇水入湖，下游有东部黄浦江水系、北部沿江水系和东南部沿长江口、杭州湾水系通江达海；京杭大运河贯穿流域腹地，沟通下游诸水系，起着水量调节和承转作用。太湖洪水现有两条主要下泄通道，一是出太浦闸穿江南运河沿太浦河向东汇入黄浦江；二是经望亭立交沿望虞河至常熟枢纽排入长江。江苏太湖地区位于流域中北部，面积 1.96 万 km^2，约占流域总面积的 53%。

沂沭泗水系"多源双出路，多干交叉"，淮河水系"一干入湖，分散入江入海入沂"，长江水系"一干贯通东西，沿线分散归江"，太湖水系"多源多出路，河网密集"。江淮四系形态各异，自成脉络却又相互联通，加之"南水北调""江水东引""引江济太"等调水工程，水系复杂而精妙。

2.1.3　治水之鉴

江苏省为调度提供了极好的自然禀赋，本底绝佳，人文的历史积淀同时给予"调度"人类的智慧与经验。

京杭大运河是贯通南北的大动脉。它北起北京，南达杭州，流经北京、河北、天津、山东、江苏、浙江六个省市，沟通了海河、黄河、淮河、长江、钱塘江五大水系，贯穿南北，是世界上最长的人工河流，也是最古老的人工运河之一。大运河深藏着中国巨大繁荣的神秘信息，埋藏着中国和世界文明沟通的奇妙代码。逐水而居，随运河形成居民、集市、城市，继而形成运河文化、运河经济、运河民俗，一部水上文明史就此打开。

挹江控淮呈现水系间的博弈史。 奔腾而来的长江、淮河，在与大海的激情碰撞中，不断孕育和诞生着肥沃的冲积平原。苏北大部的历史，就是一部江淮大地水环境、水资源的发生演变史，一幅千秋名城水民生、水文化的泼墨卷轴画，一幕人与水相亲相爱、斗智斗勇、悲喜交集、同歌共舞的经典连续剧，它们自古应水而生，缘水而兴，因水而衰，籍水而盛。司马迁在《史记·河渠书》中历叙他阅历过的江淮河济众多水系地区后，发出一声令人惊心动魄的长叹："甚哉，水之为利害也！"古人把治水推崇为"经世之学"和"治国安邦之学"，所谓"治国先治水，有土才有邦"。浚治利济始终是一根贯穿江淮地区与 2 500 年城市变迁的主线，艰难而又坎坷地穿系着历朝历代的社会民生。

太湖排水出口的历史变迁。 太湖作为江南的水中心，被誉"包孕吴越"。太湖流域北滨长江、南依钱塘江、东临大海，排水流程短；水网贯通江海，可以藉江潮涨落调节引排，既有利于农业生产，又有助于发展水运。但江潮顶托，亦有加重洪涝威胁和淤塞河浦之患，东南沿海还有卤潮倒灌危害。古代太湖地区有三江五湖。三江即太湖流域成陆过程中自然形成的三条泄水大河——娄江、吴淞江、东江。公元 8—12 世纪，东江、娄江相继湮灭，加之海岸线持续东延后，作为排水主干的吴淞江严重淤塞。明朝夏原吉开展"掣淞入浏"工程，将吴淞江水入并刘家港后，刘家港水势更大，成为一条排水及航海大河。刘家港自元至明末曾保持了三百五十多年的通畅局面。但随着夏原吉另一条通海出路范家浜，"以浦代淞"，黄浦江日益扩大，逐渐替代了吴淞江的排水格局，而刘家港的水势逐渐减弱，进入清代河身不断淤积，横亘口外的拦门沙亦日趋扩大，长达 10 余里，阻滞泄水，妨碍船舶进出。曾一度是太湖地区主要通海港口的刘家港，渐渐失去其重要地位，而退居为东北沿江的普通一浦。而现今太湖的排水出路，我们知道除了太浦河工程，还有吴淞江工程等。

2.2 工程基础

江苏历来重视水利工程建设，经过几十年的持续努力，基本建成流域与区域相配套的防灾减灾工程体系。目前，境内大江大河大湖已基本具备防御中华人民共和国成立以来流域最大洪水的能力。其中，长江干流、太湖流域能够防御 1954 年型洪水，淮河下游地区防洪标准已基本达到 100 年一遇，沂沭泗地区东调南下 50 年一遇工程也已完成；大规模的中小河流治理、水库除险加固及大型灌排泵站改造实施，进一步提升区域排涝能力；南京、无锡、苏州、常州等地的城市引排水条件显著提升，并在抗御特大雨涝中发挥了很好的效益。在建设更高标准防洪减灾体系的同时，覆盖全省范围的跨流域跨区域调配水工程体系也在不断完善，江水北调工程体系已经建成，江水东引工程体系日趋完善，引江济太供水体系得到发展。密密麻麻、纵横交错的水网，成为科学配置水资源的工程基础，真正做到水资源调配自如，"水"遂人愿。

2.2.1 湖库蓄滞工程布局

湖泊、水库、蓄滞洪区都具有调节洪峰、调蓄水量的作用，它们与河道共同组成水利工程综合体系，发挥着防洪、供水、航运等功能。湖泊大多为天然形成的水体，水库则为人工修大坝形成的湖泊，蓄滞洪区也是人为划出的临时行洪、滞蓄洪水的区域。

2.2.1.1 湖泊

江苏省是淡水湖泊分布较为集中的省份，全国五大淡水湖江苏得其二，湖泊面积占到国土面积的 6%。湖泊作为一种重要的自然资源，具有调蓄洪水、提供水资源、维护生态多样性、净化水质、调节气候、养殖、航运、休闲旅游等功能，在整个自然界物质循环过程和经济社会持续发展中起到重要作用，对维系河湖关系、保持水系健康具有重要意义。

图 2.2.1　洪泽湖

图 2.2.2　太湖

图 2.2.3　白马湖

目前，列入《江苏省湖泊保护名录》的湖泊共 137 个，其中洪泽湖、骆马湖、高邮湖、邵伯湖、宝应湖、白马湖、微山湖、里下河腹部地区湖泊湖荡、石臼湖、固城湖、太湖、滆湖、洮湖、嘉菱荡、鹅真荡、宛山荡 16 个由省规划，其余 121 个由市县规划。

2.2.1.2 大中型水库

江苏省水库大多为了调蓄径流、灌溉供水，改善丘陵山区水源条件，一些水库还具有防洪、发电、渔业、旅游和改善环境等综合功能。全省现有大型水库 6 座，中型水库 42 座，小型水库 860 座，总计 908 座，总库容达 33.6 亿 m³，其中兴利库容 16.9 亿 m³，防洪库容 19.0 亿 m³，灌溉耕地面积 457 万亩*。其中大型水库总库容 12.35 亿 m³，兴利库容 5.40 亿 m³；中型水库总库容 11.52 亿 m³，兴利库容 5.90 亿 m³。在各大水系中，沂沭泗水系的大中型水库库容最大，接近全省大中型水库总库容的一半，对保证淮北缺水地区供水意义重大。

图 2.2.4 石梁河水库（南北闸泄洪）

2.2.1.3 蓄滞洪区

蓄滞洪区在应对流域高标准洪水、保障大部分地区防洪安全上具有特殊作用，按照有关流域、区域防洪规划，江苏省蓄滞洪区主要有洪泽湖周边滞洪区、黄墩湖滞洪区、蒿子圩滞洪区等，在里下河腹部、秦淮河等地区还有一些位置分散的小型滞洪区和滞洪湖荡圩区。

---

* 1 亩≈666.67 m²

图 2.2.5　小塔山水库

2.2.2　防洪治涝工程布局

江苏地处江、淮两大流域下游，上有近 200 万 km^2 的来水过境入海，而内部地势低平，80% 以上的地区处于设计洪水位以下，是流域"洪水走廊"。下有江海潮顶托，本地暴雨与台风、天文大潮遭遇机率较大，易造成沿河沿湖洼地"关门淹"，因洪致涝矛盾突出。区域内部地形也有高差，突发性、极端性暴雨多，洪涝问题交织。中华人民共和国成立后，开展了大规模的防洪治涝工程建设，扩大外排，增加调蓄，形成了较为完善的流域防洪工程体系及海堤挡潮工程体系，流域防洪（潮）基本达到 50 年一遇及以上标准，解决了洪水漫流问题；在流域治理格局下，高低分开，洪涝渍兼治，构建了较为完整的分区防洪治涝工程体系，解决了一般洪涝的威胁；近年来，加快了城市防洪治涝工程建设，全省基本形成了流域、区域、城市三个层次有机结合、互相协调的防洪治涝工程格局。同时，强化了防汛指挥系统和决策支持系统建设，防汛管理水平大幅度提升，成功解决了中华人民共和国成立以来历次流域、区域性洪涝威胁，保障和促进了经济社会快速发展。

2.2.2.1　长江流域

江苏省地处长江下游，采取"固堤防，守节点，稳河势，止崩坍"的防洪策略，形成了较为完善的堤防挡洪和河势控制工程体系，基本可以防御 1954 年型洪水（约 50 年一遇），长江河势得到初步控制，总体较为稳定，为沿江开发奠定了基础。

规划推进江堤防洪能力提升工程建设，进一步巩固长江干支堤防，满足防御 1954 年型洪水的要求，河口段、重点城市和开发区段堤防按防御 100 年一遇洪潮水位加固；继续加强重点险工、主要节点、分汊河道和洲滩治理，保障岸线稳定。

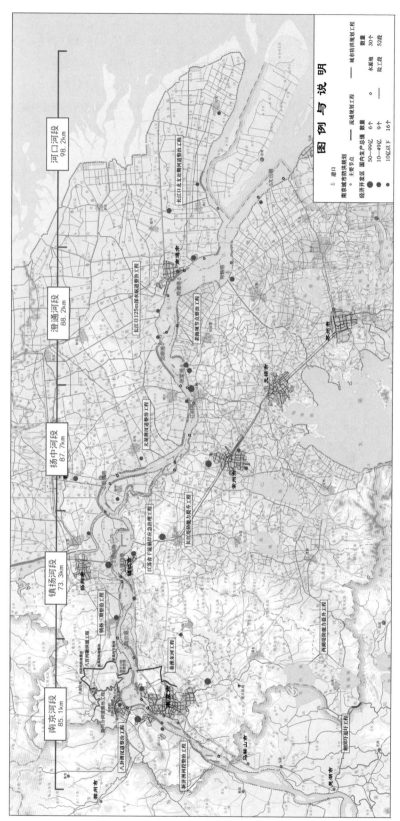

图 2.2.6 江苏省长江流域规划工程示意图

1. 堤防巩固

长江堤防总体仍按江堤达标工程布局，巩固已建成果，进行部分堤段的灌浆、防渗和填塘固基，彻底消除堤身堤基隐患；重点加固和改建原来未达标准的穿堤建筑物；敞口的通江支河，区别情况，加固支河堤防或增建部分河口控制工程；加固原来未达标的部分闸外港堤，以完善长江干流两岸防洪保护圈。远景结合河道整治和岸线的局部调整，相应调整局部堤线。

2. 河道整治

河道整治以控制和稳定现有河势为主，加强重要节点和险工岸段的守护；对处于萎缩的重要支汊，近期遏制其不利发展，并为今后争取有所改善创造条件；对多汊段和河口段，有计划地逐步进行整治。

南京河段整治需与上游马鞍山河段和下游镇扬河段的整治相衔接，近期主要为重点岸段守护的加固，新济洲河段稳定目前的分汊形势和分流比以及与七坝导流岸壁的良好衔接；稳定梅子洲、八卦洲、栖龙弯道河势。远期进一步巩固治理效果，达到河势和堤岸稳定，泄洪通畅，航道与港域条件良好。

镇扬河段近期保持仪征水道的稳定，抑制世业洲左汊的缓慢发展，将六圩弯道控制成为具有单一河槽形态的稳定弯道；控制和畅洲左汊发展。远期稳定岸线并逐步改善和畅洲汊道，以满足镇江、扬州两市经济与社会发展的需要。

扬中河段近期通过守护岸线来稳定河段的平面形态，控制主流线偏靠边界条件较好和已建有护岸工程的部位，重点是控制落成洲右汊发展、稳定嘶马弯道、平顺岸线并适当增加其弯曲半径，守护泰兴顺直段两岸，控制河道展宽，结合航道整治，守护二墩港至小决港间潜洲，保持太平洲左汊 2.2 km 稳定的河宽；稳定炮子洲北缘、禄安洲、界河口、上天生港节点，控导进入江阴水道的主流线走向；守护太平洲右汊内各弯道凹岸。远期巩固节点守护，稳定太平洲左右汊岸线，促进嘶马弯道岸线的利用，进一步改善高港水域条件。

澄通河段近期主要加强节点控制工程，重点守护炮台圩上下、安宁港、老海坝、东方红农场、徐六泾、如皋中汊（长青沙）等节点，以及长江农场、桃园等重点险工段，基本稳定和维持包括如皋中汊和天生港水道在内的现有河势；结合航道整治，实施双涧沙、民主沙、横港沙、通州沙、狼山沙、新开沙固沙护滩、控制导流等工程，以保障汊道分流和航道的稳定。远期巩固节点、全面护岸，同时结合航道整治，固定沙洲，改善河势。

河口段南支首先要实现守滩护岸固堤，在遭遇 1997 年台风大潮时，堤岸险工段达到基本稳定；按照长江口综合整治开发规划，近期基本稳定南支上段河势，初步形成相对稳定的南、北港分流比，先行启动徐六泾节点和白茆沙整治工程，既有利于改善北支分流条件，保证常熟港、太仓港及南通江海港区、海门港区的前沿水深条件，又能维持福山倒套中的望虞河口正常运行；北支适度束窄中下段的河宽，综合考虑生态环境，实现北支既改善淡水利用条件，保持适当通航水深，又不影响排水能力，不增加防洪压力的基本目标。远期进一步研究北支建闸等方案。

3. 沿江开发利用项目设施布设

为保障防洪安全及河势稳定，推进岸线、水域、水资源的可持续利用，贯彻沿江开发的整体开发、有序开发、保护式开发原则，需在河道整治的同时，合理布设沿江码头、港口、桥梁、取排水口等设施建设。要制定统一规划，明确在不影响防洪安全和河势稳定的前提下，合理利用岸线、洲滩、水域的范围、方式与条件，相应实施有关的控制和管理。对于正处于淤积萎缩过程的长江支汊、划列为水质保护区和饮用水源区的河段，以及影响重要通江河道引排的河口区域，禁止或严格控制布设开发利用项目，禁止围滩或设置阻水设施。江阴以上河道，径流起主导作用，河道窄深，原则上近期应禁止围滩；江阴以下河道，区别洲滩、边滩与河势的不同条件，结合河道和航道整治，并按岸线利用管理规划，对部分洲滩、边滩进行综合整治和合理利用。对岸线稳定且开发利用对河势有利，又不影响防洪和航运的岸段，优先或鼓励开发利用；少数目前河势、岸坡欠稳定的深水岸线，通过河道整治与开发利用相结合，有计划地改造成稳定的优良岸线，提升高效利用水平；对于对防洪和河势稳定有影响但影响不大的，通过同步落实补偿措施来合理开发利用。

2.2.2.2 淮河流域

根据流域水系、地形和洪水特点，淮河流域防洪规划按照"蓄泄兼筹"的治淮方针，上游加固病险水库，兴建控制性水库，开展水土保持；中游整治河道、加固堤防，进行行蓄洪区调整和建设，建设临淮岗洪水控制工程；下游巩固现有河道的排洪能力，兴建淮河入海水道工程。目前，洪泽湖及淮河下游保护区防洪标准基本达到100年一遇。入江水道设计行洪流量12 000 m^3/s，入海水道一期工程设计行洪流量2 270 m^3/s，分淮入沂设计分洪流量3 000 m^3/s，苏北灌溉总渠加废黄河设计行洪流量1 000 m^3/s。

1. 洪泽湖大堤

洪泽湖大堤位于洪泽湖东岸，北起淮阴区码头镇，南至盱眙张庄高地，全长67.25 km，另加码头镇以北至废黄河高地3.38 km，总长70.63 km。洪泽湖大堤为1级堤防，是淮河下游地区2 700多万人口、2 600多万亩耕地的防洪屏障，设计防洪标准现状100年一遇、远期300年一遇，校核防洪标准2000年一遇。沿线主要有洪泽湖枢纽、高良涧诸闸、二河枢纽等控制建筑物。

2. 淮河入江水道

淮河入江水道上起洪泽湖三河闸，下至三江营汇入长江，全长157.2 km。沿程河、湖、滩串并联，分上、中、下三段。上段自三河闸至高邮湖施尖，长约57.8 km，由新三河和金沟改道段组成；中段自施尖经高邮湖、新民滩、邵伯湖

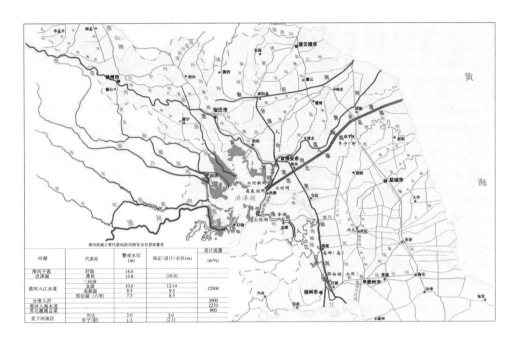

河湖	代表站	警戒水位 (m)	保证(设计)水位(m)	设计流量 (m³/s)
淮河干流 洪泽湖	盱眙 蒋坝	14.6 13.6	(16.0)	
淮河入江水道	三河闸 金湖 高邮湖 邵伯湖(六闸)	10.6 8.5 7.5	12.14 9.5 8.5	12000
分淮入沂				3000
淮河入海水道				2270
苏北灌溉总渠				800
里下河地区	兴化 阜宁(射)	2.0 1.3	3.0 (2.1)	

淮河流域主要代表站防汛特征水位表流量表

图 2.2.7　江苏省淮河流域防洪工程总体布局示意图

至六闸，长约 57.73 km，湖、滩串联；下段自六闸至三江营，长约 41.8 km，洪水由各归江河道先分（金湾河、太平河、凤凰河、壁虎河、新河及运盐河）后合（廖家沟、芒稻河及夹江）而后汇入长江。入江水道是淮河洪水最大的外排通道，同时排泄约 6 600 km² 区间来水，兼有调水、灌溉、航运等综合功能。现状防洪标准 100 年一遇，远期 300 年一遇，设计行洪流量 12 000 m³/s。自上而下有洪泽湖枢纽、金湖控制、高邮湖控制、归江控制四级控制。

3. 分淮入沂

分淮入沂南起二河闸，北至沭阳城西入新沂河，总长 97.5 km，由二河和淮沭河两段组成，二河段（二河闸—淮阴闸）31.5 km，淮沭河淮阴闸—沭阳闸段 58.8 km，沭阳闸—新沂河段 7.2 km。分淮入沂既是相机分泄淮河洪水经新沂河入海的通道，也是北调江淮水至淮安、连云港的骨干输水线。设计防洪标准现状 100 年一遇、远期 300 年一遇，设计行洪流量 3 000 m³/s。主要控制建筑物有二河枢纽、淮阴枢纽、沭阳闸等。

4. 淮河入海水道

淮河入海水道一期工程建成于 2003 年，位于苏北灌溉总渠北侧，与总渠成二河三堤，西起洪泽湖二河闸，东至扁担港入黄海，全长 162.3 km，运西段河道单泓布置，运东段设南、北两泓分排高低水，南、北堤距约 580 m。入海水道是洪泽湖主要排洪入海通道，兼排渠北地区涝水。设计防洪标准近期（现状）100 年一遇、远期 300 年一遇，近期设计行洪流量 2 270 m³/s，远期 7 000 m³/s。主要控制建筑物有二河枢纽、淮安枢纽、滨海枢纽、海口枢纽及淮阜控制。

5. 苏北灌溉总渠

苏北灌溉总渠西起洪泽湖高良涧，东至扁担港入黄海，全长 168 km，是洪泽湖排洪入海通道之一，兼排渠北地区涝水，也是两岸地区引用江淮水的骨干输水通道。设计（现状）防洪标准近期 100 年一遇、远期 300 年一遇，设计行洪流量运西段 1 000 m³/s、运东段 800 m³/s。主要控制建筑物有高良涧进水闸、运东分水闸、阜宁腰闸、总渠地涵、六垛南闸。

2.2.2.3 太湖水系

太湖承接浙江天目山区东西苕溪来水及湖西宜溧山区、茅山山区来水，经调蓄后，目前主要由两条河入海、入江：一是太浦河，太湖洪水经太浦闸下泄，洪水穿过京杭运河（平交）后沿太浦河向东汇入黄浦江；二是望虞河，洪水经望亭立交下泄后沿望虞河至江边经常熟枢纽排入长江。太湖洪水经两河排泄后，其余洪水依赖环太湖大堤约束，保障周边地区防洪安全。目前，太湖流域基本能够防御 1954 年型 50 年一遇洪水。新一轮《太湖流域防洪规划》确定按照防御流域 100 年一遇洪水目标，坚持"蓄泄兼筹、洪涝兼治"，以一轮治太骨干工程为基础，以太湖洪水安全蓄泄为重点，进一步发挥太湖调蓄作用，妥善安排洪水出路，继续完善流域北排长江、东出黄浦江、南排杭州湾的防洪工程布局。

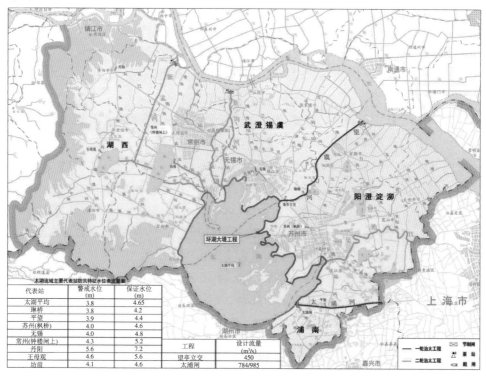

图 2.2.8　江苏省太湖流域防洪工程总体布局示意图

1. 环太湖大堤工程

江苏省境内太湖环湖岸线全长约 349.14 km，自江浙边界的吴江薛埠港起至宜兴的父子岭，扣除山丘地段和东山、西山、光福太湖、马圩北大堤及宜兴包港堤等，现有太湖大堤总长 286.4 km（包括历年批复确认堤防长 234.5 km，尚未确认段堤防长 51.9 km），通湖口门 196 个，其中有控制口门 147 个，无控制口门 49 个。环太湖大堤北以无锡直湖港口、南以浙江长兜港口为界，其以东部分称"东段"，以西部分称"西段"，按照"东控西敞"的原则，东段大堤口门全部控制，西段基本敞开。主要控制建筑物有太浦闸、望亭水利枢纽。

规划太湖流域防洪标准为 100 年一遇、太湖防洪设计水位由现在的 4.66 m 提高到 4.80 m。环太湖大堤后续工程建设包括堤身土方填筑及堤后填塘固基，新建堤前挡墙及护砌，修（改）建堤顶防汛公路，重（新）建、加固水闸，改建、新建桥梁，以及入湖河道拓浚和滨湖地区治理等。

2. 望虞河工程

望虞河南起太湖边沙墩口，向北穿过京杭运河及漕湖、鹅真荡、嘉陵荡后于常熟市耿泾口入长江，全长 62.3 km，其中河道段 60.3 km，湖荡段 0.9 km，入江段 1.1 km。望虞河现状断面按 1954 年型洪水设计，目前河底高程－3.0 m、底宽 80～82 m，设计行洪流量 450 m³/s。望虞河沿线控制工程包括常熟水利枢纽和望亭水利枢纽。

望虞河后续工程建设包括扩大河道，相应新建堤防、护坡、防洪墙和防汛公路；扩大穿京杭运河立交过水面积，扩建常熟水利枢纽（或外移至铁黄沙）；对望虞河西岸沿线口门实行有效控制；东岸已建堤防、护岸、口门建筑物加高加固及桥梁改扩建，西岸已建控制建筑物拆除重建或加高加固。

3. 太浦河工程

太浦河西起东太湖边的时家港，至平望北与京杭运河相交，再经汾湖等湖荡，东至南大港入泖河接黄浦江，全长 57.6 km，其中江苏省境内 40.73 km，浙江省 1.63 km，上海市 15.24 km。太浦河现状泄水断面按 1954 年洪水（5—7 月承泄太湖洪水 22.5 亿 m³，同时承泄杭嘉湖涝水 11.6 亿 m³）设计，目前河道河底高－1.5～－5.0 m、底宽 40～139 m。太浦闸为太浦河上的重要控制建筑物，于 2012 年 9 月实施了拆除重建，设计流量 985 m³/s。太浦河泵站位于太浦闸南岸，泵站设计流量 300 m³/s，主要为改善上海市黄浦江上游取水口水质和调水服务。太浦河沿线共有支河 96 条，控制建筑物 88 座，其中北岸支河口门中除京杭运河、拦路港敞开外，其余基本建闸控制；南岸芦墟以东支河口门已全部控制，芦墟以西尚有 7 个口门未实施控制。

太浦河后续工程主要建设内容包括局部河段疏浚、两岸口门控制、已建工程加固改建及堤后填塘固基等。

2.2.3 跨流域调水工程

江苏省提水工程水源主要立足长江,在长江以北的江水北调、江水东引的跨流域调水工程体系,改善了苏北地区的工农业生产条件,缓解了淮北和苏北沿海垦区的用水矛盾;长江以南的引江济太跨流域调水工程体系,实现了向苏州、无锡河网和太湖大规模调水。依托"江水北调""江水东引"和"引江济太"三大跨流域水资源调配骨干河道及配套工程布局,江苏省实现了长江、太湖、淮河和沂沭泗河四大水系的调度调济。

依托跨流域骨干供水体系,江苏省跨区域供水体系已初具规模,实现了部分区域间水源的互济互调,缓解了区域水资源供需矛盾。江苏省地势平坦,69%为平原区,区域内河网密布,供水网络初步成形,全省大部分骨干河道具有供水功能,为区域经济社会发展提供生产、生活、生态用水水源。

2.2.3.1 江水北调

江苏省江水北调工程是一项扎根长江,实现江淮沂沭泗统一调度、综合治理、综合利用的工程。工程始建于1961年,是江苏省在原有防洪与治涝工程基础上自行规划、自行投资、自行建设、自行管理的区域性水利工程。经过几十年的建设,已经逐步形成了由404 km调水干线河道、9个翻水梯级、3座调蓄湖泊、24座各类泵站和数千座控制建筑物组成的,具有调水、灌溉、防洪、排涝、航运等综合功能的水利工程体系。工程以江都站为起点、京杭运河为输水骨干河道,经过洪泽湖、骆马湖调蓄,可将江水送到南四湖下级湖,沿途已建成江都、淮安、淮阴、泗阳、刘老涧、皂河、刘山、解台、沿湖等9级抽水泵站。泵站工程由江苏省水利厅直属管理处和沿线水利部门管理。

2.2.3.2 江水东引

江水东引工程是解决江苏省东部沿海地区水源的主要供水工程(如图2.2.9所示)。规划供水范围包括原江水东引灌区的里下河腹部圩区、斗北垦区、斗南垦区和渠北东部地区、沂南响水地区,以及原属江水北调灌区的沿运沿总渠自灌区中地面高程2.5 m以下划入腹部供水的提水灌区(俗称砍尾巴),现状供水总面积2.04万 km²,耕地1 600多万亩。此外,根据通榆河北延工程规划,还将通过本区相继相机补水给连云港东部沿海地区。由于供水区内地面高程大部分低于5 m,本区主要依靠自流引江供水,在长江潮位低时,由高港泵站提水补给。

江水东引供水区降水年际变化大,年内分布极不均匀,经常出现旱灾,其中1966年、1978年、1992年、1994年、1997年、2011年均为大旱。尤其在泡田、栽秧等灌溉大用水的6、7月份,旱年降雨极少,用水矛盾突出。此外,江苏省沿海滩涂广袤,"九五"以来滩涂开发力度大,滩涂围垦、港城建设、临港产业发展需水量持续增加,淡水资源供给不足成为实施江苏沿海开发战略的制约因素。

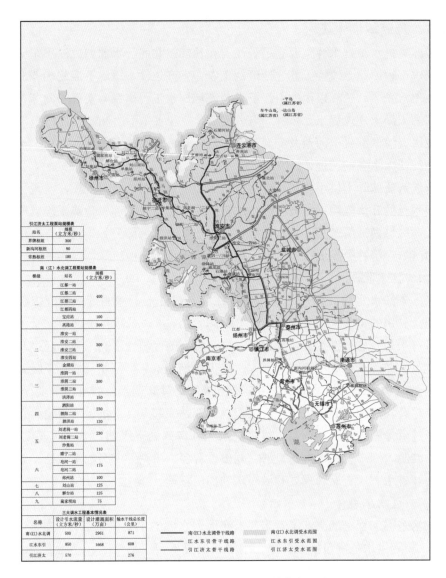

图 2.2.9　江苏省主要调水线路与供水水源分区图

　　江水东引供水区原是淮河下游灌区，20 世纪 60 年代以前，依托淮河治理，从洪泽湖引水灌溉，开挖苏北灌溉总渠形成北干渠，整治里运河、加固里运河大堤形成西干渠，发展沿运河、沿总渠的淮水自流灌区，并建沿海挡潮闸保水。淮河中游建设蚌埠闸以后，淮水可用而不可靠，江苏省进行灌区水源调整，规划建设东引灌区，开挖了新通扬运河，引入长江水源，整治里下河内部水系，发展自流引江低扬程提水灌溉，初步形成自流引江的输送体系，并在自灌区尾部实施了补水保灌的相关工程。1991 年以后，继续加强引江口门建设，新辟了泰州引江河，建设了高港泵站，改善水源条件；并实施了通榆河中段工程（东台至响水段），结合南水北调完成三阳河延伸拓浚和卤汀河整治工程，启动实施泰东河工程，加快构建腹部骨干河网，增强了水源供给调度能力，供水范围延伸到渠北地区；近年又实施完成通榆河北延工程，供水线路延伸到连云港赣榆区，在里下河水源富裕时，可给连云港东部地区相机供水。2016 年完成的泰州引江河二期工程，进一步提高了本供水区自流引江能力。当淮水丰沛时，沿里运河、苏北灌溉总渠、废黄河的一些地区也可短时段利用淮河余水。

2.2.3.3 引江济太

引江济太工程是解决江苏省太湖地区水质型缺水严重、本地水资源不足和水生态环境恶化等问题的流域水资源调控工程体系，也是实现太湖流域"静态河网、动态水体、科学调度、合理配置"战略目标的重大举措。引江济太工程供水范围为望虞河沿线及上海、浙江等下游地区，涉及江苏省无锡、常州、苏州三市，浙江省嘉兴市、湖州市两市及上海市共 6 个城市，其中江苏省太湖流域境内除沿江自备水源和自来水厂供水部分区域外，其余全部为引江济太供水范围，供水面积约为 1.8 万 km²。本供水区水源，除通过太湖和河网调蓄利用本地径流和流域上游来水外，大部分地区可以直接通过通江河道或间接通过太湖获取长江水补给，自引为主，长江潮位低时，抽引补充，其中京杭运河以北的沿江地区，对江水依赖程度较高。

太湖流域尽管降水较为丰沛，流域多年平均水资源总量达 176.0 亿 m³，其中地表水资源量 160.1 亿 m³，但全流域多年平均地表水可利用量仅为 64.1 亿 m³，2014 年流域用水总量 343.5 亿 m³。本地水资源严重不足，尤其是西南部山丘高地易因旱成灾，主要依靠调引长江水补给。新中国成立后，1967 年、1968 年、1971 年、1978 年、2011 年等年旱灾较为严重。加之本区人口稠密，产业密集，水资源开发利用程度高，而污废水排放量大，水污染治理相对滞后于经济发展，水污染和水质型缺水问题突出，需要提高水资源利用效率，并扩大引江水量，改善水环境。

太湖流域属平原河网地区，水系连通性较好，长江与太湖等湖泊之间连通河道较多，发挥着行洪、排涝、灌溉、供水、航运等综合效益。1987 年国家批复《太湖流域综合治理总体规划方案》，1991 年太湖大水后，开展了治太十一大骨干工程建设，江苏省实施的望虞河工程、湖西引排工程、武澄锡引排工程，灌排两用，自引抽引相结合，极大地改善了沿江地区的水源条件。20 世纪末，太湖流域水污染形势日趋严峻，为推进太湖流域水环境综合治理，提高流域水资源的有效供给，根据国务院召开的太湖水污染防治第三次工作会议精神，自 2002 年起流域内开始实施及扩大"引江济太"调水试验，2006 年起引江济太作为常规调度措施。至 2007 年底，通过望虞河共调引 113.4 亿 m³ 长江水入流域，其中通过望亭立交引入太湖 51.5 亿 m³，并通过太浦河向下游地区增供水 85.7 亿 m³，增加了流域水环境容量，加快流域水体流动，改善太湖和流域水体水质，并增加向太湖周边地区供水。尤其是 2007 年太湖爆发无锡供水危机后，把"调水引流"作为控制蓝藻、引清释污的直接有效手段，实施常年引江济太，同时，国务院批复实施《太湖流域水环境综合治理总体方案》，江苏省政府制定了《江苏太湖流域水环境综合治理实施方案》，实施了走马塘工程，控制望虞河西岸地区污水排入望虞河，并起步实施新沟河延伸拓浚工程，引江济太供水布局逐步形成。2008年国务院批复的《太湖流域防洪规划》和2013年批复的《太湖流域综合规划（2012—2030年）》进一步明确了引江济太规划布局，计划实施新孟河延伸拓浚工程，扩大望虞河工程，形成较为完善的引江济太供水格局。目前新沟河延伸拓浚主体工程基本完工，新孟河延伸拓浚工程开工建设。

引江济太工程按照"北引长江、太湖调蓄、环湖供水"的规划布局，主要利用骨干工程望虞河及今后的新孟河适时调引长江水补给太湖，兼顾引水通道两岸用水需求并增加太湖向周边地区供水水量；结合太浦河及走马塘、新沟河等排水通道，保障"引江济太"水质安全，并加快水体流动，提高水体自净能力，缩短太湖换水周期，"以动制静，改善水质"，实现流域水资源优化配置。

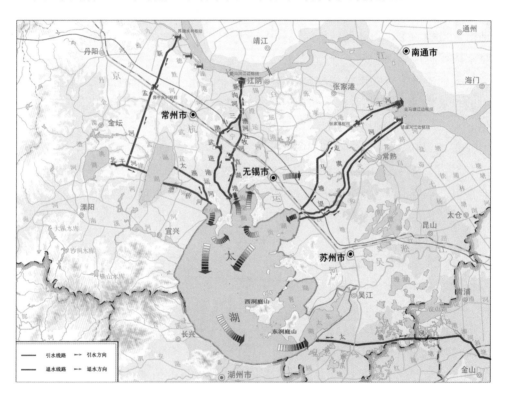

图 2.2.10 太湖地区引排水工程示意图

2.2.4　工程精细化管理

精细化管理是规范管理的升级版，通过制定管理制度和管理标准，强化岗位职责和流程控制，提升考核质量和管理效果，促进管理水平全面提档升级；精细化管理是水利工程安全运行的"阀门"，通过作业指导书的引导固化，实现每项管理行为都"有章可循""按章操作",从而保证水利工程安全运行;精细化管理也是管理的更高追求,在精字上着力、细字上用心,区分管理类型,分解管理环节,明确管理职责,规范管理行为,在不同等级河湖、不同类型工程、不同管理岗位上体现精细管理。"十三五"以来,江苏省大力推进水利工程精细化管理,省级出台了水利工程精细化管理指导意见,在江苏全域布局精细化管理,并把精细化管理融入国家级、省级水管单位创建中,推动全省水利工程的运行管理水平大幅提高,为构建科学的调度体系提供工程基础,实现水利工程的有效控制、精准调度、准确计量,发挥工程群体综合联动效益。

链接:精细化管理手册

一、构建精细化标准体系

通过完善精细化管理标准,确立科学的发展方向、优化的操作流程、可行的衡量标准、严格的考核机制,从而固化先进的管理模式,实现最优的管理效果。在工程技术标准建设方面,江苏省堤防、水库、水闸和泵站四大类工程技术管理办法出台,水利工程观测、水闸管理、大中型泵站主机组检修、堤坝白蚁防治、泵站运行等一系列地方标准印发;在工程管理制度建设方面,水闸泵站安全鉴定、水利工程运行管理督查、小水库管护、维修养护、安全生产标准化等管理办法印发,持续推动水利工程的安全运行和效益的充分发挥;在工程管理细则完善方面,各地严格分级管理、分级负责的原则,修订完善各类单体工程的技术管理实施细则、操作规程和管理制度并报批,不断提高工程技术文件的可操作性。

二、强化引导扶持

省市县出台精细化管理的扶持政策,加强业务培训,提升水管单位管理技术人员的获得感。一是加强经费扶持。对推进精细化管理创建的水管单位,省市在安排维修养护经费时给予重点支持,整治工程隐患,提升工程管理软、硬件环境,为精细化管理考核和规范化管理提供能力支撑。二是明确补政策。对国家级、省一、二级、省三级水管单位,省级每年分别安排专项补助资金,对省规范化小水库安排维修和管护资金。市县也制定了相应的奖补政策并落实到位。三是注重人员激励。对于推动精细化管理创建的主要参与人员,省水利厅在职称评定时给予重点加分,激发管理人员的主观能动性和创建热情。省水利厅联合省人事厅定期组织水闸、泵站运行维修工技能竞赛,对竞赛中取得优秀成绩的技工可直接晋升技师或高级技师,为优秀人才的脱颖而出提供了舞台。

三、推动样板工程建设

省级编制了水利工程精细化管理工作实施方案和评价标准,提出了健全管理制度体系、明晰管理工作标准、规范管理作业流程、强化管理效能考核的精细化管理工作要求,并要求从工程管理的精细化向水管单位各项工作精细化推广，落实各个管理环节和控制流程上的精细管理。通过分类引导，涌现出一批精细化管理的典型样板。江苏省江都水利工程管理处修订 80 项工作制度，出台水闸、泵站典型作业指导手册，完善设备二维码信息管理系统；江苏省淮沭新河管理处创新水闸 7S 管理，针对工程维修养护、检查观测、调度运行等编制 10 项作业指导书，出台工程标志标牌"六统一"管理办法。在精细化管理的引导推动下，国家级、省级水管单位的创建不断提速，打造了一批全国一流水管单位。

2.3 决策支持

江苏位于我国东部沿海地区，境内平原辽阔，湖泊众多，水网密布。省域自北向南分属淮河、长江两大流域，沂沭泗、淮河、长江、太湖四大水系。江苏上游有长江、淮河流域近 200 万 km² 的洪水过境入海，内部地势低平，是流域洪水"走廊"。其中，沂沭泗洪水多路压境，源短流急，暴涨暴落；淮河、长江洪水总量大，持续时间长，影响范围广；太湖水系既有山区集中来水，又有周边平原汇水，洪涝交织。面对境内复杂多变的洪水情势，以大数据、云平台、物联网等现代技术为依托，全面整合、升级已有水文信息系统，构建全省覆盖的水文预报网络，促使江苏省水文信息服务迈向更高层次和崭新阶段，实现"精准把脉江河、高效服务社会"的美好愿景。

充分利用全球共享的海量气象资料，建立大范围雨情监测、预测预报平台，深化精细化格点降雨预报方案，实现长期、中期、短期及临近降雨预报的无缝连接，不断提高预报结果的精确度，为水文预报奠定数据基础。结合江苏下垫面条件，合理概化水系，编制、完善洪水预报方案，建立水文、水动力学耦合模型，结合气象预测预报模型的降雨预报结果，预报控制性水利工程、水文站的水位、流量等相关项目，满足江苏防汛对水情预报的需要。根据气象和水文的实时与预报信息，结合工程调度，分片构建智慧水情会商模块，形成集"天、雨、水、土、工"情报收集、分析、展现功能，调"宫、商、角、徵、羽"之音，为防汛调度、水资源、生态环境提供决策支撑。

2.3.1 情报分析系统
2.3.1.1 水情信息交换系统

目前，部水文局开发的水情信息交换系统在全国范围内统一使用，并替代了江苏省原有的水情信息传输处理系统。该水情信息交换系统采用 oracle 数据库平台，通过库到库的数据交换，淘汰了译电环节，解决了以往人员投入大、占用时间多、解决问题慢，错报、漏报、迟报现象大量发生，以及无法实时报送测站基本信息、预报信息、统计信息等问题。新的水情信息交换系统基于 . Net Framework 技术框架，采用 Web Service 技术，实现"实时雨水情数据库表结构与标识符标准"（2011 版）中基本类、实时类、预报类、统计类等四类信息的实时交换功能。它同时具备以下几项优点：采用触发器及轮询的混合机制，在发送数据库平台内采用触发器机制将发生变动的信息（插入、修改及删除等）写入待交换数据表中；采用轮询机制方式监控待交换的数据表，实现信息的交换，不影响原有业务系统的正常运行，不要求各节点之间的数据库平台完全统一；采用信息文件的模式利于人员掌握，且能够借鉴和采用现有的有关成果；发送节点可以灵活设置轮询的时间间隔，在保证数据迅速传输的情况下，尽量减少系统的开销。

2.3.1.2　实时雨水情分析评价系统

实时雨水情分析评价系统是采用目前行业主流的 Java 框架，同时基于江苏水利地理信息服务平台开发的面向多用户分级管理和应用的系统，现已实现实时雨水情分析评估等多项功能。

具体功能如下：通过 GIS 界面，完成实时雨情、水情分析评估。实时雨情分析评价包括代表站短历时（最大 1 h，3 h，6 h，12 h，24 h）、长历时（最大 1 d，3 d，7 d，15 d，30 d）的暴雨分析评估，全省各分区（行政分区，流域分区，地理分区，水资源分区）长历时暴雨分析评估，评估内容包括：当前最大雨量、历史排位、重现期等；实时水情分析评估主要是针对当前代表站水位进行评估，评估内容有：当前最高水位、历史排位、重现期等。系统还提供各种实时雨水情分析统计报表生成等功能。

2.3.1.3　遥测报汛系统

2015 年前报汛数据质量控制主要依靠人工来把关，随着水文站网不断完善，水文遥测手段日渐普及，报汛数据量剧增，人工无法快速判别，迟报、缺报、漏报、错报时有发生，影响了水情报汛质量。面对海量的报汛数据，开发了一套水情报汛质量监控系统，在信息交换前进行数据质量控制。该系统针对不同类型、不同要素的水情报汛数据，构建了质量预警方法与模型，提出了格式检查、完整性检查、时效性检查、值域检查、工程约束关系检查、内部逻辑检查、特征值检查、时间连续性检查、空间一致性检查、预报值检查等十大类报汛质量控制方法，对各要素的奇异区域、警示范围、警示类型、警示阀值等进行了优化处理。2015 年 3 月底开始在全省 19 个水情分中心安装使用，经过 1 年多的试运行和不断完善，2017 年该系统通过对缺报、漏报的告警提示和值域控制，提高了报汛信息的完整性和准确性。

2.3.2　预报调度系统

2.3.2.1　太湖洪水预报系统

太湖洪水预报系统是江苏省太湖地区防洪调度系统的子系统，该系统主要建立了洪水预报机制，完成对重要江河、防洪地区以及水库的具有不同预见期和不同预报精度的洪水预报和风暴潮预报，为防洪调度提供依据。

本系统的开发主要包括太湖水位预报模型、沿江口门潮位过程预报模型、山丘区产汇流预报模型、平原区产耗水量预报模型、重点防洪控制水位预报模型、实时洪水预报校正模型的建立，以及预报计算所依据的数据预处理模块、预报结果存储及发布模块和洪水预报子系统软件的开发。太湖洪水预报系统于 2010 年正式被用于日常预报工作，其预报结果已作为防汛决策依据。本系统连接江苏省实时水文数据库，将预报结果自动保存和发布到预报专用数据库中，并提供基于 B-S 结构的查询。

洪水预报子系统具体包括预报模型选择、实时预报计算、实时预报结果输出和保存等功能，既可进行一日洪水预报，又可通过连续演算数日，给出洪水未来发展的定量结果或定性趋势。该子系统采用基于 DEM 的数字水文模型、新安江流域水文模型、河网水动力学模型等所构成的模型群作为流域洪水预报的模型，开发基于地理信息系统的实时洪水预报软件进行作业预报，具体预报内容如下。

1. 太湖水位预报

太湖水位是指望亭（太）、西山、夹浦、小梅口、大浦口 5 站的平均水位，太湖水位预报是指太湖 5 站的平均水位预报。

2. 重点防洪控制水位预报

采用产汇流模型及河网水动力学模型结合的流域综合性预报模型进行重点防洪控制水位预报。主要预报节点为溧阳、宜兴、丹阳、金坛、王母观、坊前、青阳、常州、常熟、昆山、湘城、苏州、瓜泾口、琳桥、陈墓、无锡南门、望亭（太）、甘露、平望。

为实现以上水位预报，系统为预报模型提供了三种边界条件的预报，分别是沿江沿海口门潮位过程预报、山丘区产汇流预报、平原区产耗水量预报。沿江沿海口门潮位过程预报，主要利用前期实测资料预报沿江口门镇江、江阴、天生港、徐六泾、浏河、吴淞等站和其他站次日和数日逐时潮位过程；山丘区产汇流预报，主要预报山丘区各子流域或计算分区的降雨径流过程，为平原河网水动力学预报模型提供流量边界条件；平原区产耗水量预报，主要预报平原区各计算分区的产耗水量过程，为平原河网水动力学预报模型提供旁侧流量边界条件。

2.3.2.2　江苏沿海沿江潮位预报系统

江苏沿海沿江潮位预报系统采用自动分潮优化和分析预报方法，系统根据逐时观测资料，按最小二乘法求得各分潮调和常数后，即可用于推算任意日期的潮位。自动分潮优化方法从大量分潮中，挑选出振幅大、对该站潮位有较大影响的分潮，组成对推算点潮位影响显著的分潮系列进行预报。实际检验表明，按分潮优化方法进行的潮汐推算，比固定分潮预报模式的精度高。利用此方法在江苏首次建立了沿海闸下水位站的天文潮预报系统，该系统已成功地应用于连云港、燕尾港等站天文潮预报，经验证，其预报精度不仅达到了水利部颁布的《水文情报预报规范》规定的精度要求，也高于海洋局出版的《潮汐表》预报精度，表明采用自动分潮优化和分析预报方法可以解决江苏沿海闸下潮位预报以及沿江受潮汐影响明显的河段的潮位预报。

2.3.2.3　骆马湖预报系统

骆马湖预报系统是基于河网水动力学预报模型，可通过人工交互进行作业预报的系统。系统连接江苏省水文数据库，将骆马湖水位预报结果自动保存和发布到预报专用数据库中。

该系统包括沂河的临沂到港上以及港上到苗圩站的预报方案、中运河运河站水文预报方案、骆马湖区间预报方案、刘集闸水文预报方案，将 4 个预报方案进行集成，形成一个耦合的整体预报方案。根据预报边界的不同，将系统整合组成不同的预报方案专题。港上预报包括临沂—港上河段演算，港上—苗圩河道演算；运河预报包括韩庄—台儿庄河段演算，运河区间产流 P＋Pa～R，运河区间汇流；骆马湖区间主要为区间产汇流预报。系统于 2013 年 6 月正式上线运行。

2.3.2.4　秦淮河流域洪水多模型集合预报

秦淮河流域洪水多模型集合预报技术与应用研究采用基于混合线性回归模型的统计相关方法建立东山站水位统计相关预报模型，进行逐日水位预报；根据秦淮河流域丘陵及平原河流特征，建立基于遥感及地理信息系统的新安江分布式水文预报模型，根据秦淮河流域的地形、水系及产汇流特点，建立基于考虑降水分布不均性和下垫面条件非均匀一致性的 HEC-HMS 半分布式次降雨径流模型。根据三套预报模型的特点，研究各模型在秦淮河流域的适用性，构建了秦淮河流域水文预报模型库。运用贝叶斯模型平均方法（BMA），研制了基于统计相关模型及新安江模型的集合预报系统，充分利用不同模型的各自优势进行集合预报，最大限度降低单个水文预报模型的不确定性，保证洪水预报具备较高的预报精度，提供预报洪峰流量（水位）的置信区间或出现概率。秦淮河流域预报模型 2013 年完成研发，并投入了实际应用。

2.3.2.5　里下河地区洪涝预报系统

里下河地区洪涝预报系统根据里下河地区水系、洪涝特点及下垫面特征，基于降雨产流及河网水动力学模型、多影响因子统计相关预报模型、人工神经网络经验相关预报模型，采用 C/S＋B/S 架构模式，支持多用户预报，实现人机交互 WEB 服务。

系统采用 3S 技术提取里下河地区河网及下垫面信息并数字化，构建水动力学预报模型，实现了里下河地区兴化、建湖、溱潼、盐城、阜宁（射）、射阳镇 6 个代表站最高水位及峰现时间的实时预报。通过多年实测降雨、蒸发、水位及流量资料等影响因子构建里下河腹部兴化、溱潼、建湖、盐城、射阳镇及阜宁（射）6 站统计相关预报模型。此外，系统还利用近年收集的新的降雨与兴化水位涨差资料，构建了神经网络经验相关预报模型，以兴化起涨水位、累计降雨、降雨历时为输入，实现了兴化站点的水位涨差及峰现时间的实时预报。三种预报模型可同时对里下河地区洪涝水进行预报，便于预报人员进行比较分析，降低单个预报模型的预报不确定行，提高预报精度。系统自 2013 年投入运行以来，在 2014 年至 2018 年汛期对里下河地区代表站最高水位及水位过程进行了实时预报，预报成果精度较高，为里下河地区防洪排涝决策提供了技术支撑。

2.3.2.6　中小河流预警预报系统

中小河流预警预报系统建设的总体目标是以实时水雨情、气象产品等数据的采集、存储和管理为基础，运用先进信息技术，以中小河流预警预报业务为核心，建立服务于洪水预报、预警分析发布、测站管理的信息化作业平台和决策会商支撑环境，确保中小河流发生洪水时能及时预警，提高洪水预报精度和延长预见期，提升水文服务能力和服务水平，为江苏省中小河流防洪减灾、水资源开发利用及保护中小水库的安全运行提供决策依据。

江苏省中小河流预警预报系统主要包括洪水预报系统和预警发布系统两个部分。系统将江苏省分为沂沭泗、淮河、里下河、长江—通南沿江、长江—滁河、长江—秦淮河、长江干流及太湖 8 个大预报区域，预报方案采用 API 模型、新安江模型、潮汐模型、平原河网模型等。

1. 洪水预报系统

洪水预报系统基于 C/S＋B/S 的模式，以 GIS 为平台，利用实时水雨情数据库、遥测数据库、历史水文数据库等为数据基础，在系统专用数据库和模型库的支持下，构成洪水预报系统的体系结构。功能主要包括历史数据管理、水位流量关系曲线、分布式水文模型预报、自动预报、模型管理、预报方案管理、方案构造、参数率定、预报功能、气象预报成果应用、WebGIS 功能、数字高程模型数据等 12 大功能模块。

2. 预警发布系统

预警发布系统是一套集预警分析、预警信息发布等综合业务过程于一体的预警系统，系统采用 GIS 可视化平台，依托预警模型及算法，对中小河流进行水位、流量、雨量的地图预警，并通过闪烁、声音提示、弹出窗口、手机短信等提示工作人员，同时预警结果可采用自动或手动方式及时发布。具体功能包括数据读取、指标分析、预警分级、生成预警信息、预警列表、预警图示、测站预警指标模型管理、预警部门管理、预警人员管理、短信发布管理、手动发布设置、发布模板设置、发布记录、预警终端设备管理、短信队列管理等。

通过情报分析系统和预报调度系统的信息化建设，扎实做好水文监测、预报预警工作。近期以来，在 2016 年太湖及淮河大水、2017 年淮河罕见秋汛、2000 年第 12 号台风（派比安）防御、2011 年全省大旱、2014 年南四湖生态补水等工作中，信息化决策系统及时采集传输数据，精确分析滚动预报，为江苏省各级政府防汛指挥机构的正确决策、精准调度提供了科学依据，取得了巨大的社会和经济效益。

技术篇

　　"天地有大美而不言，四时有明法而不议，万物有成理而不说。圣人者，原天地之美而达万物之理。是故至人无为，大圣不作，观于天地之谓也。今彼神明至精，与彼百化。物已死生方圆，莫知其根也。扁然而万物，自古以固存。"这是《庄子·知北游》中对于世间万物规律的描述，告诫人们要对天地作深入细致的观察，探究其客观发展变化之"度"，进而得到与天地融合并生之"调"。星河斗转，沧海桑田，江苏在不断求索中，追寻着最适配我省省情的调度"方法论"。在厘清"精准调度"基础概念后，以下为本书涉及具体调度技术的几个章节。

第三章
精准调度流程

任何目标的调度都要遵循相应调度原则来实施，包括调度前奏、调度实施、调度评估三个阶段，经过信息获取、会商决策、指令生成、指令下达及执行、监督评估、执行反馈等多个环节。"精准调度"具有系统性，是一套完整的控制系统，系统论与控制论是其基础。整个流程从调度前奏到指令形成，指令实施到过程控制，调度成效评估后再反馈至起点优化输出，是一系列循环优化的过程。落实预报、预测、预案、预警是精准调度的前奏曲；科学安排水量是精准调度的进行时；调度指令的执行评估是精准调度的落脚点。

3.1 调度原则

水利工程调度按调度任务、调度目标，大致分洪涝调度、水量调度、生态（环境）调度、应急调度、风险调度五大类，每类调度原则分述如下。

3.1.1 洪涝调度原则

洪涝调度是指运用各类防洪排涝工程，科学地拦滞、排泄、分蓄洪涝水，合理采取工程防守措施以保证工程安全；对非常情况下还要采取临时应急处理措施。洪涝调度的主要内容包括：防洪工程体系现状分析评价、洪涝水水文分析、各类工程调度方案制定、防洪调度效果评价等。

洪涝调度一般遵循以下原则：

（1）确保重点保障人民利益。充分利用防洪工程体系，坚持以人为本、依法防洪、科学调度，确保重点区域、城市、堤防、水工建筑物等安全，兼顾一般，对洪水进行合理安排，将洪水灾害减少到最低限度，确保人民生命财产安全，保障社会经济健康有序发展。

（2）因地制宜实施洪涝调度。要根据不同区域、不同水系、不同特性、不同类型洪水，研究各项防洪工程运用的时机、次序和运用方式。洪涝调度措施应具有针对性、实用性、可操作性。

（3）统筹调度尽量兼顾各方。坚持流域调度与区域调度相结合、洪水调度与水量调度相结合、汛期调度与非汛期调度相结合，强化水利工程的联合运用，充分发挥现有河道、湖泊、水库、闸泵等工程作用，协调好地区间、部门间的矛盾，统筹兼顾蓄泄、上下游、左右岸，保障流域防洪与供水安全。在确保防洪安全的前提下，合理利用洪水资源。

（4）精准调度有效防御洪涝。要对防洪形势进行全面了解、分析、判断，制定满足有效防御目标的调度措施，有条件的可实施多方案比选，最终确定最优方案；调度结果要及时反馈，根据天气变化趋势、雨水情、工情变化等，及时调整、修正调度措施。

3.1.2　水量调度原则

水量调度是指运用各类调引水工程，通过调水、引水、供水等各项措施，保障城乡居民生活用水安全和工农业生产、交通航运等用水。为保证有序用水，发挥有限水资源最大效益，必须加强用水管理，严格实施计划用水，节约用水。

水量调度主要遵循以下原则：

（1）以人为本原则。水是生命之源，人的生命一刻也离不开水，抗旱水源调度应以确保城乡居民生活用水为首要任务。当发生干旱、水源供不应求时，水行政主管部门应积极采取切实可行的对策措施，如通过启用水利工程调水、制订抗旱水源应急调度计划、加强用水管理等措施加强水源调度。首先供水次序是，优先保障饮用水源地供水，尽可能减轻因供水不足对城镇居民生活产生的不利影响；其次按照电厂等重点工业、大运河航运、农业（重点是保障水稻栽插及生长用水）、一般工业的用水顺序供水；最后是环境、生态、冲淤保港的用水。

（2）先节水后调水、用水原则。水是经济发展、社会进步、人类生存的根本，是关系一个国家和民族长远发展的重大战略问题。我国人均拥有的水资源量仅 2 200 m³，水资源短缺将制约着经济社会的发展，急需大力节约用水。目前我国水资源浪费现象仍然比较严重，尤其农业用水方面，农业灌溉是个用水大户，长期以来习惯于深水漫灌，耗用水量很大、水源浪费严重，如果不采取强有力的节水措施，有再多的水都不够用。因此解决水资源短缺的基本点应放在节水上，比如加强节水意识宣传、积极推广节水灌溉技术、加强用水管理、实行按计划用水等措施，提高水资源利用率，使有限的水资源发挥最大经济效益。

（3）统筹安排各类水源原则。首先充分利用当地水源；在当地水源不足时，调引区域水源补给；当区域水源不足时，实施跨流域水源调度；合理利用地下水源。

（4）高水高用，低水低用，避免高水低调原则。如江苏省供水水源主要依靠湖库蓄水来解决，当湖库蓄水不足时，需要花费大量费用，启用江水北调、引江济太、江水东引等工程抽引江淮水增加抗旱水源，如果高水低用，将会加大调水成本，增加国家财政负担。因此在供水时，应按照高水高用，低水低用，尽量避免高水低用的原则，供水线路应由近及远，以节省翻水费用，减轻各级政府财政负担。

（5）充分利用雨洪资源原则。主要利用本地河湖库拦蓄上游洪水资源及本地雨水资源解决用水，因此，在确保防洪安全和不影响排涝的前提下，应充分发挥河湖库的调蓄作用，尽可能拦蓄上游雨洪资源，提前储备抗旱水源，节省泵站翻水成本，减轻财政负担，同时还应充分利用洪水资源为沿海港道提供冲淤水源，改善区域水环境。

（6）上下游统筹兼顾，团结协作，局部服从全局利益原则。当供水线路涉及不同市（区、县）时，易发生用水矛盾，特别在夏季 6 月份水稻栽插大用水阶段，各地区之间应团结协作，顾全大局，通过采取限制取水、错峰错时、轮灌等措施，避免集中争水、抢水，防止出现供水河段水位下降过快，以致影响沿线其他地区用水或影响向其他地区调水的情况。比如江苏省江水北调涉及沿线扬州、淮安、宿迁、徐州等多个市，水稻栽插用水高峰期间，利用江水北调工程向北调水时各地用水量高度集中，上游地区如扬州市若不按计划用水，极易导致里运河水位下降过快，影响淮安等梯级泵站向北调水，影响向沿线其他地区供水。

（7）服从统一调度水源原则。由于水资源有限，上游地区多用水，可能造成难以调水到下游地区，影响下游地区生活生产等用水，因此，各地用水应服从上级统一调度。各地应严格遵守调度纪律，地方服从流域，局部服从整体；坚决服从上级水行政主管部门的统一调度，严格执行上级部门下达的调度指令，相应调整本级调度安排，不得各行其事。

3.1.3 生态（环境）调度原则

生态（环境）调度是以改善流域区域生态环境为目的，通过水利工程调度运用，优化生态（环境）指标，维持河湖库生态水位和流量，满足水环境、水生态、水景观等需水。将水利工程的调度功能由单纯的防洪、灌溉、航运、发电等，扩展到河流生物种群需求、水质保护、下游生态基流保证和湿地改良等生态功能。

生态（环境）调度一般遵循以下原则：

（1）满足河湖库生态环境需水量。生态调度之前要研究确定河湖库生态需水量，这是进行水利工程生态调度的重要依据。河、湖、库情况不同，生态需求目标不同，则调度的方式、水量、时间、频次等都有所区别，与防洪、供水等调度的结合性也有所不同。

（2）兼顾统筹实现多目标保障。生态（环境）调度作为水利工程调度功能中的一部分，要与防洪、供水、灌溉、发电等其他生产、生活调度相协调，与经济社会发展需求相协调。能兼顾多方利益，在经济效益、社会效益及生态效益之间取得平衡。

（3）以实现河湖库生态健康为目的。生态调度的最终目的，是为了满足河湖库的生态功能需求，逐步改善河湖库生态系统，以满足经济社会可持续发展的要求，实现"人水和谐"。

3.1.4 应急调度原则

水源应急调度是指为应对地区严重干旱缺水、遭遇突发性水污染事件以及发生其他特殊情况下，需要充分运用现有水利工程的引、排、抽等功能，增加抗旱水源，稀释、排除污水，改善水体水质和水环境，并防止污水扩散影响其他供水水源地，尽可能减轻因严重干旱缺水或水质受污染带来的危害。

应急调度一般遵循以下原则：

（1）坚持"以人为本"原则，优先满足居民生活用水。按照"先保群众生活用水，其次保工农业生产、水产养殖用水，再保生态等用水"的原则，并根据具体情况，科学决策，合理调度，将灾害损失降到最低限度。

（2）坚持上下游团结合作，局部利益服从整体利益的原则。当发生严重干旱时，省级水行政主管部门将会根据可供水量编制不同时段的抗旱水源应急调度计划，各地应按照计划制定详细的分配到引水口门的水量分配方案，有计划有序用水，必要时要采取错时错峰用水，杜绝争水、抢水现象，上下游地区应团结用水，尽可能减轻干旱灾害损失。当发生突发性水污染事件时，应提前通知下游地区有关市县做好防污的各项准备工作，如关闭沿线有关口门，防止污水扩散影响下游地区其他水源水质，在实施应急调水改善水质时，下游地区应积极配合，保证水量应急调度顺利实施。

（3）坚持统一调度原则，按照统一调度指挥，分级分部门负责，保证水量、水质应急调度的顺利实施。在实施水量水质应急调度时，涉及流域性工程或跨设区市供水河道及工程的调度必须服从省级水行政主管部门统一调度；不涉及市际矛盾的区域性工程由地方水行政主管部门实施调度，并向上一级水行政主管部门汇报。在水量应急调度过程中，若对调度有不同意见，应及时向上一级水行政主管部门汇报，经同意后方可调整工程调度；紧急情况下，工程管理单位和当地水行政主管部门可现场根据应急调度预案进行调度，同时应向上级及有关管理部门汇报。

（4）坚持协调一致原则，协调解决好与供水调度有关地区、部门以及行业之间的关系。在水量应急调度期间，各地区、各部门应服从上一级水行政主管部门的统一指挥部署，协调联动，团结协作、互相配合，并按照职责分工，做好有关工作，保证应急调水期间的供水安全。

3.1.5 风险调度原则

风险调度是指在洪涝、供水、生态、应急等调度过程中，在充分了解和掌握气象、水文预报的确定性和不确定性因素后，且经会商决策后，所采取的异于常规调度、承担一定风险、尽量实现综合效益最大化的水利工程调度。实施风险调度，决策者往往起着关键作用，在决策过程中，需要全盘考虑，衡量利弊，承受风险压力。

风险调度一般遵循以下原则：

（1）风险可控原则。水利工程调度风险主要来自降雨预报的量级、区域、时间段等的不确定性，因此要执行风险调度，必须充分了解气象预报不确定性所带来的各种可能后果，并进行相应的水文预报分析，以此确定调度风险是否在可控范围。

（2）风险效益明显大于风险损失原则。风险即使在可控范围，还要分析风险效益是否明显大于风险损失，经分析评估后，决定是否实施风险调度。对经济效益好但总体上不利于社会、环境的风险调度，一般不予实施。

对于风险调度可能产生的风险类型、级别、持续时间、影响范围等结果要充分评估，针对可能产生的后果，要事先拟定应急预案、落实紧急措施，对于系统整体风险，可分解成若干个具体的可以接受（承受）的可控风险，分别制定应急对策和措施。

3.2 调度前奏

3.2.1 方案预案

3.2.1.1 预案

防汛防旱各类预案是指各级防汛抗（防）旱指挥机构为依法、迅速、科学、有序地应对水旱灾害，最大程度减少人员伤亡和财产损失而预先制定的工作方案。防汛抗旱指挥机构根据需要，依据《中华人民共和国水法》《中华人民共和国防洪法》和《国家突发公共事件总体应急预案》等制定相应的防汛防旱预案，以主动应对江河洪水和不同等级的干旱灾害。

预案编制目的是为防范可能发生的洪涝灾害，提高抗御可能出现的重大水旱灾害的应急处置能力，规范防汛防旱及应急抢险工作。制定预案应结合流域、区域实际，适用于本流域、区域、行政区域内发生的以及发生在邻近地区但可能对本区域产生重大影响的水旱灾害的防御和应急处置工作，具有针对性、实用性、可操作性。

预案分综合性预案、专项预案两种，如防汛防旱应急预案属于综合性预案，防台风预案属于专项预案。

按照水旱灾害类型如洪涝、台风、风暴潮、干旱以及可能由此引发的次生、衍生灾害等分类，预案有城市突发性强降雨应急预案、防洪预案、防台风预案、抗旱应急预案、饮用水源地突发性水污染水利应急预案等；按保护对象分，有城市防洪预案、水库防洪预案、蓄滞洪区运用撤退预案等；按险情分，有行洪河道溃口抢险预案等。

防汛防旱各类预案是实施精准调度的组织保障、工程保障。特别是当需要采取大流量行洪、蓄滞洪区运用等调度措施时，启动相关预案，以确保行洪安全、蓄滞洪区运用安全。

3.2.1.2 调度方案

调度方案作为水利工程调度的主要依据，在调度决策、调度执行、调度考核中具有重要的作用。为充分发挥水利工程整体的减灾兴利效益，必须制定科学合理的水利工程调度方案，实现流域、区域统一调度。

1. 制定原则

制定调度方案一般遵循蓄泄兼筹、上下游统筹兼顾，局部利益服从全局利益、兴利服从防洪等原则，不同类型调度方案的原则也有所侧重。调度方案一般要根据工情的变化适时修订。

2. 调度方案分类

调度方案按调度内容分，有流域防御洪水方案、洪涝调度方案、水源调度方案、水环境（生态）调度方案、水污染应急调度方案、专项水利工程调度方案、调度运用计划、施工导流方案等。

（1）流域防御洪水方案

流域防御洪水方案是防洪非工程措施的重要组成部分，以做好流域洪水防御为工作目标，遵循蓄泄兼顾、上下游兼顾、团结协作、局部服从全局、兴利服从防洪的原则，对发生流域设计标准以下洪水、超设计标准洪水，提出防御洪水安排。

如涉及江苏省的流域防御洪水方案主要有国务院批复的《长江防御洪水方案》（国函〔2015〕124号）和《淮河防御洪水方案》（国函〔2007〕48号）。

链接：长江防御洪水方案获国务院批复

中央政府门户网站 www.gov.cn　2015-08-13　13：20　来源：水利部网站

近日，国务院批复了国家防总组织制定的《长江防御洪水方案》。长江是我国第一大河，其洪水防御涉及多座重要城市、铁路公路干线、水运干支流航道及油田等重要基础设施，事关流域广大地区人民生命财产安全和社会经济发展。1985年国务院批转的《黄河、长江、淮河、永定河防御特大洪水方案》对长江防御洪水作出了安排。

近年来，长江防洪工程体系、防汛指挥调度机构及沿江地区经济社会发展状况等都已发生较大变化，原方案已不适应当前防御洪水工作要求。根据《中华人民共和国防洪法》和《中华人民共和国防汛条例》有关规定，结合当前长江防洪现状，国家防总组织水利部长江水利委员会和云南、四川、重庆、湖北、湖南、江西、安徽、江苏、上海、贵州、陕西等11省（直辖市），以及长江航务管理局、国家电网、南方电网、华电集团、大唐集团、中国长江三峡集团、云南华电金沙江中游水电开发有限公司、雅砻江流域水电开发有限公司、国电大渡河流域水电开发有限公司等9家公司和单位，在原《长江防御特大洪水方案》的基础上深入研究、充分论证，制定了《长江防御洪水方案》。

与1985年批转的《长江防御特大洪水方案》相比，本方案增加了流域洪水特性、防御洪水原则、洪水资源利用、有关地方和部门责任权限及工作任务等内容，同时根据防洪现状和流域规划对防洪工程体系和防御洪水安排作了相应修改完善。在防御洪水安排方面的主要变化有：一是增加了上游防御洪水安排，体现了流域防洪的整体性；二是修订了中下游防御洪水的安排。

国务院要求，国家防总和云南、四川、重庆、湖北、湖南、江西、安徽、江苏、上海、贵州、陕西省（直辖市）人民政府以及国务院有关部门，按照方案确定的各项任务和措施，认真抓好落实，确保防洪安全。

（2）洪涝调度方案

洪涝调度方案按照流域或区域的整体防洪能力来编制。以整体损失最小、综合效益最大为目标，针对发生设计标准及以下、超设计标准等不同量级洪水时，明确湖泊、河道、蓄滞洪区、水闸、泵站、水库等有关工程的控制要求及相应调度措施。

洪涝调度方案分流域洪水调度方案如淮河洪水调度方案）、区域洪水调度方案〔如苏南运河区域洪涝联合调度方案（试行）〕、单项工程洪水调度方案（如江苏省安峰山水库洪水调度方案）等三大类。

链接：国家防总批准淮河洪水调度方案

2016年07月13日　人民网

2016年7月，国家防总批准了新修订的《淮河洪水调度方案（试行）》（以下简称"本方案"），要求淮河防总和有关省认真落实方案中确定的各项任务和措施，做好淮河洪水各项防御工作，确保防洪安全。

国家防总2008年批复的《淮河洪水调度方案》（国汛〔2008〕8号，以下简称"原方案"），对科学合理调度淮河洪水，最大限度减轻洪水灾害损失发挥了重要作用。近年来，治淮工程建设步伐加快，淮河防洪工程情况发生了较大变化。为使淮河洪水调度更加符合流域经济社会发展和防洪工程建设实际，进一步提高调度方案的针对性和可操作性，国家防总组织淮河防总会同江苏、安徽、河南三省人民政府，根据国务院批准的《淮河防御洪水方案》，对原方案进行修订，提出本方案。

本方案主要包括防洪工程状况、设计洪水、洪水调度原则、洪水调度、洪水资源利用、调度权限、附则等七方面内容。

与原方案相比，本方案更加科学合理。一是在协商安徽、河南两省基础上，细化了临淮岗洪水控制工程上游堤圩分级分批分洪运用的顺序。其他水库和行蓄洪区的调度也更加精细。二是根据防洪工程体系建设进度，调整了行洪区、蓄滞洪区运用方案。三是补充完善了干支流大型水库与淮干联合调度相关规定，进一步提升了防洪工程体系"拦、泄、蓄、行、分、排"的整体作用。四是更加注重流域防洪统一调度，进一步明确了水库的调度权限，有利于协调上下游，左右岸和省际间的关系。

由于特殊的地理气候特点，淮河洪涝灾害频发，洪水调度难度大。本方案的批准实施，为更加科学合理调度淮河洪水提供了依据，对保障流域防洪安全和洪水资源利用发挥更加重要的作用。

（3）水源调度方案

水源调度方案按照流域整体的供水能力或专项调水工程或某一水源来编制。针对不同水情、用水要求，充分利用相关水利工程，进行水源调配，以提高水资源利用效率和效益，提升水资源管理能力和水平，促进水资源的可持续利用。方案编制要充分考虑各方用水需求，量水而行，注重实施的可行性、针对性和有效性。

江苏省江水北调水源调度方案包括了洪泽湖、骆马湖等湖泊水源以及江都站等抽水站抽引江水的调度安排；《南水北调东线一期工程水量调度方案（试行）》可归属专项调水工程水源调度方案，而水库属于单一水源调度方案。

链接：水利部印发《南水北调东线一期工程水量调度方案（试行）》

2013年12月，水利部印发了《南水北调东线一期工程水量调度方案（试行）》。调度方案包括总则、调水线路与规模、供水水量与水量分配、水量调度、水量调度管理、监督管理等内容，明确了东线一期工程洪泽湖、骆马湖、下级湖等湖泊的北调控制水位。

水利部要求淮河水利委员会、江苏省、山东省及南水北调东线总公司要从全局出发，统一思想、高度重视、加强领导、明确责任，抓好方案的实施；根据方案分工要求，加强组织协调和监督检查，全面做好各项工作，确保南水北调东线一期水量调度方案目标和任务的落实。

（4）水环境（生态）调度方案

水环境（生态）调度方案是针对某一区域或城市水环境、水生态要求来编制。通过水利工程调度，维持区域或城市河道生态水位，促进水体流动，满足水环境（生态）、水景观需求。

（5）水污染应急调度方案

水污染应急调度方案是针对突发水污染事件，利用水利工程对污染水体进行冲污、稀释、净化、快速改善水质，而编制的应急调度方案。方案的编制要充分考虑污染源的性质，不同的水污染事件可能有不同的调度手段，因此水污染应急调度方案一般应"一事一案"。

（6）专项水利工程调度方案

专项水利工程调度方案是专门为特定的水利工程如河道、节点工程等编制。如江苏省的专项水利工程调度方案有《通榆河北延送水工程调度方案（试行）》（苏防〔2011〕19号）、《淮河入海水道调度运用方案》（苏防〔2010〕6号）等，明确了调水或行洪河道沿线水位控制、相关工程运行等要求，从而保证工程全线运行正常。

> **链接：江苏省防汛防旱指挥部印发《通榆河北延送水工程调度方案（试行）》**
>
> 2011年3月，基于通榆河北延送水工程已具备投运条件，江苏省防汛防旱指挥部印发了《通榆河北延送水工程调度方案（试行）》。方案包括工程概况、工程调度（分正常供水调度、应急调水、向疏港航道补水、送水期间沿线水质保护、相关新开河道水位要求、其他等多种情况）、调度权限与执行等内容。

（7）调度运用计划

调度运用计划是为保证在某个时期内水利工程和防护对象的防洪安全、供水安全，按照设计标准制订的控制运用计划，内容包括防洪工程使用程序、水位或流量控制指标、运用标准、控制运用方式等。

（8）施工导流方案

水利工程改造或建设项目如涵闸、泵站需要进行拆除重建或除险加固，河道要进行疏浚拓宽或新建拦河建筑物等，这些工程建设完成后能进一步完善、提高防汛抗旱和水资源保障的能力，但在其施工期内，原有工程运行有可能受到影响甚至完全不能运行。为了保证在建工程原来上游地区的行洪排涝或其下游地区的灌溉及生活等供水，需要调整原有水利工程调度方案，采取导流措施，利用其他河道输水或其他水利工程承担在建工程原来承担的功能，以满足施工导流标准下的防洪排涝及供水要求，相应的方案称之为施工导流方案。

导流方案应在施工前完成编制并报相应防汛防旱指挥机构或水行政主管部门审批，导流措施包括填筑工程施工、围堰、开挖导流河、利用其他河道输水、架设临时机泵等。防洪导流应遵守《水利水电工程施工组织设计规范》。如2015年，江苏省防汛防旱指挥部批复了《淮河入江水道整治工程施工导流方案》，明确了入江水道整治工程在施工期的导流安排。

3.2.1.3 调度规程

水库调度规程是为加强水库管理和科学调度，确保水库安全运行和综合效益的充分发挥而编制的水库日常调度运用及发挥水库防汛抗旱效益的依据性文件，由水库主管部门和水库运行管理单位组织编制。

调度规程要明确编制目的，分析水库工程运行、水文气象预报情况；明确各项调度（含防洪调度、兴利调度和应急调度等）的条件、依据、任务、原则、方式和效益，分析水库运用参数和主要指标，进行相应的水文水利计算；明确调度管理权限和职责，确保水库大坝安全运行、充分发挥水库功能效益等。

> **链接：江苏省先后印发南京等市大中型水库调度规程**
>
> 2017 年，江苏省防汛防旱指挥部先后批复了南京等 9 个市的大中型水库调度规程，涉及 40 多个大中型水库。调度规程包括了总则、调度条件与依据、防洪调度、供水调度、应急调度、水库调度管理、负责等内容。

3.2.2 信息获取

做好防汛防旱调度，需要掌握多方面的信息。不仅要了解防汛防旱各类预案、调度方案等，还要及时获取准确的雨情、水情、工情、险情、灾情等信息，这些信息都是防汛防旱调度会商决策不可缺少的依据。需要掌握的信息主要有以下几类：

1. 法律、法规和各类防洪抗旱预案

要掌握有关防汛防旱法律、法规和防洪抗旱各类预案。有关法律法规包括国家层面的水法及国家和省级的防汛条例、抗旱条例等。防汛防旱有关的预案，如前所述有国家、流域、省等各级预案。

汛前，根据往年防汛抗旱工作实践、区域内工情变化和经济社会发展、城市化进程等情况，对已编制的各类方案、预案进行修订完善；对有需求而无方案、预案的区域，及时组织编制防汛抗（防）旱方案、预案。

2. 水系及水利工程状况

要掌握了解有关的水系情况和水利工程情况，包括本地和有关流域性、区域性水系及水利工程行洪能力、防洪能力和引调水能力，湖库正常蓄水能力，可能影响当年行洪、防洪能力的险工险段和安全隐患等。特别要关注在建水利工程完成与否对当年防汛抗旱调度的影响。

3. 天气状况及变化趋势

加强与气象部门的沟通联系，及时了解并掌握实时雨情、天气状况及变化趋势；在平时工作中善于积累资料和统计分析，熟悉本地及所在流域、区域的暴雨、洪水特性。

4．实时水情及预测

加强与水文部门的沟通联系，及时了解并掌握上游地区、所在流域的水情、水文预报和调度安排，上游洪水下泄对本地的影响；了解当地可用水资源量、上游入境水量和可调水量。

5．河道行洪与当地排涝、航运等的矛盾

要充分了解所在区域各行业对河湖水位、流量的要求。河道行洪流量大小应综合考虑河道行洪能力，依据河道沿线所在区域的经济社会发展状况，要充分兼顾流域行洪和区域排涝的矛盾，统筹行洪与生产生活用水、农业、交通航运等各方面要求。

6．经济社会情况及防洪重点、供水重点

了解水利工程调度影响区域经济社会发展状况，根据区域不同阶段防汛防旱重点，有侧重地进行水利工程调度，特别是在防汛防旱紧张期，要确保重点地区、重点对象的防洪安全、供水安全。

7．历史水旱灾害情况及防御措施

要了解历史上典型水旱灾害年的雨情、水工情和调度等各类防御措施，作为当前调度的有效参考。可根据当前雨情、水情、工情等和历史情况进行对比分析，借鉴历史水旱灾害年的防御措施，对当前的防御措施进行指导。

以上七类信息都很重要，其中天气情况、实时水情及预测，直接反映了汛情变化，需要防汛防旱调度人员密切关注，利用防汛防旱指挥系统，加强分析研判，合理调度水利工程，为国民经济、人民生命财产提供防洪安全及供水安全保障。

3.2.3 预测预报预警
3.2.3.1 预测预报

预测预报通常指预先推测或推定，或指事前的推测或测定。在掌握现有信息的基础上，依照一定的方法和规律对未来的事情进行测算、通报，以预先了解事情发展的过程与结果。气象、水文的预测预报是水利工程调度的重要参考和依据。

气象部门负责掌握天气形势及其发展趋势，根据现有天气状况及时做出短时、短期、中期、长期天气预报，并向防汛抗旱指挥机构、水行政主管部门提供天气形势分析及预报结果，包括暴雨预报、台风预报等。江苏省气象部门按照省水利厅的定制要求，还提供预见期为 12 h、24 h、36 h、48 h 的全省 17 个水利分区降雨量预报服务。

水文部门负责收集实时雨水情，根据实时雨水情、天气预报，及时做出水文预报；根据雨情、水情、工情、调度措施的变化情况，及时修正水文预报，并向防汛防旱指挥机构、水行政主管部门提供雨水情分析及预报成果。预报成果包括河湖未来几天水位情况及最高洪水位、入湖（库）水量及最大入湖总流量、洪峰发生时间等；预报方法有水文预报方案、水文模型、洪水风险图技术等，普遍应用计算机处理分析计算，形成水文预报调度系统，实现信息化，大大提高预报效率、精度和延长预见期。

3.2.3.2　预警类型

1. 江河洪水预警

（1）当江河即将出现洪水时，各级水文部门应做好洪水预报工作，及时向防汛抗旱指挥机构、水行政主管部门报告水位、流量的实测情况和洪水走势，为预警提供依据。

（2）各级水行政主管部门应按照分级负责原则，确定洪水预警区域、级别和洪水信息发布范围，按照权限向社会发布。

（3）水文部门应跟踪分析江河洪水的发展趋势，及时滚动预报最新水情，为抗灾救灾、水利工程调度提供基本依据。

2. 渍涝灾害预警

当气象预报将出现较大降雨时，各级水行政主管部门应按照分级负责原则，确定渍涝灾害预警区域、级别，按照权限向社会发布，并做好排涝的有关准备工作。必要时，各级防汛抗旱指挥机构通知低洼地区居民及企事业单位及时转移财产。

3. 山洪灾害预警

（1）凡可能遭受山洪灾害威胁的地方，应根据山洪灾害的成因和特点，主动采取预防和避险措施。水文、气象、国土资源等部门应密切联系，相互配合，实现信息共享，提高预报水平，及时发布预报警报。

（2）凡有山洪灾害的地方，应由防汛抗旱指挥机构组织国土资源、水利、气象等部门编制山洪灾害防御预案，绘制区域内山洪灾害风险图，划分并确定区域内易发生山洪灾害的地点及范围，制定安全转移方案，明确组织机构的设置及职责。

（3）山洪灾害易发区应建立专业监测与群测群防相结合的监测体系，落实观测措施，汛期坚持 24 小时值班巡逻制度，降雨期间，加密观测、加强巡逻。每个乡镇、村、组和相关单位都要落实信号发送员，一旦发现危险征兆，立即向周边群众报警，实现快速转移，并报本地防汛抗旱指挥机构，以便及时组织抗灾救灾。

4. 台风暴潮灾害预警

（1）根据中央气象台发布的台风（含热带风暴、热带低压等）信息，省级及其以下有关气象管理部门应密切监视，做好未来趋势预报，并及时将台风中心位置、强度、移动方向和速度等信息报告同级人民政府和防汛抗旱指挥机构；根据台风等级及对区域影响程度的预测发布台风预警。

（2）可能遭遇台风袭击的地方，各级防汛抗旱指挥机构应加强值班，跟踪台风动向，并将有关信息及时向社会发布。

（3）水利部门应根据台风的影响范围及影响程度，及时通知有关水库、主要湖泊和河道堤防管理单位，做好防范工作。各工程管理单位应组织人员分析水情和台风带来的影响，加强工程检查，必要时实施预泄预排措施。

（4）预报将受台风影响的沿海地区，当地防汛抗旱指挥机构应及时通知相关部门和人员做好防台风工作。

（5）加强对城镇危房、在建工地、仓库、交通道路、电信电缆、电力电线、户外广告牌等公用设施的检查和采取加固措施，组织船只回港避风和沿海养殖人员撤离工作。

5. 蓄滞洪区预警

（1）蓄滞洪区管理单位应按照洪水调度方案要求，每年汛前完成制定或修订蓄滞洪区运用撤退转移预案。

（2）蓄滞洪区工程管理单位应加强工程运行监测，发现问题及时处理，并报告上级主管部门和同级防汛指挥机构。

（3）运用蓄滞洪区，当地人民政府、防汛指挥机构、水行政主管部门应把人民的生命安全放在首位，迅速启动预警系统，按照撤退转移方案实施人员转移和重要物资转移。

6. 干旱灾害预警

（1）各级水行政主管部门应针对干旱灾害的成因、特点，因地制宜采取防旱抗旱措施。

（2）各级水行政主管部门应建立健全旱情监测网络和干旱灾害统计队伍，随时掌握实时旱情灾情，预测干旱发展趋势，并及时发布干旱预警；根据不同干旱等级，提出相应对策，为抗旱指挥决策提供科学依据。

（3）各级水行政主管部门应当加强抗旱服务网络建设，鼓励和支持社会力量开展多种形式的社会化抗旱服务组织建设，提高抗旱能力。

7. 供水危机预警

当因供水水源短缺或被破坏、供水线路中断、供水水质被侵害等原因而出现供水危机，由当地政府向社会公布预警，居民、企事业单位做好储备应急用水的准备，有关部门做好应急供水的准备。

3.2.3.3 水情预警发布

水情预警是指向社会公众发布的洪水、枯水等预警信息，一般旱情包括发布单位、发布时间、水情预警信号、预警内容、预警信息覆盖范围等。以《江苏省水情预警发布管理办法（试行）》（2019 年印发）为例，说明水情预警发布。

1. 水情预警等级

水情预警依据洪水量级、枯水程度及其发展态势等，由低至高分为四个等级，依次用蓝色、黄色、橙色、红色表示，即：洪水蓝色预警（小洪水）、洪水黄色预警（中洪水）、洪水橙色预警（大洪水）、洪水红色预警（特大洪水）；枯水蓝色预警（轻度枯水）、枯水黄色预警（较重枯水）、枯水橙色预警（严重枯水）、枯水红色预警（特别严重枯水）。

2. 水情预警发布

水情预警发布站点的水位或流量达到或预报达到规定标准后，各级水行政主管部门应根据预警内容可能对社会各行业造成的影响范围，组织有关部门综合会商后确定水情预警信息发布的时间、级别、范围、内容等。

水情预警由有关水行政主管部门按照管理权限统一向社会发布。涉及跨地级行政区的水情预警发布工作由省级水行政主管部门负责发布。地（市）级水行政主管部门负责其管辖行政区的水情预警发布工作。必要时，省级水行政主管部门可根据某地区防汛防旱形势直接发布该地区水情预警信息。

水情预警由各级水行政主管部门根据发布权限，通过广播、电视、报纸、电信、网络等媒体统一向社会发布。各媒体应当按照国家有关规定和防汛抗旱要求，及时播发、刊登水情预警信息，并标明发布单位和发布时间，不得更改和删减水情预警信息。

各级水行政主管部门在作出水情预警信息发布决定后，除通过自身网站等渠道发布预警信息外，还可根据预警信息等级及有关规定，交由同级政府预警信息发布平台具体实施水情预警信息发布工作。

3. 预警调整和结束

各级水行政主管部门应视水情、旱情等变化及时调整预警等级或结束预警。水情预警信息发布、调整及结束后，应及时报上级水行政主管部门备案。

4. 预警响应

有关地区和部门应依据水情预警信息，按照防汛防旱应急预案，及时启动相应响应。社会公众应及时做好避险防御工作，减轻水旱灾害损失。

3.2.4 会商决策

3.2.4.1 会商

由于防汛防旱调度需要统筹考虑水情、雨情、工情等各方面与调度有关的信息，尽可能全面地掌握一切影响因素，因此在决策前，必须召集相关部门的专家、代表和专业技术人员等，对现有形势和未来趋势进行会商分析，为准确决策提供技术支撑。会商是指挥机构集体分析、研究、决定重要调度和防汛措施的手段。

1. 会商类型

在多年的防汛防旱工作实践中，已逐渐形成了较完善的会商机制。会商类型根据内容、时间、等级等进行分类。根据内容可分为防汛会商、防旱会商、防台会商、水生态（环境）会商、专题会商等；根据会商时间可分为事前会商、事中会商等；根据情况严峻程度可分为一般情况会商、严重情况会商、紧急情况会商等；根据会议形式及地点可分为会议室会商、现场会商、视频远程会商等。

2. 会商内容

会商内容主要是听取气象、水文、防汛、水利、农业、交通、海洋渔业等有关部门关于天气实况、天气预报、雨情、水情、工情、农作物需求、航道需求等情况的汇报，分析研判防汛防旱等形势，部署水利工程调度措施及其他对策。

3. 会商人员

参与会商的人员主要为防汛抗（防）旱指挥部或防汛抗（防）旱指挥部办公室、水文、气象、水行政主管部门等单位的有关人员；如有涉及或关联事项，则财政、农业、交通、民政等防指成员单位可根据会议内容和等级相应派员参加。

3.2.4.2　决策

在现有的技术条件下，受气象预报、水文预报的精准度、预见期等因素的局限性，预报结果往往存在不确定性。因此，在听取雨情、水情、工情、险情汇报，研究分析气象、水文预报和发展趋势后，必须对水利工程调度、分洪区及蓄滞洪区运用、重点目标防守、洪水威胁区人员撤退转移等重大问题进行会商讨论，提出决策意见，部署下一步行动安排。

正确的决策是精准调度的基本保证。各级水行政主管部门领导应具有高度责任感和担当意识，通过会商全面掌握情况，广泛听取意见，对重大的水利工程调度及其他水旱灾害防御措施要科学、果断决策。

3.3　调度实施

水利工程调度工作由水利部门负责。本节以江苏省水利工程调度为例，说明调度实施的主要环节。

3.3.1　指令生成

调度指令是指由省水利调度部门按照已有的流域性防御洪水预案，以及流域性、区域性洪水或水量调度方案，重点工程调度方案，在充分掌握雨水情、工情、险情等所有情况的基础上，通过会商决策后，向下一级水利调度部门以及有关水利工程管理单位传达的水利工程调度要求。指令的生成是基于各类信息基础上，进行分析研判、会商决策后的结果。

生成并下达调度指令，是针对水利工程调度不能满足当前或今后一段时间水事要求而需要采取的调整措施。在生成指令之前，要对水事形势有整体的分析和预判，把握当前或今后一段时间的总体需求；其次调度指令的内容要有可操作性，明确水位、流量要求，以便事后督查反馈。

3.3.1.1 适用范围

调度指令适用于各类水利工程，由省级水利调度部门下达的调度指令主要包含以下各类工程：

（1）省属水利工程管理单位直管工程；

（2）由地方负责管理，省水利调度部门实施调度的省指定泵站、大中型水库、水闸（船闸、涵洞）等工程；

（3）省级及以上调度方案明确由省级水利调度部门调度的蓄滞洪区、滞涝圩等；

（4）江苏境内南水北调新建工程；

（5）特殊情况下需要省水利调度部门实施水情调度的水利工程。

3.3.1.2 指令要素

调度指令作为水利工程、蓄滞洪区、滞涝圩等调度运用的唯一权威依据，主要具备以下要素：

1. 指令编号

指令编号包括年份、编号等，如"苏水电传〔2019〕1号""苏水调电传〔2019〕1号""苏水调〔2019〕1号"。

2. 主送单位

主送单位可为一个，也可为多个，均为下一级水情调度部门或有关水工程管理单位，是指令的执行单位。

3. 调度内容

调度内容为调度指令的主要组成部分，包含水情调度实施的原因、调度对象、执行时间、控制范围及预期达到的效果等。

实施原因包括当时雨水情、天气变化、水利工程工情变化、区域需求等；调度对象主要为水利工程等水工建筑物；执行时间为调度措施具体实施的时间；控制范围及预期达到的效果，是指相应的河湖水位控制要求或工程放水流量要求。

4. 发文单位和时间

发文单位是发出调度指令的单位，应是对调度对象有调度权的流域机构、各级水利调度部门、工程管理单位。发文时间即是调度指令下发的时间，一般以签发时间为发文时间。

5. 办理人员

办理人员包括拟稿人、核稿人和签发人。

拟稿人即调度指令经办人，负责调度指令的编写、修改意见清稿，指令业务流程的办理；拟稿人提交调度指令初稿后，交核稿人审核，对调度指令的相关内容进行确认；签发人是调度指令的责任主体，或是负责主体，对调度指令具有最终决定权。

3.3.1.3　指令分类

按照调度方案规定的调度权限、调度行为对防灾减灾的影响程度及范围、会商决策的层级等因素，水情调度指令以省水行政主管部门传真电报、省水利调度部门传真电报、调度指令单等三种方式下发。三种调度指令方式使用条件如下。

1. 以省水行政主管部门传真电报方式下发的调度指令适用于以下调度：

（1）贯彻执行国家防总或国家水行政主管部门、流域防总或流域机构调度指令的水情调度；

（2）需主送或抄送有关省辖市人民政府的水情调度；

（3）河道、水库、水闸、泵站等工程接近或超过设计标准的运用调度；

（4）经省级水行政主管部门会商研究讨论，建议提交省政府决策的有关水情调度。

2. 以省水利调度部门传真电报方式下发的调度指令适用于以下调度：

（1）贯彻执行水利部水利调度部门、流域防总办（流域机构水利调度部门）调度指令的水情调度；

（2）根据实时雨水情、工情变化，对执行省水行政主管部门调度指令的水利工程，在一定流量变幅范围内的调整调度，或关闸（停机）的调度；

（3）经省水利调度会商讨论决定，认为适合以省水利调度部门传真电报方式下发指令的有关水情调度。

3. 以省水利调度部门调度指令单方式下发的调度指令适用于以下调度：

（1）根据实时雨水情、工情变化，对执行以省水利调度部门传真电报方式调度指令的水利工程，在一定流量变幅范围内的调整调度，或关闸（停机）的调度；

（2）由省水利调度部门分管领导决策实施的水情调度。

3.3.1.4　指令签发

指令签发遵循"谁签发谁负责"的原则。签发人对调度指令的时间、内容、发送方式有最终决定权。江苏省各类调度指令的签发流程如下：

以省水行政主管部门传真电报方式下达的水情调度指令，由省行政主管部门主要领导或分管领导组织会商，或委托省级水利调度部门主要负责人、分管负责人组织会商，提出明确意见后，由调度部门工作人员拟稿，分管负责人审核后，送省水行政主管部门领导签发，下达受令单位执行。

以省水利调度部门传真电报方式下达的水情调度指令，由省级水利调度部门主要负责人、分管负责人组织会商，提出明确意见后，由调度部门工作人员拟稿，分管负责人核稿，由省级水利调度部门主要负责人签发，下达受令单位执行。

以省级水利调度部门调度指令单方式下发的水情调度指令，由调度部门工作人员提出调度意见报请分管负责人决定，或分管负责人依据雨水情提出明确调度意见后，由调度部门有关人员拟稿，科室核稿，分管负责人签发后，下达受令单位执行。

3.3.2 指令执行

3.3.2.1 执行时效性

调度指令具有时效性，时效性具有两个方面的含义：一是调度内容的时效性。调度指令作为会商决策的结果，其依据的信息是会商时的雨水情、工情，涉及上下游、左右岸工程联合运行，以及是否达到预期调度效果，因此必须按调度指令要求的时间范围内执行。二是水利工程调度执行部门的时效性。水利工程管理单位要加强水闸、泵站的日常巡查和应急值守，做好维修养护工作，发现问题及时处理并上报；尤其在发生强降雨前，要有提前准备的意识，确保工程在汛期随时处于待命状态；当收到指令后，及时根据指令内容调整水利工程运行。

江苏省在实际调度过程中，要求指令执行单位严格执行调度指令，水闸工程控制运用应在半小时执行完毕，泵站工程开、关机应在 2 小时内执行完毕。

3.3.2.2 执行准确性

执行准确性是指水利工程管理单位在执行调度指令时是否到位。水利工程的安全运行、准确执行，需要完善可靠的工程体系、科学规范的管理体系和相对专业的人员体系。

调度指令执行的主体是水利工程，只有完善可靠的水利工程体系，才能准确地执行调度内容。通过精细化管理，有效地维养，确保水利工程随时可以投入运行以及调整运行，还包括新技术、新方法在水利工程控制上的运用，如江苏省泰州引江河管理处利用高校科研力量研发了水闸自动控制系统，有效地处理了沿海沿江涵闸要抢潮排水、抢潮引江的时机问题，保证了指令执行的准确性。

在水利工程调度指令执行的每一个环节，都离不开人的因素，调度执行人员本身的责任意识，对调度指令内容的理解，对相关工程操作运行实施的水平，共同决定了调度指令是否及时、准确执行到位，工程是否安全运行。因此，加强工程运行等相关人员的思想道德、专业技术、劳动技能的培训，不断提高思想、业务水平，是提高调度执行准确性的重要措施之一。

科学规范的管理体系是执行准确性的重要保障。水利工程的调度运行工作涉及众多环节，是一项系统性极强的工作。为保证调度执行准确到位，就必须推进调度运行管理规范化。在 2018 年省级机构改革之前，江苏省防汛防旱指挥部办公室于 2017 年 1 月出台了《水利工程调度运用规范技术要求》（苏防办电传〔2017〕3 号），规定了水闸（涵洞）、泵站、水库工程调度运用规范化技术要求。另外，工程操作运行还要严格执行水利工程自身操作技术规程或运用办法，避免操作不规范可能带来的准确性降低以及不安全问题。

3.3.2.3 执行反馈

调度指令下发后，调度指令执行单位要及时将执行情况反馈给下达单位，反馈内容主要为依据调度指令所实施的调度情况，包括具体水利工程操作结果和完成调度指令后水情、工情变化，也可以反映在执行调度指令过程中出现的问题。指令执行单位应加强对工程运行的观测，特别对运行时间已经比较长的泵站、对上下游水位差可能超设计工况或泄洪流量超设计的水闸等工程的运行状况尤其要加密观测，确保工程安全。对可能影响工程安全的运行，指令执行单位要及时报告上级水利调度部门。

调度指令发布人员根据反馈内容，新的雨水情、工情进行调度评估，分析是否调整调度，必要时调度决策人员召集有关人员会商分析，做出新的调度决策，发布新的调度指令。

链接：现场督查，加大引江流量

2017年6月，江苏省苏北地区持续干旱少雨，里下河地区北部河道水位出现罕见的低水位，区域用水紧张。

江苏省水利厅派出督查组，到自流引江补给里下河地区的江都枢纽、高港枢纽现场，与工程管理单位研究加大引江流量可能出现的问题及对策。之后两枢纽在保证工程安全的前提下增加了引江流量，为区域提供了宝贵的抗旱水源。

3.4 调度评估

调度评估分实时调度评估、阶段性调度评估。实时调度评估是防汛防旱实时调度的重要环节之一，主要对上一个环节即指令执行情况及执行后的效果进行评估，从而为调度调整提供依据；阶段性调度评估是指对汛期或某一阶段的调度执行情况及执行效果进行总结评估，并对完善调度工作提出建议。

3.4.1 执行评估

3.4.1.1 执行评估的必要性

执行评估相应分实施评估、阶段性评估两类。实施评估是指调度指令下达单位及执行单位及时对指令执行情况进行评估，执行单位反馈情况给指令下达单位，保证调度指令安全、精准实施到位；阶段性评估是通过定期、不定期对调度执行进行阶段性的总结评估，认真分析总结调度指令执行方面取得的经验体会及存在问题，并提出完善调度执行环节方面的建议，推进精准化调度，保证全省防洪、供水安全。

3.4.1.2 执行评估主要内容

调度执行评估是对水利工程调度指令、水量调度计划等的执行情况进行评估，主要从执行的时效性，水情调度指令执行后是否记录在案以及报汛等方面开展评估。

1. 水情调度指令的执行评估

调度指令内容包括调度指令执行单位，调度指令执行时间，水位、流量的具体控制要求。主要从以下几个方面对调度指令执行情况进行评估：

（1）是否及时接收和执行调度指令。指令下达单位下达调度指令到指令执行单位，指令执行单位应及时接收指令，收到后应立刻向相关领导报告；调度员应严格按照指令要求的执行时间及水位、流量控制等要求调度相关工程。一般涵闸开启及调整到位时间不应超过 30 分钟，泵站因在开机前要做烘干绝缘等准备工作，开启时间较涵闸要长，开启到位时间一般不超过 4 小时，如遇到梅雨季节天气潮湿、机器突然出现故障等不可抗拒因素，指令执行单位应第一时间报告指令下发单位，经同意后可适当延长执行时间。

（2）是否及时记录指令的接收执行情况。当指令执行单位收到指令下发单位的指令后，应及时记录指令接收人姓名、指令接收时间；当指令执行结束后，调度员应及时记录指令执行人姓名，指令执行时间；若是开关或调整涵闸，要详细记录闸门控制运行情况，如闸门的开启度、上下游水位、涵闸放水流量等；若开停或调整泵站，要详细记录泵站的开停或调整台数、上下游水位，抽水流量等控制运行情况。

（3）指令是否执行到位。按照《江苏省水利工程调度运用规范技术要求》，所参与调度的工程操作运行是否按照调度指令要求执行到位。

（4）是否及时向指令下发单位反馈执行情况。受令单位在执行完毕后，应及时向指令下发单位报告指令执行情况。

（5）是否及时报汛。指令执行单位执行调度指令的同时，应及时将涵闸、泵站等工程的控制运行情况告知水文报汛部门，水文报汛部门应严格按照水情报汛任务书的要求及时对涵闸、泵站等工程控制运行及相关水位、流量情况进行报汛。根据省防指下达的报汛任务书的要求，水情信息应在工程执行完毕后的 20分钟内到达省水文局；指令执行单位应及时跟踪工程执行报汛情况，若发现迟报、错报、缺报、漏报，应及时联系报汛部门，并作出相应更正处理，确保报汛的准确性、及时性。

调度人员下发指令后还可以通过查询水情电报来判断水情调度指令是否执行，还要核实水情电报与调度指令是否一致。如果出现漏报、错报等问题，应及时联系水文报汛部门补报或更正。

2. 水量调度计划的执行评估

为做好用水管理工作，严格计划用水，厉行节约用水，江苏省水利厅根据湖库蓄水、天气情况及各市上报的用水需求量，逐月编制印发省内江水北调沿线供水区月供水调度计划，水量分配方案，使有限的水源发挥最大的效益，保障城乡居民生活、工农业生产、交通航运、生态等用水。

各地按照省下达的水量调度计划，制定详细的水量分配方案，严格按计划供水，厉行节约用水，加强对供水口门的巡查、督查，特别是夏栽用水高峰期应认真落实错峰轮灌制度，确保用水计划执行到位，保障水稻栽插任务顺利完成。省市县各级水利部门对各供水河段引水情况开展评估，了解各河段沿线是否按计划引水还是超计划引水，并分析原因，以采取相应的处理措施。

3.4.2 效果评估

当调度指令、供水调度计划下达给有关单位执行后，指令下达单位及执行单位需要对调度效果进行评估。效果评估也相应分实时效果评估、阶段性效果评估。通过实时效果评估，有利于我们及时发现调度过程存在的问题，及时调整调度；通过阶段性效果评估，总结经验教训，在以后采取类似的调度措施时要避免再出现问题，从而不断提高水利工程调度水平，推进水利精准实时调度。

3.4.2.1 指令执行效果评估

水情调度指令执行后，调度人员不仅看执行情况，还要从更大范围甚至全局的角度来评估调度效果，要密切关注是否达到调度前预想的水位、流量等目标。举例说明，比如汛期淮河上中游发生强降雨，淮河发生较大洪水，为保证洪泽湖防洪安全，根据淮河水情及天气预报，需要开启三河闸预降洪泽湖水位，腾出库容接纳淮河洪水，需在洪水到来的时间点前将洪泽湖水位预降到汛限水位，调度人员在下达调度指令后，应密切关注洪泽湖水位下降趋势，并与实况进行对比，是否在预期的时间里降至预定的水位目标；如果没有达到计划水位，应分析查找原因，及时调整调度。

3.4.2.2 供水调度计划执行效果评估

为评估水量调度计划执行效果，水量调度计划下达及执行单位应根据水文报汛资料及时分析供水河段水位、流量、水量是否达到计划的控制要求；总结分析少数河段超计划用水的原因，查找问题所在，比如编制的水量分配方案是否合理，哪些口门没有按照分配的水量引水，超流量、水量的供水口门是某个时段超计划还是整个时段超计划引水等等，对于超计划取水的口门，必要时采取限制取水措施。对查出的问题应提出解决措施，为进一步做好用水管理工作积累经验。

3.4.3 调度调整

调度指令执行后，经调度评估并结合雨情及天气预报、本地及上游来水情况、工情变化，需要进行调度调整。若发生突发性水污染事故，也可调整原来调度安排，实施应急调度。调度调整同样需要会商、下达调度指令、执行反馈等过程。

3.4.3.1 调度调整的主要影响因素

防汛防旱调度主要包括洪涝调度、水量调度、水环境（生态）调度、应急调度，同时它们之间又是紧密联系、相互影响。在实际工作中，调度不是一成不变的，是一个动态过程，需要结合当时雨情、水情、天气预报及工情、险情、灾情

等情况及时调整调度安排。调度调整的影响因素主要有以下几个:

1. 天气预报及当地降雨情况

调度的调整与当时的天气变化特别是降雨有着密切关系。江苏省处于南北气候过渡带,气候变化复杂,水旱灾害频发,特别是在汛期(6—9月),极易出现局地突发性强降雨、台风等极端性天气事件,也易发生旱涝急转,直接影响防洪安全、供水安全。因此防汛防旱部门要密切关注天气变化及降雨情况,加强与气象、水文部门的联系,根据天气预报及降雨情况及时调整水利工程调度,确保防洪、供水双安全。

2. 上中游雨水情变化

对于地处长江、淮河流域下游的江苏省,承受上游近 200 万 km² 的洪水下泄,素有"洪水走廊"之称,同时用水主要依靠湖库拦蓄上中游雨洪资源及长江沿线涵闸泵站引水解决,因此调度时应密切关注上中游雨水情、来水量及工程调度情况,根据降雨及时掌握上中游洪水预报,统筹处理好防洪与蓄水的矛盾,并根据具体情况及时调整本省工程调度。比如,当洪泽湖上游洪水来量明显较多时,就应相应开启三河闸等闸泄洪,或增加其泄洪流量,保证上中游地区及本省防洪安全;当上游洪水处于退水时,要精确分析,及时压缩泄洪闸泄洪流量,在确保防洪安全的前提下,尽可能拦蓄上游雨洪资源,从而保证蓄到水、蓄足水,为后期用水提前储备水源。

3. 水污染等突发性事件

当发生水污染等突发性事件时,由于事件发生时间、地点难以预料,为保证供水安全,尽可能减轻水污染带来的灾害损失,常常需要紧急调整有关水利工程的调度。比如,为了事发下游或周边地区争取防范水污染时间,可能会调度受污染河道沿线水利工程临时关闭,相关河道沿线口门也临时关闭,同时拦截处理受污染水体。

3.4.3.2 调度调整的注意点

在调整调度时主要需要注意以下几点:

(1)要考虑上下游工程的联合运行;

(2)要对涉及的部门、地区打招呼,提前通知下游行洪河道沿线有关县市做好行洪安全;

(3)调整水源调度时,要充分考虑雨洪资源的利用,按计划供水;密切关注供水沿线水源地水质变化,防止水源地污染事件发生。

3.4.3.3 调度调整的流程

调度人员综合分析雨情、水情、水质、工情、险情、灾情、已实施的调度评估情况、有关预案及历史水旱灾害等,提出调度调整意见,拟写调度指令,经领导签发后下达调度指令;调度指令执行单位按照指令要求,实施调度调整,并及时向指令下发单位反馈执行情况,同步联系水文部门及时报汛。

第四章
精准调度关键技术

如何知"度"和定"度"? 知"度"和定"度"后如何制"度"? 如何精准地据"度"而"调",实现既定或者多重目标?"精准调度"的核心就是需要解决上述问题。本章按洪涝调度、水量调度、生态(环境)调度、应急调度、风险调度等五大类水利工程调度,分别说明相应的精准调度关键技术。

4.1　洪涝调度

洪涝调度是指利用防洪工程,人为地改变天然洪水的时空分布规律,通过蓄、滞、泄、分等措施,以达到减免洪涝灾害的目的。

防洪工程有河道、水库、湖泊、蓄滞洪区、涵闸、泵站等。因此,洪涝调度主要包括行洪河道投入行洪、主要湖泊及水库调蓄洪水、蓄滞洪区运用、行洪区运用等;洪涝调度指利用排涝涵闸自排,或利用泵站抽排涝水,以降低内河水位,尽量减轻涝灾损失。每个工程都不是孤立运用,而是与其他工程联合运行,共同发挥作用,保障防洪安全。根据实践,为调度水利工程最大限度减轻洪涝灾害损失,工程措施应与非工程措施相结合,首先要制定洪涝调度方案,其次根据汛情采取预降水位、联合调度、全力排水、错时错峰等调度措施,汛后期或偏旱季节,还要考虑洪水资源利用等。

4.1.1　洪涝调度方案

经过审批的洪涝调度方案是实施洪水调度的法律依据,要满足在实时调度洪水时,方案能够涵盖或适应可能出现的汛情,能够满足决策的需要,以缩短决策时间,避免因准备不足而造成决策的延误或失误。

我国已有的流域性洪水调度方案、区域性洪涝调度方案,见"3.1.1 方案预案"。区域性洪涝调度方案,内容与洪水调度方案类似,不再另行赘述。

1. 洪水调度方案基本内容

洪水调度方案主要包括防洪工程状况、设计洪水、洪水调度原则、洪水调度、洪水资源利用、调度权限、附则等内容。

以沂沭泗河洪水调度方案为例，对调度方案有关内容做说明。

（1）防洪工程状况。说明沂沭泗水系的防洪工程体系组成，现状骨干河道中下游防洪工程体系基本达到五十年一遇防洪标准，主要行洪河道沂河、沭河、韩庄运河及中运河、新沂河等河道设计行洪流量、堤防情况，刘家道口闸等工程设计及校核流量，南四湖、骆马湖、石梁河水库等湖库汛限水位、设计洪水位及其他防汛特征水位，南四湖湖东滞洪区、黄墩湖滞洪区基本情况。

（2）设计洪水。说明沂沭泗河主要控制站设计洪水调算成果，如骆马湖遭遇 50 年一遇洪水的最高水位为 25.0 m，最大 7 天洪量为 43.78 亿 m³。

（3）洪水调度原则。① 以人为本，依法防洪，科学调度。② 统筹兼顾，蓄泄兼筹，团结协作，局部利益服从全局利益。③ 沂河、沭河洪水尽可能东调，预留骆马湖部分蓄洪容积和新沂河部分行洪能力接纳南四湖及邳苍地区洪水。当中运河及骆马湖水位较低时，南四湖洪水尽可能下泄；当中运河及骆马湖水位较高时，南四湖洪水控制下泄。骆马湖洪水应尽可能下泄，必要时启用南四湖湖东滞洪区及黄墩湖滞洪区滞洪。④ 遇标准内洪水，合理利用水库、水闸、河道、湖泊等，确保防洪工程安全。遇超标准洪水，除利用水闸、河道强迫行洪外，还应相机利用滞洪区和采取应急措施处理超额洪水，地方政府组织防守，全力抢险，确保南四湖湖西大堤、骆马湖宿迁大控制、新沂河大堤等重要堤防和济宁、临沂、徐州、宿迁、连云港等重要城市城区的防洪安全，尽量减轻灾害损失。⑤ 在确保防洪安全的前提下，兼顾洪水资源利用。

（4）洪水调度。包括沂河、沭河、南四湖、骆马湖遭遇不同量级洪水时的调度安排，南四湖湖东滞洪区、黄墩湖滞洪区运用时机；对相关大型水库洪水调度提出要求。

（5）洪水资源利用。明确前汛期、后汛期起迄时间分别为 6 月 1 日至 15 日、8 月 15 日至 9 月 30 日。前汛期视天气情况及用水需要，可逐步控制湖泊水位至汛限水位；后汛期视实时雨水情及中长期预报，决定南四湖、骆马湖是否由汛限水位逐步抬高到汛末蓄水位。

（6）责任与权限。明确沂沭泗河洪水调度、黄墩湖滞洪区运用、大型水库、沂沭泗河河道内拦河闸坝等的调度权限。

在实际洪水调度中，还要根据当时的雨水情及天气预报、上游来水情况，按照防洪压力、洪水风险均衡、洪水资源利用等要求，及时调整洪水调度。

2. 洪水调度方案编制重点

编制洪水调度方案时要注意以下几点。

（1）应具有现实性和可操作性。要考虑工程措施与非工程措施相结合，充分考虑现状工程情况、以往调度经验以及出现的新情况、新问题，协调好地区间、部门间的矛盾，合理确定防洪工程运用次序、运用时机和蓄泄关系，避免洪水调度方案审批后执行出现困难或打折扣。

（2）合理的汛限水位。针对流域、区域洪水规律及特点，需要研究分析湖库不同时期水位控制要求，按照防洪规划，确定主汛期汛限水位，特别在强降雨前，都必须将其降到汛限水位以下，甚至更低，以保持湖泊、水库的调洪库容；其他时段，应在保障防洪安全的前提下，可结合综合利用目标，合理利用洪水资源。

（3）明确的调度权限。洪水调度涉及各级水利部门管理的工程，甚至其他部门管理的水利工程。应按照分级负责、与现行管理体制相协调的原则，制定权限；调度权限应清晰、明确，从而确保调度责任落实到位，洪水调度实施到位。如黄墩湖滞洪区调度权限的运用由淮河防汛抗旱总指挥部会商江苏省人民政府决定，报国家防汛抗旱总指挥部备案，江苏省防汛防旱指挥部负责组织实施。

4.1.2 预降水位

1. 预降水位的定义

预降水位是指根据实时雨水情、工情，以及水文气象预测预报，通过调度控制性水利工程，如水库（湖泊）开闸泄水、水闸开闸排水、泵站抽排等方式，在降雨发生或洪水来临前，对水库（湖泊）、圩区、河网的水位进行预降，把水位控制在一个合理区间，腾出防（蓄）洪库容。

调度方案是实行预降水位调度措施的依据，以淮河洪水调度方案为例，洪泽湖汛限水位为 12.50 m，当预报淮河上中游发生较大洪水时，洪泽湖应当提前预泄，尽可能降低湖水位；雨水情精准预报是预降水位的前提条件，根据洪水形成和运动的规律，利用实时水文气象资料及天气预报，对未来一定时段内的洪水情况进行预测；完善的工程体系是实施预降水位的物质基础，以江苏省为例，充分发挥沿江、沿海闸站泄洪排水作用，在强降雨（洪水）发生之前，降低河网水位，预留调蓄空间。

2. 关键技术

（1）预测预判准确

对于作出预降措施的决策者来说，一方面要依靠预报分析作为预降决策依据，例如水位预降多少，需要针对不同级别预报降雨量，在水文预报基础上，给出科学、合理的湖库、河网预降水位区间，提出并采取对应的具体调度方式；另一方面对决策者的基本经验也有较高要求，对于何时、何地、何种方式预降，预降程度等，均要有所考虑。在实际应用时，必须在雨水情预测预报尽量准确的基础上，结合调度实践经验，根据不同防汛时期、区域工程能力等进行综合分析、加以权衡，才能保证预降水位精准到位，以使洪水到来或暴雨期间防洪工作更主动，调蓄空间更大，以达到提高防洪调洪能力的目标。

(2) 妥善处理矛盾

预降水位以往是在主汛期洪涝调度中才加以运用，但在当前全年防洪、供水调度的要求下，预降既要作为一项水旱灾害防御的重要调度措施，又要兼顾平衡其他用水需求，需要协调好各方面的矛盾。预降水位要适宜，既要保障为防洪安全预留调蓄库容，又要维持合理的水位流量，保障工农业用水、航运、水生态等综合需求。避免预降过度，造成水库（湖泊）、区域河网水位比正常偏低，最终对区域供水、水坏境需求等造成不利影响。

(3) 充分考虑不利结果

降雨大小、时间及空间分布直接决定洪涝过程及其大小。根据预测预报成果实施洪涝调度，水位预降是否达到预期效果，与降雨预报、洪水预报精度有关，实际情况下，预测预报结果与实际发生可能相差较大。如因预报预测不准，实行预降水位后，造成区域河、湖、库水位过低，会给后期洪涝水产生补水不足等不利影响。因此要求决策者要有担当精神，充分考虑各种不利结果，及时调整预降程度和措施。

3. 调度实例

以江苏省为例，在 2016 年入汛之前，气象部门预测，长江中下游地区可能发生大洪大涝。因此省防指根据对超强厄尔尼诺天气背景、未来一段时间天气及水情趋势的分析，提前调度沿江骨干工程高挡低排、及早泵排，以预降区域河网水位，充分预留河网水系的洪涝调蓄能力，为迎战 2016 年太湖流域流域性特大洪水赢得了更大主动权。又如调度常熟枢纽，自 4 月份起便调整为闸泵联合运行排水，比调度方案规定条件提早了 37 天，经汛后分析，该调度措施可使太湖超警天数减少 2 天；苏南沿江各市也提前调度谏壁、九曲河、魏村、澡港、新夏港、白屈港、七浦塘枢纽等沿江口门预降水位，有效增加了区域河网调蓄库容，减少了区域河网超警天数 1～5 天。

4.1.3 联合调度

1. 联合调度类型

联合调度主要有流域防洪联合调度、多流域联合调度、洪涝联合调度、水库群防洪联合调度、闸泵联合调度等几类。

(1) 流域防洪联合调度

指统筹调度流域上下游水库、湖泊、河道、行洪区、蓄滞洪区等，合理运用水库拦洪、蓄洪、削峰、错峰，充分利用河道泄洪，适时运用行洪区、蓄滞洪区等，尽可能发挥水利工程拦蓄洪、挡洪效益，确保流域防洪安全。流域防洪联合调度需遵循蓄泄兼筹、上下游兼顾、团结协作和局部利益服从全局利益的原则，统筹安排洪水出路，尽量分泄洪水，分担防洪压力，在确保防洪安全的前提下，最大限度地减轻洪涝灾害总体损失。

（2）多流域联合调度

2 个流域有 1 个以上河道沟通，当同时发生洪水时，以洪水灾害损失最小为原则，统筹两流域洪水调度，将 1 个流域的洪水适当分流到另 1 个流域。

（3）洪涝联合调度

指统筹做好流域行洪河道泄洪及其沿线区域排涝的调度，一般排涝调度要服从于流域行洪调度，当流域防洪压力不大时，兼顾地区排涝调度。

（4）水库群防洪联合调度

指同一河流上下游的各水库或位于干、支流的各水库为满足其下游防洪要求进行的调度。对同一河流的上下游水库，当发生洪水时，一般上游水库先蓄后放，下游水库先放后蓄，以尽量有效地控制区间洪水，对位于不同河流（如干、支流）的水库，由于影响因素很多，应遵循水库群整体防洪效益最大为原则确定。

（5）闸泵联合调度

指在潮汐河网、平原河网地区，当外河水位低于内河水位（圩外水位低于圩内水位）时，依靠闸门自排涝水；当外河水位上涨或涨潮后高于内河水位（圩外水位高于圩内水位）时，关闸挡水并开启泵站抽排涝水。

2. 联合调度关键技术

对流域防洪联合调度，应加强流域洪水预测预报，分析研判整个流域的防洪形势。当洪水发生时，首先充分发挥行洪河道堤防的作用，尽量利用河道的过水能力宣泄洪水；其次当洪水有可能超过河道安全流量时，应适时运用水库蓄滞；当仍要超过安全流量时，及时启用蓄滞洪区蓄洪。对于同时存在水库及分洪区的防洪工程体系，考虑到水库蓄洪损失一般比分洪区小，而且运用灵活、容易掌握，宜先使用水库调蓄洪水；如运用水库后仍不能控制洪水时，再启用分洪工程。具体运用时，要根据流域防洪工程体系及河流洪水特点，以洪灾总损失最小为原则，确定运用方式及程序，合理确定湖库调蓄洪水、蓄滞洪区蓄滞洪水的运用方式、顺序及时机。

对多流域联合调度，首先要对参与联合调度的多个流域进行准确的洪水预报，合理分担洪水风险。

对洪涝联合调度，根据对洪涝形势的分析研判，可以兼顾排涝实施，以确保防洪安全。应用洪水风险图技术及成果，统筹防洪压力和涝灾损失，为调度决策提供技术支撑。

对水库群联合调度，应掌握河道断面的最大过水能力，预测分析比较合理的水库群调度方式，在确保水库大坝自身安全的同时，承担水库上、下游防洪任务，通过采取蓄洪滞洪、削峰错峰等措施，减少水库最大泄量，达到保证各水库和区间防洪安全的目的，充分发挥水库群的防洪效益。

对闸泵联合调度，关键要预测内、外河水位变化趋势，做到闸泵无缝切换，充分发挥闸泵排水能力。

3. 联合调度实例

以江苏省为例：

（1）流域防洪联合调度一般在流域遭遇设计标准及以上洪水情况时实施，如2016年秦淮河流域性大洪水期间，通过合理运用上游句容水库、二圣桥水库、茅山水库等水库拦蓄洪水、削峰错峰，充分利用句容河、秦淮河等河道行洪，下游武定门闸站、秦淮新河闸站联合运行全力排泄洪水，适时启用赤山湖、白水荡等滞洪区滞洪，调度天生桥闸外排洪水，统筹流域防洪联合调度，保障了流域防洪安全。

（2）多流域联合调度主要利用流域边界工程，通过调度，在合适的时间、空间合理地安置洪水，如分淮入沂工程、引沂入淮工程等。

（3）洪涝联合调度主要是统筹兼顾城市（圩区）涝水与外围洪水的关系，如太湖地区苏南运河沿线城市内涝外排要考虑运河过水能力及堤防防洪能力；淮河下游地区灌溉总渠行洪要兼顾沿线白马湖地区通过淮安站抽排涝水，淮沭河行洪时要兼顾淮西片排涝，里运河行洪要兼顾白宝湖通过南、北运西闸排涝等。

（4）闸泵联合调度是一种工程层面的联合调度，如通江河道口门，在长江低水位（低潮）时，节制闸能排则排，在长江高水位（高潮）失去自排条件时，关闸挡洪，开启泵站抽排。

链接：洪水风险图应用于洪涝调度工作

江苏省在太湖流域2013—2015年度洪水风险图编制技术及成果的基础上，针对太湖流域平原河网水系发达，人为划定的洪水风险图编制单元水利边界水力封闭性差，以及近几年新沟河主体工程基本建成、新孟河工程全面开工、望虞河西岸控制和除险加固工程开工建设，太湖地区工情发生了变化等情况，结合新的工情、水情，开展洪水风险图在江苏省太湖地区洪涝调度中的应用研究，同时组织编制未列入国家2013—2015年度实施方案的苏州城区、常州城区、太湖湖西区洪水风险图，并开发系统，以便应用到实际的防洪排涝调度工作中，为防汛排涝调度决策提供技术手段和科学依据，并加强暴雨洪涝灾害的风险管理。

4.1.4 全力排水

1. 全力排水的定义

全力排水一般是根据当前水情、水文气象预测预报将会达到警戒水位，或是河网水位已接近或超过警戒水位，甚至是已达到保证水位，或发生了险情、灾情等情况下采取的调度措施。全力排水可分为区域全力排水、局部全力排水等。

区域全力排水是指一个相对独立的水利分区或是有防洪工程的城市包围区，通过启用区域所有水闸、泵站等外排水利工程，全力向外河排除洪涝水，以达到缓解区域河网水位上涨速度或尽快降低河网水位目的。

局部全力排水指一个圩区、受淹区或集水区，一般为已出现不同程度险情、灾情情况下，除自身排水设施外，还通过调度抢险机具、移动排水车等抢险设备辅助全力抽排涝水，以尽快消除险情、灾情。

2. 全力排水关键技术

采取全力排水调度，应全面了解流域或区域各项防洪排涝工程的外排能力，分析区域全力排水对流域防洪、局部全力排水对区域防洪的影响，在确保流域、区域防洪安全和工程安全前提下，充分发挥已建工程的能力和挖掘其他各类防洪排涝手段的潜力。

3. 全力排水实例

已建工程防洪排涝能力，指在保障河道堤防、圩堤、水闸、泵站等水利工程自身工程安全的前提下，最大程度地发挥工程防洪排涝效益，在遭遇超设计洪水时，还运用船闸（套闸）排水。以江苏省为例，在防御 2016 年太湖流域流域性特大洪水期间，省防指调度沿江主要口门全力排水，水闸、泵站都投入运行，还超常规运用沿江船闸泄洪，调度望虞河江边船闸暂停通航，投入排水运行。沿江口门合计日均排水流量高达 2 500 m^3/s 左右。

其他各类防洪排涝能力，主要是指遇到超标准洪水情况下，在保证工程安全的基础上，超标准运行，如发挥非常规防洪工程、在建工程效益等。以江苏省为例，在 2016 年关键时刻启用新建水利工程及相关船闸投入运行，增加排水规模，包括部署在建工程新沟河闸施工围堰拆坝，投入排涝运行；对刚建成的苏州七浦塘工程，指导建设单位采取措施，在保证安全前提下开机排涝；调度新建的走马塘工程张家港枢纽与江边枢纽（设计为引江济太期间，排望虞河西岸涝水）联合运行排水；与此同时，省防指还积极与太湖防总协商，调度太浦闸、望亭水利枢纽在确保工程安全的前提下持续突破设计流量泄洪，降低太湖水位，减轻太湖高水位对苏南运河沿线地区的顶托影响，两个工程最大日均下泄流量分别达到 898 m^3/s、452 m^3/s（7 月 11 日），均创历史新高。

4.1.5 错时错峰

1. 错时错峰类型

错时调度一般是指流域与区域、区域间、城市间按照轻重缓解，防洪压力大小等，错开时间排除洪涝水的调度方式，达到整体防洪效益最大化。

错峰调度是指通过调度使得干流与支流、支流与支流的洪峰不在同一时间内到达某一河段的调度方式，以缓解该河段的防洪压力。

错时错峰调度包括水库的拦洪错峰、流域与区域（干流与支流）间的错时错峰、区域间（支流与支流）的错时错峰和城市之间的错时错峰等类型。

2. 错时错峰关键技术

错时错峰调度过程中，应充分结合现有水情、工情，根据天气预报和水文预报，为实施错时错峰调度提供必要的技术支持。

水库拦洪错峰调度。根据预测预报入库洪水过程，确保水库大坝自身安全；其次要分析预测下游区间洪水过程，再根据下游河道防洪标准来考虑水库如何进行控泄错峰。如2016年秦淮河水系上游水库、太湖湖西山丘区水库的错时错峰调度。

流域与区域（干流与支流）间的错时错峰调度。按照局部服从整体的原则，优先满足流域防洪安全，利用干流河道充分行泄流域洪水；在流域（干流河道）防洪措施尚有富余的情况下，适当实施错时错峰调度，压缩干流河道行洪流量、降低河道水位，从而照顾区域（支流）洪涝水的排入。如淮河入江水道、灌溉总渠、分淮入沂淮沭河、废黄河等河道行洪，与各自沿线地区排涝之间的错时错峰调度。

区域间（支流与支流）、城市间的错时错峰调度。一般按照轻重缓急程度、防洪压力大小，根据调度方案、预案等，经与相关各方充分协商后再行实施。如苏南运河沿线常州、无锡、苏州城市大包围的错时错峰调度。

3. 调度实例

以江苏省为例，在防御2016年太湖流域流域性特大洪水期间，江苏省防指通过调度节点工程错时错峰，削减洪涝峰值。统筹考虑运河与太湖、运河上游与下游、城市大包围内外的雨水情形势变化与工程能力，通过调度武进港、直湖港、犊山枢纽等环太湖工程，钟楼闸、丹金闸、蠡河枢纽等控制线工程等错时错峰合理安置洪涝，削减洪涝峰值，尽量减小高水位下的防洪风险，确保太湖、运河和城市的防洪安全。2015年，强降雨期间，省防指及时调度开启雅浦港、武进港闸开闸向太湖泄洪；启用钟楼闸紧急关闭挡洪（当年为钟楼闸2008年建成以来首次关闸挡洪），临时控制常州以下苏南运河水位上涨，待下游汛情缓解后，再开启钟楼闸，加快上游涝水排除。

4.1.6 洪水资源利用

1. 洪水资源利用定义

洪水资源化，是指以水资源的可持续利用为前提，以现有水利工程为基础，在保证防洪安全的前提下，在生态环境容许的情况下，利用水库、拦河闸坝、自然洼地、湖泊等蓄水工程拦蓄洪水，延长洪水在流域河网的滞留时间，为城乡生活、工业、农业、航运、改善水环境、发电、沿海港道冲淤等提供水源，以提高洪水资源利用率。

洪水资源利用方式，包括在保证安全的前提下，提高水库汛限水位或正常蓄水位，多蓄洪水；在洪水发生时，利用洪水前峰清洗河道污染物；建设洪水利用工程，引洪水于田间，回灌地下水；利用流域河网的调蓄功能，使洪水在平原区滞留更长的时间；建设和完善城市雨洪利用体系，兼收防洪、治涝和雨洪资源化等多项功效。

洪水是一种有效的淡水资源，按照洪水所拥有的资源功能、动力功能、肥力功能和生态功能等，可将洪水资源功能效益分为农业灌溉效益、城镇供水效益、水力发电效益、水产养殖效益、水质改善效益等；按照效益分类再进行整合归类，可分为经济效益、生态环境效益和社会效益。洪水资源利用，有效地把防洪减灾与兴利结合起来，实现"给洪水出路，让洪水为我所用"的治水战略，进一步促进人水和谐发展。

2. 关键技术

洪水资源利用主要通过以下两方面措施：

（1）分阶段动态控制汛期湖库水位。根据区域气象、水文特点，实施阶段适度抬高汛期湖库控制水位的办法，在确保防洪安全的前提下，既充分实现洪水资源化，又满足工农业等用水及汛后正常蓄水的需求。如江苏省汛期为5—9月，其中主汛期为6—8月，然而，5—6月正是水稻育秧、泡田栽插的用水高峰期，需水量很大。如果5月1日起就把湖库蓄水位控制到汛限水位，就无法保证大面积水稻栽插的完成；同样，9月份以后，淮河、沂沭泗来水的几率相对较低，如果机械地等到10月份才开始蓄水，那么湖库将面临蓄不到水的风险。

因此，前汛期用水量大，湖库蓄水不能简单地以汛限水位来控制，而应以略超汛限或正常蓄水位来控制，以满足用水需要。同时要密切关注天气变化，加强预测预报分析，该泄洪时要泄洪，确保防洪安全。主汛期是暴雨洪水高发时期，易发生洪涝灾害。湖库水位一般情况下按照汛限水位控制，根据防汛需要，有时还实施预降水位的措施。当然，在发生明显干旱或中期天气预报将发生干旱时，可适度抬高部分湖库的控制水位，但必须确保风险可控。后汛期逐步拦蓄尾水，抬高湖库蓄水位，结合预报系统、信息化等技术手段综合分析，动态考虑用水和蓄水两方面的需要，在防洪安全可控的范围内充分利用流域河湖库的调蓄功能，适当超蓄，以避免出现湖库水位刚达到正常蓄水位，随后就下降，不能较长时间维持在正常蓄水位的情况，真正做到丰水枯用，实现对洪水资源的动态、实时优化调度。

（2）实行洪水资源的跨流域统一调度，提高洪水资源利用率。如江苏省长江流域、淮河水系、沂沭泗水系雨季、上游来水的时间通常不一致，一般6月中下旬开始出现江淮梅雨，太湖地区、长江及其支流先发生洪水，淮河流域也发生洪水，7月上中旬梅雨结束，雨区逐渐北移，沂沭泗水系发生洪水，如1983年、1998年大水。有时天气形势反常，雨季先从北部开始，致使洪水先从沂沭泗水系发生，再南移到淮河、长江、太湖地区，如1991年。有时仅沂沭泗水系发生洪水，而淮河水系来水量少，如1994年、2001年等。

根据江苏省长江、淮河、沂沭泗水系暴雨洪水发生时间、频率的差异，综合利用水利工程体系以及流域性水利工程（水闸、泵站）由省统一管理与调度的管理体制优势，实现洪水资源的跨流域调度。当淮河发生洪水而沂沭泗水系干旱缺水时，可实施"引淮济沂"，即利用中运河、徐洪河两河多梯级抽引，利用二河、淮沭河、盐河、废黄河等自流输水；当沂水丰沛而淮河干旱缺水时，可实施"引沂济淮"，沂水可直接通过中运河、徐洪河下泄，补入洪泽湖及淮河下游地区，如1978年、1994年、2001年、2017年等；而当淮河、沂沭泗水系都发生干旱缺水时，启用江水北调工程，通过多梯级泵站抽水，可实施"引江济淮、济沂"。

3. 调度实例

以2017年引沂济淮为例。2017年6—7月，江苏省淮河地区降雨明显减少，沂沭泗地区先旱后涝。7月中旬至8月中旬，沂沭泗地区多次发生明显降雨，骆马湖上游相应出现洪水过程，江苏省防指全面分析洪泽湖蓄水位偏低、骆马湖上游来水、天气趋势等情况，在骆马湖水位22.0 m左右时，开始实施引沂济淮，利用中运河、徐洪河大流量调引骆马湖洪水进洪泽湖及其下游河道，提供洪泽湖供水范围抗旱水源。据统计，2017年7月中旬至8月累计引水量约8.2亿 m^3。

4.2 水量调度

水量调度是指依据水利工程水量调度方案，利用水利工程，合理调配水资源，以尽可能满足用水需求的调度。一般来说，供水水源有地表水和地下水，其中地表水源主要包括江河、湖泊、水库。省一级的水量调度，往往就是供水调度。供水调度的任务是，根据天气趋势、雨水情、工情、旱情、需水及社会经济等信息，对区域内现状供需水形势进行综合分析，通过会商决策，拟定供水调度方案，并据之进行实时调度，为各地用水提供水源。供水调度的目标就是保障城乡居民生活、工农业生产、交通航运等行业及领域的用水安全，其中首要目标是确保城乡居民生活用水。供水调度不是追求某一方面的效益最好，而是追求经济、社会、环境的综合效益最大，为供水范围经济社会可持续发展提供水源保障，不仅要适应经济发展和人民生活的需要，还应尽可能地满足人类所依赖的生态环境对水资源的需求，以及未来社会对水资源的基本需求。

根据江苏省长期的供水调度实践，实现供水调度精准化，需从水量调度方案、蓄水保水、计划用水、联合调度、用水管理等几个重要环节开展，从而发挥有限水资源的最大供水综合效益，尽量减少缺水量，节省供水成本。

4.2.1 水量调度方案

水量调度方案是指导水量调度工作的重要依据和准则。

我国已有的水量调度方案有国家发展计划委员会与水利部 1998 年联合颁布的《黄河可供水量年度分配及干流水量调度方案》、水利部 2013 年印发的《南水北调东线一期工程水量调度方案（试行）》等；对具有洪水调蓄和供水功能的湖泊，水量调度方案与洪水调度方案放在一起，有利于洪水调度与水量调度相结合、汛期调度与非汛期调度相结合，有利于洪水资源利用，因此，有些江河湖水量调度方案与洪水调度方案合二为一，如国家防汛抗旱总指挥部 2011 年印发的《太湖流域洪水与水量调度方案》、2012 年印发的《汉江洪水与水量调度方案》等。江苏省由于降雨、来水年内及年际不均，也存在水量调度要求，现有的流域性、区域性水利工程调度方案包括洪泽湖、骆马湖、江水北调泵站抽水等水源的调度安排。

1. 水量调度方案基本内容

水量调度方案主要包括调度原则、供水范围、供水目标、调水工程体系、调水线路、供水水源、供水次序、调度要求以及启动应急调度的条件、措施，调度权限等内容。由于调度目标、调度要求、水源及工程情况不同，各个水量调度方案包括的内容也不完全一致。

以《南水北调东线一期工程水量调度方案（试行）》为例，对调度方案有关内容作说明。

水量调度原则是：（1）以补充受水区的城市用水为主要目标，兼顾农业、航运和其他用水；（2）水量调度服从防洪调度，保证防洪安全；（3）优先使用当地水、淮河水，合理利用长江水，对供水水源实行统一调度、优化配置；（4）妥善处理各受水区的用水需求，不损害水源区原有的用水利用，不影响航运安全。

水量调度要求，包括调水线路沿线几个区段如长江—洪泽湖、洪泽湖—骆马湖、骆马湖—南四湖、南四湖—东平湖以及以北胶东输水干线、鲁北输水干线等的水量调度，明确输水方案、湖泊控制运用水位，非汛期、汛期抽水北送的调度运用。如长江—洪泽湖段：（1）输水方案就是由运河线和运西线双线输水；（2）洪泽湖控制运用水位有正常蓄水位 13.50 m，抽蓄控制水位汛期为 12.50 m，非汛期为 13.0 m，北调控制水位 11.9～12.5 m；（3）水量调度，非汛期洪泽湖水位高于北调控制水位、低于抽蓄控制水位时，按照洪泽湖以北调水、当地用水和洪泽湖充蓄水要求抽水北送，如高于抽蓄控制水位 13.0 m、低于正常蓄水位时，停止抽江水充蓄洪泽湖，按照洪泽湖以北调水和当地用水要求抽水北送。

再以太湖洪水与水量调度方案为例。方案中明确了全年不同阶段调水限制水位，如 4 月 1 日至 6 月 15 日，调水限制水位 3.00 m；当太湖水位低于调水限制水位时，相机实施水量调度，根据望虞河水位及天气情况、水质状况判断是否调度常熟水利枢纽、望亭水利枢纽引江及向太湖输水，并根据太浦河下游地区水情、台风暴潮、用水，调度太浦闸供水流量，对望虞河两岸水利工程及两侧沿长江口门、环太湖口门提出了调度要求。方案还包括太湖水位低于 2.80 m 或发生突发性水污染、水质恶化等事件时的应急措施。

又如《江苏省洪泽湖水源调度方案》，明确了洪泽湖在不同水位下，向下游供水范围连云港、盐城等市的供水流量要求。

在实际供水调度中，还要根据当时的雨水情及天气预报、上游来水情况，及时调整供水调度；当遭遇严重干旱、水源明显不足时，还需要按照分级管理的原则，省市县各级制订的抗旱水源应急调度预案，采取非常措施，并落实有关应急抗旱保障措施，如压减供水指标，缩小农业供水量等，保证抗旱水源应急调度计划顺利实施，将旱灾损失降到最低程度。

2. 水量调度方案编制重点

水量调度方案内容多，开展编制时特别要关注以下几个重点。

（1）调度原则。明确供水目标、供水水源、供水次序，并应强调水量调度服从防洪安全要求。

供水次序是根据用水户的重要性来确定。对江苏省苏北地区而言，供水次序是，优先满足城镇生活用水；其次保证电厂、骨干河道航运用水；第三，保障重点工业用水；第四，保证农业用水，其中主要满足水稻用水；第五，保证一般工业及生态用水，从而明确了水源紧张时供水要保的重点顺序。

（2）调水限制水位。反映了向具有供水功能的湖泊补水的时机，需要根据历史水文资料、湖泊来水特点、供水范围用水要求以及调水补水工程能力等，进行研究分析来确定。对江苏省苏北地区，还要考虑什么水位下实施江水北调，减少洪泽湖等湖泊出流，什么水位下实施向洪泽湖等湖泊补水。

（3）调度权限。水量调度涉及各级水利部门管理的工程。对省级调度方案，明确省水利部门负责调度的骨干水利工程，明确设区市、县等各级水利部门做好各自行政区域内其他水利工程调度，从而确保调度责任落实到位，水量调度有序开展。

4.2.2 蓄水保水

蓄水保水是指在确保防洪安全的前提下，利用湖泊、水库、塘坝拦蓄当地雨洪资源及上游来水，并加强湖库出流控制，防止水源浪费，为当地用水提供水源。

蓄水保水是缓解水源不足的重要调度举措，可以达到调节径流、以丰补歉、除害兴利、增加供水等目的。实施蓄水保水不仅仅包括湖库蓄水工程，有些地方还需要引水工程、提水工程、调水工程等，通过蓄、引、提、调等多措并举，充分发挥工程蓄水能力。

1. 湖库蓄水保水调度关键技术

做好湖库蓄水保水调度，主要有以下几个关键措施。

（1）应蓄尽蓄，防洪安全为前提。要根据工程类别和条件，分类制定蓄水措施。水库和有闸控制的河道，要合理控制水位，尽可能多蓄水；山丘区要利用降雨径流和上游弃水，尽可能将其引提进库、塘；内水不足而外水条件较好的地区，要及时采取引、提、调等措施补充内部蓄水，增加有效水源。江苏省的多年调度实践证明，通过加强降雨、洪水精准预报，在洪水风险可控范围内，对湖库蓄水位实行动态控制，是充分利用洪水资源的有效手段。

全年各个阶段对湖库水位调度要求不同。①汛前和初汛期（5月至6月中旬）需积极拦蓄洪水资源，增加主要湖库蓄水量，以保证水稻栽插等夏种用水，尽量避免在农业用水高峰期出现水源严重不足的问题。如果蓄水不足，再加上遭遇严重夏旱，农业大用水时期用水形势将非常严峻。②主汛期（6月中旬至8月上中旬），加强对湖库上中游来水的预测预报，密切关注天气变化，在保证防洪安全的前提下，如预测后期没有明显降雨，可适当抬高湖库水位，适度利用洪水资源。③后汛期（8月中旬至9月），根据天气趋势分析，及时拦蓄洪水尾水，逐步抬高湖库水位至正常蓄水位。另外，抬高湖库正常蓄水位，是增加可供水量的有效措施，可节省大量的抗旱翻水费用，亦为春夏用水储备更多的水源，但需要经分析论证是可行的，才能实施，必要时还要采取工程措施解决抬高蓄水位可能引发的安全隐患。

（2）应保尽保，合理利用现有蓄水。为把有限的水资源管理好、调度好，确保在未来可能发生严重干旱时，能够保证城乡居民生活、重点工业用水，以及尽量不误农时，保障水稻等农作物种得下、保得住，必须合理利用现有蓄水，应根据湖库蓄水位及上游来水情况，及时调整湖库出流。当上游来水偏少时，除了严格控制湖库出流外，必要时实施跨流域调引外水，以解决湖库供水范围的生活、生产及生态等用水需求，并尽量维持湖库水位。

（3）适时启动调水工程补给湖库。非汛期即使用水量较少，若长期干旱少雨，加上抗旱用水，湖库水位也将逐步下降，对春夏用水特别是水稻栽插大用水带来水源严重紧缺问题，因此需要加强抗旱形势分析，及时启动调水工程，不仅可以解决调水沿线用水问题，还能向湖库补水，减缓湖库水位下降速度，为后期夏季农业大用水储备水源。

2. 江苏省湖库蓄水保水调度情况

对江苏省而言，湖库蓄水工程主要有洪泽湖、太湖、骆马湖、微山湖以及6座大型水库和众多的中小型水库，集防洪、灌溉、航运、水产养殖等多功能于一体。湖库蓄水的增加，不仅可缓解水资源紧缺矛盾，同时也可大大增加跨流域调水的调节能力。据测算，骆马湖正常蓄水位从23.0 m提高到23.5 m，可增加蓄水1.5亿m³；洪泽湖正常蓄水位从13.0 m提高到13.5 m，可增加蓄水近10亿m³；同样，微山湖正常蓄水位从32.5 m提高到33.0 m，也可增加蓄水3亿m³。由此可见，这些湖库的调蓄功能非常可观。

江苏省淮北地区地处淮河、沂沭泗河中下游，而淮、沂沭泗过境水年际差异很大，当湖库蓄水严重不足，本省发生严重干旱时，往往上游地区降雨也明显偏少，出现明显改善我省用水形势的来水可能性不大。解决淮北地区抗旱水源不足的主要措施是依赖江水北调，通过江苏省较为完善的水利工程体系基本可以有效缓解除丘陵山区外大部分地区的工农业等用水供需矛盾。

当遭遇一般气象干旱时，通过蓄水保水及江水北调工作，可将淮北地区洪泽湖、骆马湖、微山湖、石梁河水库"三湖一库"水位维持在正常蓄水位上下。如2012年5月1日之前，苏北地区1月至5月累计降雨量总体偏少，尤其是淮北地区累计面均降雨量比常年同期偏少44.7%。由于汛前蓄水保水，淮北地区主要湖库水位和正常水位相比基本正常。5月1日，"三湖一库"蓄水量47.9亿m^3，为正常蓄水量48.88亿m^3的98%。

当遭遇严重气象干旱情况时，汛前"三湖一库"蓄水量将明显低于正常蓄水量，比如2011年汛前，虽经江都站等江水北调泵站长期抽引江水补充抗旱水源，其中江都站1—4月抽引江水25.39亿m^3，5月1日"三湖一库"蓄水量为35.39亿m^3，仅为正常蓄水量48.88亿m^3的72%左右。可以设想，如果没有江水北调补湖补库和解决沿线用水，洪泽湖等湖库蓄水将临近枯竭，水源紧缺问题直接威胁到淮北地区经济社会平稳发展。

4.2.3 计划用水

随着工业化以及城镇化的进程加快，对水资源的需求呈高速增长趋势，水资源供需矛盾突出，水资源短缺的形势更加严峻，实行计划用水成为用水管理的有力手段。

1. 有关法律、法规及行政性文件

实行计划用水，需要采取法律、行政、技术等手段，我国已经颁布或发布一系列涉及水资源管理、计划用水的法律、法规及规章制度。

1988年开始施行的《中华人民共和国水法》明确要求，对用水实行总量控制和定额管理相结合的制度；根据用水定额、经济技术条件以及水量分配方案确定可供本行政区域使用的水量，制定年度用水计划，对本行政区域内的年度用水实行总量控制。

为加强水资源管理和保护，促进水资源的节约与合理开发利用，2002年水利部、国家发展计划委员会发布了《建设项目水资源论证管理办法》；为促进水资源的优化配置和可持续利用，保障建设项目的合理用水要求，国务院2006年颁布了《取水许可和水资源费征收管理条例》。这些法规、规章的出台，有效改变了以前工矿企业无序用水的局面。

2011年中央1号文件和中央水利工作会议明确要求实行最严格水资源管理制度；2013年国务院发布了《关于实行最严格水资源管理制度的意见》，确立了水资源开发利用控制、用水效率控制、水功能区限制纳污等三条红线，提出了用水总量控制、用水效率控制、水功能区限制纳污、水资源管理责任和考核等四项制度，着力改变水资源过度开发、用水浪费、水污染严重等突出问题，使水资源要素在我国经济布局、产业发展、结构调整中成为重要的约束性、控制性、先导性指标。

2014年，为落实最严格水资源管理制度，强化用水需求和过程管理，控制用水总量，提高用水效率，水利部发布了《计划用水管理办法》，提出了对纳入取水许可管理的单位和其他用水大户实行计划用水管理；用水单位的用水计划由年计划用水总量、月计划用水量、水源类型和用水用途构成。各省相应制定省计划用水管理办法，其中江苏省于2016年9月印发，实行计划用水管理制度。

2. 实行计划用水的关键点

实行计划用水，除了加强宣传提高用水户的节水及计划用水意识，提高各级水利部门用水管理水平外，有两个关键点需要重视。

（1）制订供用水计划

从宏观层面上，根据国家或地区的水资源条件和经济社会发展对用水的需求，并考虑促进水资源的良性循环以及水资源的永续利用，各级水行政主管部门制定水资源长期供求计划和可供水量分配方案，作为制订供用水计划的指导。

具体用水计划，分企业用水户、区域两大类，后者用水计划包括前者。① 对水厂及其他工业企业用水户，随着取水许可制度及建设项目水资源论证制度的长期且持续的实施，其用水按照经行政许可同意的水量取水。② 对某一河道、某一区域，其用水包括生活、工矿企业、农业、航运、生态等用水，其中生活、工矿企业、航运、生态用水量相对稳定（城镇生活用水存在季节性规律），且用水过程贯穿于全年。近年来，随着城市的快速发展，城市规模不断扩张，全国文明城市创建等活动的开展，在城市水环境、水生态方面的用水需求量在逐渐加大，甚至已远超过工业和居民生活用水，成为仅次于农业用水的第二用水大户；农业用水通常作为最大的用水户，用水量呈季节性变化，且夏季用水量大大超过其他季节，特别在6月份是用水高峰期，本地水源难以满足用水需求，需要实施水量调度调引外部水源方案解决。

水量调度主要是解决区域供水。调度前制订的供水计划，是开展实时供水调度的依据。水量调度部门根据调度期各地城乡居民生活、工农业生产、航运、生态等用水需求与阶段性规律，以及可供水源及天气情况，分析制订并印发供水计划，并按照供水计划合理调度水资源，减少用水矛盾，以满足国民经济发展和人民生活对用水的需要。

下一级水行政主管部门根据供水计划制订本行政区域的用水计划，细化落实到供水河道取水口门、调度口门按计划引水。

（2）用水计量监测

计划用水是否执行到位，关键是用水计量监测。

水厂及其他工业企业用水户大部分按照有关法规在取水口处安装计量设施，并定期对计量设施进行率定，以保证用水计量准确，从而保证水行政主管部门对水资源的统一管理。

农业作为用水大户，其用水计量监测难度大，起步晚，目前也正在逐步推行。2017年，水利部部署开展农业灌溉计量设施现状及需求情况调查，以掌握大、中、小及井灌区各类农业灌溉计量设施基本情况及建设管理需求，为下一步做好灌区渠首计量设施配套完善提供基础资料；同时组织开展2016—2018年国家水资源监控能力建设项目，加大大型灌区的计量监测力度，加快农业用水计量设施建设，提高农业用水监测覆盖率。

针对供调水河道沿线引水口门用水计量设施尚未全部安装到位的情况，可采取对调水河道上下游断面、区间入流断面进行测流推求毛用水量，再扣除输水损失，作为该河段沿线用水量。

3. 江苏省苏北地区计划用水概述

江苏省于2001年开始实行苏北地区江水北调供水范围的计划供水，水量以农业用水为主，全年按1—4月、5—9月、10—12月三个阶段先后印发供水计划。近几年，江苏省根据实时雨水情和地方所报月用水需求，并考虑用水总量和峰量双控制，逐月制订并印发江水北调沿线地区供水调度计划，其中6、7两月农业用水量大的阶段以候为时段，其余月份以旬为时段分配水量，尽力做到水量分配更精细化；明确要求相关各市根据供水调度计划制订分解至各重点引水口门的水量分配计划；要求各地严格执行省防指调度指令，计划用水，有序用水，防止水源浪费；开展调水河道市际断面水量监测，以统计沿线设区市用水量。

当遭遇严重干旱，可供水源紧缺时，根据旱情发展及抗旱预案，制订抗旱水源应急调度计划。2011年江苏省发生严重春夏旱，大部分地区降水持续偏少，湖库蓄水明显不足。省防汛防旱指挥部及时分析雨情、水情、旱情及发展趋势，于当年6月中旬至7月中旬先后4次制订并印发了各旬的苏北地区抗旱水源应急调度计划，合理调度有限的抗旱水源；要求各地结合当地实际，制订具体的水量分配计划，强化用水管理，从而保证了抗旱工作的顺利进行。

多年的供水调度实践证明，合理制订、印发供水调度计划，开展市际断面水量测量，并加强用水管理，是保证各地有序用水、计划用水的有效手段，是发挥有限水资源最大效益的有力抓手。

链接：

2018 年 6 月份江苏省江水北调沿线供水调度计划表

所在市	序号	河（湖）名	供水段（灌区）	6 月				水量（亿 m³）	日均流量（m³/s）
				1—5 日		……			
				水量（亿 m³）	日均流量（m³/s）	……	……		
扬州	1	里运河	江都引江桥-泾河断面	0.432	100	……	……	4.342	168
淮安	1	里运河	泾河断面—淮安枢纽	0.043	10	……	……	0.467	18
	2	灌溉总渠	高良涧闸—运东闸	0.216	50	……	……	2.549	98
			运东闸—苏嘴断面	0.048	11	……	……	0.436	17
	3	二河段	二河闸—淮阴枢纽	0.121	28	……	……	1.106	43
	4	废黄河	杨庄闸—官滩	0.043	10	……	……	0.259	10
	5	盐河	盐河灌区	0.281	65	……	……	2.095	81
	6	淮涟干渠	淮涟灌区	0.043	10	……	……	0.821	32
	7	洪金干渠	洪金灌区	0.065	15	……	……	0.743	29
	8	周桥干渠	周桥灌区	0.048	11	……	……	0.752	29
	9	淮沭河	淮阴闸—庄圩断面	0.056	13	……	……	0.402	16
	10	洪泽湖	洪泽湖周边	0.086	20	……	……	0.691	27
小　计				1.050	243	……	……	10.320	398

4.2.4　联合调度

水源联合调度适用于多水源、多工程的调水工程体系，通过多水源、多工程联合调度，实现供水均衡、缺水量最小的目标，维持河道水位，从而保障城市生活、重点工业、骨干河道航运及农业关键时期的用水。

1. 联合调度类型

主要有多水源联合调度、多工程联合调度两类。

（1）多水源联合调度。如江苏省苏北地区有洪泽湖（淮水）、骆马湖（沂水）水源，还可以通过江水北调 9 个梯级泵站抽引江水到徐州市西部丰沛地区，可以通过串联洪泽湖、骆马湖的江水北调工程体系，实现江淮沂多水源联合调度。当洪泽湖等湖库蓄水不能满足用水需求时，适时启用江水北调沿线泵站实施江水北调，向洪泽湖、骆马湖等湖泊补水以及解决沿线用水；当洪泽湖来水偏丰而骆马湖水位偏低且来水偏枯时，可以通过梯级泵站抽引淮水，实施"淮水北调"；当骆马湖来水偏丰而洪泽湖水位偏低且来水偏枯时，还可以实施"引沂济淮"，通过中运河、徐洪河将骆马湖洪水资源调入洪泽湖及向其下游供水地区。实现互补互济，合理配置和有效利用有限的水资源，更有利于充分利用洪水资源，增加可供水量，保证苏北地区各行各业用水需要。

（2）多工程联合调度。一是供水河道沿线上下游工程、两岸口门引水口门的运行，必须统一调度、联合运行，引水口门按计划引水，下游工程运行必须综合上游工程放水流量、沿线引水流量、河道输水损失等因素，否则，将造成河道水位猛涨或陡落，影响供水安全，对有航运功能的河道，还可能直接影响航运安全。二是枢纽工程节制闸、泵站联合运行。如江苏省望虞河常熟水利枢纽，当长江潮位偏低，节制闸自引水量达不到计划要求，就需要启动常熟抽水站抽引江水，以保证总的引江水量达到计划要求；又如江苏省"江水东引"工程的运用，首先利用江都东闸、高港闸自流引江向里下河地区送水，当长江潮位低，江都东闸和高港节制闸引江流量不足以保证里下河地区用水需求时，考虑启用江都站、高港站抽江水增加供水。

前面4.2.2节提到要做好湖库蓄水保水工作，同样需要多水源联合调度，通过抽引江水、淮水，分别减少洪泽湖、骆马湖出湖流量，以稳定抬高湖库水位，为后面用水储备水源。

2. 开展水量联合调度的几点要求

（1）加强雨水情、可供水源与用水形势分析。对多水源联合调度，必须全面分析流域上游来水情况、天气趋势、湖库可调蓄库容、各地用水需求等情况，统筹所有可调度的水源，按照供水计划调水。对闸泵联合运行引江调水的，要掌握长江潮位变化，在水闸不能自引江水时，及时启用泵站抽引江水，实现闸泵无缝联合运行。

（2）明确供水水源运用次序。首先充分利用当地水源，在当地水源不足时，调引区域水源补给，当区域水源不足时，实施跨流域水源调度，并合理利用地下水源；水源不足时高水高用，低水低用。当发生洪水时，可以高水低放，补给可供水源不足的湖泊或地区，如实施引沂济淮。

（3）合理制定每个调水时期的调水指标。以江苏省苏北地区为例，当洪泽湖蓄水不足，需要实施江水北调，所抽引江水会同洪泽湖水源向淮安、宿迁、连云港等市供水。遇到这类情况，就需要制订调水线路市际断面的调水指标，如水位、流量要求，要求调水沿线引水严格执行供水计划执行。当遭遇严重干旱时，需严格执行抗旱应急水源调度计划，以达到调水指标要求。多年的抗旱供水调度实践发现，水量联合调度难度最大的时期是6月份农业大用水阶段，由于各地机械化程度高，用水高度集中，轮灌错峰困难，造成供水流量峰值极易超过工程供水能力，因此需要地方水利部门加强灌区灌溉用水的统筹，有序用水，计划用水，尽量降低用水流量峰值，才能保证达到或接近输水河道市际断面的调水指标。

4.2.5 用水管理

水资源有限，难以满足不断增长的用水需求，因此需要采取用水管理手段，合理调配水资源，实行合理用水，计划用水，提高水资源利用效率，解决水事纠纷，杜绝水资源浪费，保护公共的用水利益和用水者的合法权益，使水资源尽可能满足社会经济各部门、各地区发展的需要，充分发挥水的综合效益。

推行用水管理，需要国家授权的部门依法通过法律、经济、行政等手段，对各地区、各部门以及各单位和个人用水活动进行管理。用水管理包括对工业用水、农业用水、城乡居民生活用水、水力发电用水、航运用水、渔业用水、生态用水等方面的管理。

1. 有关法律法规

涉及用水管理的法律法规及行政性文件，有《中华人民共和国水法》《建设项目水资源论证管理办法》《关于实行最严格水资源管理制度的意见》《计划用水管理办法》《南水北调供用水管理条例》《江苏省水资源管理条例》等，都为用水管理提供了法律保障、制度保障。

2014年国务院发布施行的《南水北调供用水管理条例》，目的是加强南水北调供用水管理。其第四章专门对南水北调工程受水区提出了用水管理要求，包括统筹配置南水北调工程供水和当地水资源，年度用水实行总量控制，加强用水定额管理，推广节水技术等，促进节水农业发展，淘汰、限制高耗水、高污染建设项目，对地下水压采、禁采工作也提出了要求。

2003年江苏省第十届人民代表大会常务委员会第四次会议通过了《江苏省水资源管理条例》。该条例第五章即为用水管理，内容包括，县及以上各级水行政主管部门应当制定本行政区域内的中长期供求规划，直接从江河、湖泊、水库或者地下取用水资源的单位和个人，除了农村集体经济组织及其成员使用本集体经济组织的水塘、水库中的水等几种情形外，应当向水行政主管部门申领取水许可证；在取水口装置取水计量设施；对超计划用水，明确了按照累进加价原则加收水资源费。

综合上述法律法规等，可以得出，用水管理的内容，既有宏观层面上包括制订水的长期供求计划，水量的宏观调配，实行用水（取水）许可制度和水的有偿使用制度，解决水事纠纷等；也有微观层面上，包括取水口装置、取水计量设施。

另外，很多企事业单位也制定了用水管理制度，采取管理措施以防止或减少跑冒滴漏以及其他浪费水的现象，达到计划用水、节约用水要求。

2. 用水管理主要措施

用水管理是实现供水调度精准化、实现计划用水的必要手段。对省级水量调度部门而言，采取的用水管理措施主要有以下几条。

（1）制订供用水计划

前面4.2.3节已述有关供用水计划的制订。

要说明的是，在6月份农业用水高峰阶段，遇到偏旱年份，工程供水能力与用水峰量的矛盾很突出。设区市水量调度部门必须严格按照省印发的供水调度计划，按照控制农灌用水、实行错灌轮灌要求，制订并落实供调水河道每座引水口门的引水计划。

（2）推行用水计量监测

前面 4.2.3 节已述，这里再补充说明。

对省水量调度部门，可通过两种方法来掌握供调水河道用水量。第一种方法是，对河道沿线所有引水口门安装水量计量设施，进行在线监测，但存在计量设施建设费用巨大，部分引水口门难以精确计量等问题。第二种方法是，对供调水河段两端、区间入流断面以及设区市行政区划交界断面等重点断面，进行在线测流，建设费用可以明显要少。通过对重点断面测流计量，再扣除输水损失（蒸发、渗漏等），得到相关行政区划的用水量。该方法可弥补沿线引水口门未安装或没有全部安装水量计量设施的不足。

重点断面监测信息通过水情报汛，有助于水量调度人员及时掌握供调水河段用水情况，并通过与供水计划进行比较，从而得知供水河段沿线用水量是否超计划。

江苏省输水干线供调水河道用水计量两种方法均有使用，但主要采用第二种方法：重点断面主要是人工监测报汛，以后将逐步推行在线测流；对里运河等少量供调水河道，2014 年开始逐步采取两种方法相结合，沿线主要引水口门，实施人工报汛引水流量，取得比较好的用水管理效果。

（3）开展供调水河道沿线用水管理巡查

各级水量调度部门根据当地用水特点，制定用水管理巡查制度，对供用水过程进行巡查管理，巡查重要取水口门引水情况、水利工程运行情况等，对大用水期间或跨流域调水等关键时期，加大巡查力度；在抗旱应急调水期间，加密巡查频次，组织人员现场巡查重点河段引用水情况，对用水出现超计划的情况，责令改正，督促引水口门主管部门加强工程控制运行，严格执行按照上级供水调度计划制订的本口门引水计划，保证重点断面水位、流量达到调度指标；对违规引水情节严重的，采取通报批评等必要的措施。

（4）实行用水管理办法及考核通报

结合当地用水管理要求，制定并实行用水管理办法，对用水情况进行考核通报，考核可分月、季、年三个时间尺度考核。统计供调水河道沿线各地的月用水量、季用水量、年用水量，与下达的供水计划比较，按照不超计划、超计划等情形，采取相应的奖惩措施，把考核结果通报相关市及县、区政府和水利部门等。

4.3 生态（环境）调度

4.3.1 解析生态（环境）调度

4.3.1.1 生态需水与生态调度

1. 生态需水

在我国，与生态需水相关的概念较多，有生态基流、生态径流、生态流量、最小下泄流量等，每种概念都是在基于特定背景或需求下提出的。生态需水可以理解为维持生态系统健康所需要的水资源，即维持生态系统结构稳定与功能正常发挥所需要的满足一定水质标准的水资源。作为生态系统健康的重要影响因子之一，生态需水与生态系统健康之间存在着相互影响和相互适应的复杂关系，具体表现在：（1）生态需水具有阈值性，其阈值与生态系统健康的疾病零界点相对应；（2）当生态需水在阈值范围之外（低于最小阈值或高于最大阈值）时，生态系统的结构和功能将发生不可恢复的损害，生态系统处于不健康状态；（3）当生态需水在最小和最大阈值之间变化时，在水分是限制因子的条件下，生态系统健康水平随着生态需水的增加而逐步提高；（4）当生态需水达到某一范围值时，生态系统健康达到最佳水平，该范围就是生态系统的生态需水适宜范围。流域生态环境需水与生态系统健康关系如图 4.3.1。

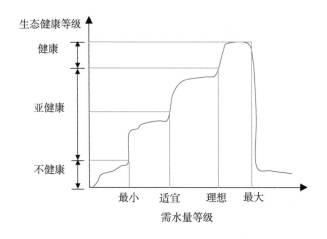

图 4.3.1 流域生态环境需水与生态系统健康关系图

生态需水包括生态功能和环境功能。其中，生态功能是指维持生态系统中生物体水分平衡及其生活环境所必需的水量，主要包括：（1）维护天然植被所需要的水量，如森林、草地、湿地植被、荒漠植被等；（2）水土保持及水土保持范围之外的林草植被建设所需要的水量，如绿洲、生态防护林等；（3）保护水生生物所需要的水量，如维持湖泊、河流中鱼类、浮游植物等生活的需水；（4）协调生态环境，为维持水沙平衡、水盐平衡及维护河口地区生态环境，需要保持一定的下泄水量或入海水量。环境功能是指在点源及非点源污染负荷下维持一定环境目标所必需的水量。

2. 生态调度

生态调度以修复河流生态系统为目标，是所有提高河流生态系统自我修复能力的水工程调度措施的统称。生态系统包括多种类型，在生态水文学中具体分为湿地生态系统和旱地生态系统，如河流、湖沼生态系统，以及林地、草地生态系统，而生态调度定义中的河流生态系统是由一系列不同级别的河流形成的完整系统，具体包括河源，河源至大海之间的河道、河岸地区，河道（河岸）和洪泛区中有关的地下水、湿地、河口以及其他依赖于淡水流入的近岸环境。

（1）问题识别。生态调度是流域综合管理的重要手段，是实现河流生态修复的重要措施。生态调度的重点可以归纳为解决"水质""水生""陆生""泥沙"四个方面的问题。"水质"是减少和遏制支流水华，做好突发公共事件对水质影响的应急处置预案；"水生"是为水生生物创造更好的产卵和生存环境条件；"陆生"是解决生活、生产、生态供水；"泥沙"是减缓水库库尾、港区、航道淤积，做好"蓄清排浑"，控制下游河势。

（2）目标确定。生态调度的主要目的是修复河流生态系统，确定针对性的生态调度目标有利于充分发挥生态调度作用。具体生态目标取决于流域自然环境特征、水资源开发利用方式、社会经济发展水平、拟解决的生态问题以及所采取的河流生态修复策略，具有自然和社会双重属性。生态调度目标可以分为维持河流基本需水、保护水环境、保护水生生物及鱼类资源三类。

（3）技术保障。先进的预测预报技术和水利工程调度技术是生态调度的前提条件和基础。预测预报技术主要指水文预测预报和生态环境预测预报。其中，水文预测预报即流域气候气象、雨情水情的预测预报和上游水库群运行预报；而生态环境预测预报即水库水质和水生态环境的预测预报。将预报结果与实时情况叠加分析，为生态调度提供可靠的依据。水利工程调度技术是生态调度的保障，包括水工建筑物辅助泄放技术、水库"蓄清排浑"技术、水库湖沼联合调度技术等。

（4）工程调度。水利工程调度是实施生态调度的中心环节，直接决定着生态调度的效果，因此必须不断完善水利工程生态调度模式。不仅要研究单个水利工程的调度模式，还要研究多个水利工程的联合调度模式，甚至从全流域的角度研究水利工程生态调度的模式，建立不同时期水利工程多目标生态调度模型。

3. 生态需水与生态调度的关系

河流生态需水研究对于生态调度至关重要。科学确定河流生态需水，是生态调度的基础和依据。河流生态需水是指维持河流生态系统一定形态和一定功能所需要保留的水量。在实际调度过程中，根据下游生态需水过程进行水量生态调度是较为简便和常见的方式，通常的做法是：通过耦合各断面的生态需水量，依据包容性（处理不同需水目标关系）和连续性（年内丰枯时段衔接和上下游流量传播关系）原则确定合理阈值，进而制定调度室可参考的流量过程线。同时，多目标生态调度模型的建立也要以河流生态需水规律为基础和约束。

据此，生态调度可以理解为在掌握河流生态需水规律的基础上，综合利用"拦、蓄、调、引、提"等水利工程，在时间、空间上进行水量和水质的优化调控，以达到一定的生态调度目标。生态调度一般过程为，全面掌握河流生态需水规律，问题识别后确定生态调度目标，解析来水条件与河流生态响应间的关系，因地制宜地制定生态调度规则和生态调度方案，进行下泄水量的调控。

4.3.1.2 生态调度类型

生态调度具有多种分类方式，本书按照生态调度目标对生态调度进行详细分类，此种分类方式在生态调度研究中较为常见。生态调度目标包括维持河流基本需水、保护水环境、保护水生生物及鱼类资源三类。

1. 维持河流基本需水调度

维持河流基本需水调度可以细分为河道生态基流需水调度、输沙和维持河道基本形态需水调度、湿地需水调度、河口三角洲需水调度等。其中，输沙调度包括水库泥沙调度和河道输沙调度，水库泥沙调度须结合水库的调沙库容和排沙水位等，在规定时间内有选择地运用汛期排沙、分期排沙、分层分级流量排沙、异重流排沙、敞泄排沙等技术调度水库泥沙；河道输沙调度主要考虑河道对泥沙的淤积要求，保证一定的河道输沙流量，使河道不断流、不萎缩。河口受河流水文情势和海洋动力条件双重作用，生态调度时要考虑防止咸潮入侵、河口萎缩、河口盐渍化和保证一定入海水量等，可归结为维持河口的生态环境需水量。

2. 保护水环境调度

保护水环境调度可以分为水库水环境调度、河道自净需水调度等。水库水环境调度主要是控制水体富营养化，可在一定时段内降低坝前蓄水位，使缓流区域水体流速加大，破坏水体富营养化的形成条件，或通过在一定时段内增加水库下泄流量，带动水库水体的流速加大，达到消除水库局部水体富营养化的目的。河道自净需水调度主要通过调度使河道水体水质达标，对河道出现的水体水质超标，可以通过在一定的时段内加大水库下泄量，破坏河流水体水质恶化的形成条件，或采取引水方式增加河流的流量以避免河流水体的水质恶化。

3. 保护水生生物及鱼类资源调度

保护水生生物及鱼类资源调度可以细分为模拟自然水文情势及根据生物繁衍习性调度、控制低温水下泄调度、控制下泄水体气体过饱和调度等。

4.3.1.3 调度原则

（1）以满足人类基本需求为前提。水利工程修建的目的是通过人为改变天然水文情势以达到趋利避害，并在有效应对洪水的同时合理利用雨洪资源。因此生态调度应首先考虑满足人类的基本需求。

（2）以满足河流生态需水为基础。河流生态需水是生态调度的重要基础，水利工程下泄水量、泄流时间、泄流量、泄流历时等均要根据下游河道生态需水要求进行。为了保护特定生态目标，合理的生态用水应处于生态需水的阈值区间内。

（3）遵循"三生"用水共享的原则。"三生"是指生活、生态和生产。生态需水只有与社会经济发展需水相协调，才能得到有效保障。生态系统对水的需求有一定弹性，所以应在生态系统需水阈值区间内，结合区域社会经济发展的实际情况，兼顾生态需水和社会经济发展需水，合理确定生态用水比例。

（4）以实现河流健康为最终目标。生态调度既要在一定程度上满足人类社会经济发展的需求，同时也要考虑满足河流生命得以维持和延续的需要，其最终目标是维护河流健康，实现人与河流和谐发展。

4.3.1.4 相关政策

（1）《中华人民共和国水法》规定：开发、利用水资源，应当首先满足城乡居民生活用水，并兼顾农业、工业、生态环境用水以及航运等需要。

（2）《水量分配暂行办法》规定：水量分配应当统筹安排生活、生产、生态与环境用水。

（3）《建设项目水资源论证导则》规定：涉水工程必须保证最小下泄流量的有关要求。

（4）《全国水资源综合规划》中提出河流生态环境需水量的具体要求，在计算地表水可利用量时，明确首要扣除河道内环境流量，将生态环境用水作为水资源配置的重要内容。

（5）《关于深化落实水电开发生态环境保护措施的通知》中明确要求：水利水电开发工程要合理确定生态流量，认真落实生态流量泄放措施。按生态流量设计技术规范及有关导则规定，编制生态流量泄放方案。在国家和地方重点保护、珍稀濒危或开发区域河段特有水生生物栖息地的鱼类产卵季节，经论证确有需要，应进一步加大下泄生态流量；当天然来流量小于规定下泄最小生态流量时，电站下泄生态流量按坝址处天然实际来流量进行下放。电网调度中应参照电站最小下泄生态流量进行生态调度。

（6）《水污染防治行动计划》（2015年）明确提出：加强江河湖库水量调度管理。完善水量调度方案。采取闸坝联合调度、生态补水等措施，合理安排闸坝下泄水量和泄流时段，维持河湖基本生态用水需求，重点保障枯水期生态基流。在黄河、淮河等流域进行试点，分期分批确定生态流量（水位），作为流域水量调度的重要参考。

4.3.2 确定调度尺度

4.3.2.1 时间尺度

生态系统结构与功能随时间的演进而呈现规律性变化，从长时间尺度来看有生态系统的进化，中时间尺度来看有生态系统的演替，短时间尺度来看有生态系统的年际、季度和日变化。生态需水也随时间的变化而发生改变。对于河流生态系统，其生态需水规律重点关注年际和年内规律性变化。年际变化指生态需水的丰、平、枯水年的特征，用不同保证率表示。年内变化指丰枯季节和月份间生态需水的变化，其中汛前、汛期、汛后分别与适宜生态需水、洪水期生态需水和最小生态需水相对应，形成具有时间特征的年内生态需水标准过程线，可以作为河流生态调度的依据或约束条件，如图 4.3.2 所示。

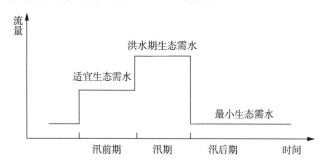

图 4.3.2　年内生态需水标准过程线图

生态调度不仅需要提供流量值，还要考虑水文情势，给出与自然情势相近的水文过程，即满足鱼类产卵、种子发芽等生物习性的人造洪水，此类目标下的生态调度的时间尺度较"月、旬"更为精细。

4.3.2.2　空间尺度

1. 分级思想

江苏省精妙绝伦的水系格局和举足亲重的经济地位造就了其"流域—区域—城市"多级嵌套的水利空间布局，与此同时，错综复杂的水利工程逐步衍生、成熟，"拦、蓄、调、引、提"各展所长。经过不断孕育和蜕变，江苏现已形成满足"骨干河道生态径流""重要河湖互济互调""区域河网量质保障""城市单元景美水畅"的"三轴、四系、十七区、多点"四级生态调度模式，即：以流域骨干河道为重点对象，优先满足大江大河的生态径流；以"引江济太、江水东引和江水北调"三条跨流域调水干线为调水主轴，串联"沂沭泗、淮河、长江、太湖"四大流域水系，实现流域间的生态互补；以十七个水利分区为次级单元，实现区域内部水量、水质双重保障的生态调度目标；选取多个典型城市，以城市景观、冲淤保港为突破口，保障全省多点的生态健康。

2. 分类思想

不同类型生态系统具有不同生态功能及生态目标，生态需水的计算方式及相关规律也不尽相同。在各级分区中，根据水循环过程对生态需水进行分类，可分为湿地生态需水和河口生态需水，河口生态需水可进一步分为河流生态需水、湖泊生态需水，具体功能如表4.3.1所示。

表 4.3.1　生态需水分类体系表

一级分类	二级分类	功能分类
湿地生态需水	河流湿地生态需水	生态基流、生物需水、自净需水、输沙需水、蒸发渗漏消耗需水、景观娱乐需水等
	湖泊湿地生态需水	栖息地需水、生物需水、蒸发渗漏消耗需水、自净需水、景观需水等
河口生态需水	河口生态需水	水循环消耗需水、生物循环消耗需水、生物栖息地需水（包括淡水湿地需水、盐度平衡、水沙平衡及营养物输运需水等）

4.3.3　调度控制指标

　　各级生态调度都必须确定具体的调度目标。生态调度目标可以是单个或者多个，也可以针对特定目标制定生态控制指标。生态控制指标是以特定的目标需求所确定的生态需水量计算指标，目标需求主要表现为水量需求、水动力需求、水环境需求、水生态需求，控制指标一般表现为水位（流量）、流速、水质等。当多个生态目标相互冲突时，根据其重要性进行排序，综合分析、科学组合控制指标，确定生态水量和调度方案。

　　表 4.3.2 是不同生态系统对应的生态控制指标组合，其中生态水位体现了生物生境的空间范围；生态流量、流速与换水周期体现了生境所需要的水动力条件；水质目标体现了水环境要求。

表 4.3.2　生态控制指标表

生态系统	空间指标	水动力指标	水环境指标
骨干河道		生态流量 Q	水质目标
区域河网	生态水位 H	流速 V	水质目标
湖泊	生态水位 H	换水周期 C	水质目标

4.4　应急调度

　　应急调度是指当汛情、旱情严重到需要采取超越常规的调度，或者遭遇突发性水污染、水生态、水环境事件所采取的水利工程调度。通过总结长期的调度实践，应急调度大致分为四类：防洪排涝应急调度、抗旱应急调度、生态应急调度和突发性水污染应急调度。

4.4.1　防洪排涝应急调度

1. 防洪应急调度

当江河湖库遭遇超标准洪水时，为了确保重点保护对象的安全，尽量减少灾害损失，需要采取非常规调度措施。主要河湖库洪水调度方案都包括超标准洪水的应急调度内容；防汛应急预案也有相应应急调度内容，应根据水情，启动防汛应急响应，采取相应的洪水调度措施。

（1）超标准洪水应对措施

防洪应急调度措施通常有河道超设计标准强迫行洪、湖库超设计标准蓄洪、启用蓄滞洪区蓄洪滞洪等。对不同流域、不同区域，采取的防洪应急调度措施侧重点有所不同。

在太湖流域，国家防汛抗旱总指挥部批复的《太湖流域洪水与水量调度方案》（国汛〔2011〕17 号）明确，当太湖水位超过设计洪水位 4.65 m 时的调度措施，如重点保护环湖大堤和大中城市等重要保护对象安全，应尽可能加大太浦河、望虞河的泄洪流量，充分发挥沿长江各口门以及杭嘉湖南排工程的排水能力，加大东苕溪导流东岸各闸泄洪流量，打开东太湖沿岸及流域下游地区各排水通道，等等。

在淮河流域，国家防汛抗旱总指挥部批复的《淮河洪水调度方案》（国汛〔2016〕14 号）明确，当发生超标准洪水时，应利用河道强迫行洪，充分发挥临淮岗洪水控制工程的拦洪作用，并采取弃守一般堤防等非常措施，确保蚌埠和淮南城市圈堤、淮北大堤重要堤段、洪泽湖大堤、里运河大堤等重要堤防安全。

在沂沭泗流域，国家防汛抗旱总指挥部批复的《沂沭泗河洪水调度方案》（国汛〔2012〕8 号）明确，遇超标准洪水，除利用水闸、河道强迫行洪外，还应相机利用滞洪区和采取应急措施处理超额洪水，地方政府组织防守，全力抢险，确保南四湖湖西大堤、骆马湖宿迁大控制、新沂河大堤等重要堤防和济宁、临沂、徐州、宿迁、连云港等重要城市城区的防洪安全，尽量减轻灾害损失。

对区域性洪水，当遭遇超标准洪水时，为了保证区域重要河道堤防安全，还要采取农业圩区限排、城镇圩区减排等应急措施。

（2）超标准洪水应对方案

在实际发生流域性大洪水时，各所属结构还要结合当时的雨水情、工情，以国家防汛抗旱总指挥部批复的洪水调度方案为基础，制定当年的超标准洪水调度方案，并再报国家防汛抗旱总指挥部批准。如 2016 年太湖流域发生特大洪水，太湖最高水位达到 4.87 m，仅比 1999 年历史最高水位低 0.10 m；地区河网水位普遍超警，部分站点超历史。太湖流域防汛抗旱总指挥部制定了《太湖流域2016 年超标准洪水应对方案》，征求江苏、浙江、上海等两省一市意见后报国家防汛抗旱总指挥部批准后实施，对遏制太湖水位进一步上涨、缩短太湖高水位持续时间、防控太湖超标准洪水风险发挥了重要作用。

遭遇超标准洪水，为了确保湖库大坝安全，避免发生溃坝等危害性非常严重的事件，可能对闸坝、河道超设计强迫泄洪及行洪；如来水更多，湖库可能超设计调蓄洪水。对此，应及时转移危险地区群众，组织强化巡堤查险和堤防防守，及时发现并控制险情。

2. 排涝应急调度

不管是农田，还是城区，排涝能力都是有一定标准的。一旦发生超标准强降雨，易造成农田积水受淹，城区道路积水，影响通行。对超标准强降雨，特别是高发、频发的短历时强降雨，曾使多个城市发生"城里看海"的现象。

应对超标准强降雨，应急调度措施主要是加强水利工程调度，抢排涝水；调用临时架设的排涝移动机组，增加暴雨区排涝能力，尽量减轻涝灾损失。在河湖库防汛形势紧张时，要妥善统筹排涝与防洪的关系，避免因排涝而增加防汛的压力。

此外，如果气象部门预报有强降雨，应在雨前采取预降水位等调度措施，防范雨涝灾害。

4.4.2 抗旱应急调度

旱灾是我国的主要自然灾害之一，它不但会对农业生产、第二和第三产业的用水以及生态环境用水造成影响，而且还会影响到城乡居民生活用水，对经济、社会发展造成严重的危害，因此需要采取综合措施来应对，除了兴建抗旱水源工程建设外，还要做好抗旱预案、抗旱水量应急调度预案编制等工作。当流域或区域发生持续性严重干旱，影响到城乡居民生活、骨干河道航运等重点用水时，为了尽量减少灾害损失，应按照统一调度、保证重点、兼顾一般的原则对水源进行调配，优先保障居民生活用水，合理安排生产和生态用水；按照批准的抗旱预案，制订应急水量调度实施方案。

1. 抗旱应急调度预案

根据《中华人民共和国水法》规定，跨省、自治区、直辖市的旱情紧急情况下的水量调度预案，由流域管理机构商有关省、自治区、直辖市人民政府制定，报国务院或者其授权的部门批准后执行。其他跨行政区域的旱情紧急情况下的水量调度预案，由共同的上一级人民政府水行政主管部门商有关地方人民政府制定，报本级人民政府批准后执行。

对淮河干流、黄河干流、松花江、太湖等一些重要河湖，国家防总组织相关流域防总编制并印发了水量应急调度预案；有的流域性调度方案如《太湖流域洪水与水量调度方案》包括了重要湖泊低于某一低水位时的应急调度内容。另外，防汛抗旱应急预案通常都有抗旱水源调度的内容，即根据旱情，启动抗旱应急响应后，要采取抗旱应急调度措施，还有的预案中会有具体的抗旱应急调度计划。对不同流域、不同区域，采取的抗旱应急调度措施侧重点有所不同。

在黄河流域，国家防汛抗旱总指挥部批复的《黄河干流抗旱应急调度预案》（国汛〔2014〕18号）明确，在保障防洪、防凌安全的前提下，实施黄河干流抗旱应急调度；以应对黄河干流供水区严重及特大干旱和小流量时间为重点，确保城乡居民生活用水安全，防止黄河断流，尽可能减轻干旱影响和损失；最大限度地从水量上满足取水要求；在抗旱应急响应期间，黄河干流的水库、水电站、闸坝及取水口实施统一调度。

在太湖流域，《太湖流域洪水与水量调度方案》明确，当太湖水位低于2.80 m时，要进一步加强引江河道的科学调度，充分利用沿江闸泵，增加长江水量和入太湖水量，保证入太湖水质，适当降低流域河湖生态需水要求；加强环太湖口门和主要供水河道两岸口门统一调度和运行监督，实行用水限制措施，必要时启用备用水源，最大程度满足流域基本用水需求。根据2015年国家防总批复的《太湖抗旱水量应急调度预案》，当太湖水位在2.80～2.65 m、2.65～2.55 m、2.55 m以下等三种水情下，分别启动相应的抗旱水量调度应急响应，实施抗旱水量应急调度，优先满足生活用水，合理安排生产用水，适当限制河湖环境用水。

《江苏省防汛防旱应急预案》明确，当太湖、洪泽湖、骆马湖等重点河湖低于某一水位时，启动抗旱应急响应，必要时宣布进入紧急防旱期，采取应急调度措施，如应急开源、应急限水、应急调水、应急送水等。

2. 抗旱水量应急调度实施方案、抗旱水量应急调度计划

当发生严重干旱灾害时，抗旱水源紧缺，需要制定用于实际操作的应急水量调度实施方案或抗旱水量应急调度计划，加强抗旱水源的统一管理和调度。

应急抗旱期间，统一调度辖区内的湖泊、水库、水电站等所蓄水量，以及闸坝、抽水站等工程，压减农业供水范围或者减少农业供水量，减少非重点工业用水，并随着旱情的发展趋势，调整工程调度。如江苏省在2011年6月中旬至7月中旬先后四次制订并印发了各旬的苏北地区抗旱水源应急调度计划，并要求按照计划落实到当地引水口门，强化用水管理。

4.4.3 生态应急调度

在漫长的生态演变过程中，河湖生态系统无数次受到低水位的扰动，不断演化，逐步调整，最终适应某一低水位（又称天然最低生态水位）。当人类活动造成上游进入河湖的水量明显减少甚至断流，河湖水位低于天然最低生态水位时，河道、湖泊内的生态系统将会遭受严重威胁，逐步退化。遭遇这种情况，需要采取生态应急调度。国内不乏生态应急调度的实践，如2002年12月至2003年1月、2014年8月实施的南四湖应急生态调水，2016年8月至9月、2017年7月实施的塔里木河流域生态应急补水调度。

链接：2002 年南四湖应急生态补水

2002 年南四湖地区发生百年一遇的严重干旱，部分地区为 200 年一遇，为新中国成立以来的一场特大干旱，至 7 月中旬上级湖干涸，下级湖水位 8 月下旬降到 29.85 m，几近干涸。长期干旱导致湖区野生自然生态资源到达濒临灭绝的边缘，生态环境遭到严重威胁。针对南四湖生态面临的严峻形势，根据党中央和国务院领导指示，国家防总于 2002 年 12 月 8 日启动应急生态补水，利用江苏省江水北调工程江都站等 9 级抽水站抽引长江水补入南四湖，历时约 50 天，共向南四湖下级湖补水 1.1 亿 m³，其中入上级湖 0.5 亿 m³，使下级湖水位始终维持在生态水位 31.05 m（此水位低于死水位 0.45 m）以上，维持了最低的生态用水需求，挽救了南四湖生物物种，保障了湖区物种延续，避免了一场可能发生的生态危机。本次应急调水是我国继黄河、黑河、塔里木河"三水"调水后，又一次成功实施的跨流域生态水资源统一调度工程。

开展生态应急调水，首先要分析明确遭受生态破坏威胁的河湖水位提升目标、补充水量、可调水源；其次是制定并印发生态应急调水方案，确定调水线路、调水工程、调水起迄时间、调水总量及流量，明确调水线路各节点的调度目标，并要求调水沿线加强用水管理，沿线口门严格控制运行，全力做好配合工作；最后，要做好水文监测、水量计量工作。

4.4.4 突发性水污染应急调度

随着经济的快速发展和城市化进程的加快，突发性水污染事件屡屡发生且危害巨大，给受污染地区的人民生活、工农业生产、水产养殖等带来严重的经济损失和生态环境损害。2005 年松花江水污染导致哈尔滨停水危机事件后，全国各地纷纷制定城市饮用水源地突发性水污染事件应急预案，并落实应急备用水源地以及水利工程应急调度措施。

实施应急调度，应首先了解突发性水污染的发生原因、污染物、危害程度及范围，确定相应的调度措施。

4.4.4.1 水污染成因分析

造成突发性水污染的原因有自然的和人为的两方面。自然因素是指因自然灾害导致的水体污染；人为因素是指因人类的行为而导致的水体污染。

1. 自然因素

地震、泥石流、暴雨、洪水等极端气象条件引起的自然灾害都有可能导致水体受到污染。地震可能引发一些危险品的泄漏，流入附近水体，改变水质情况，造成水污染，而由于水体的流动性，可能会扩大污染影响；泥石流、暴雨有可能使含污雨水及其他废水直接排入水体；洪水可能造成一些经水传播的传染病大规模流行，如血吸虫病，钩端螺旋体病等。

2. 人为因素

人为因素造成的水污染类型很多，主要有以下几种情况：

（1）突发性排放污染水体。突发性水污染事故是指由于人的行为使污染物大量集中排入河流、湖泊、水库等水体，导致水体水质在短期内迅速恶化，影响水资源的有效利用，使经济、社会的正常活动受到影响，使水生态环境受到严重危害的事故。如船舶燃油、化学品事故、工厂事故、码头装卸事故、车辆或船舶发生交通事故等直接造成污染物排入水体；违规排放（包括超标排放、偷排、直排）和通过某种方式突发性排放污染物；管道破裂或突发性故障造成的水源严重污染；当发生暴雨洪涝时，上中游地区开闸泄水，大流量排放积累的污水，极易造成下游地区发生突发性水污染事故。

此类水污染事件是人为引起的，大部分具有突发性强、历时短的特点；对于上中游地区集中排放污水引发的水污染事件，还具有污水量大、历时较长的特点，给城乡居民生活、水产养殖、工农业生产以及生态等用水带来严重不利影响，经济损失严重。

（2）累积性水体污染。累积性水体污染即在长时间内持续向水体排污，主要包括工业废水、生活污水、农业面源污染。其中工业废水是水体主要污染源，它的面广、量大、含污染物质多、组成复杂，有的毒性很大，处理困难，如造纸、纺织、印染、食品加工等轻工业部门，在生产过程中常常排出大量废水，易引起水质发黑变臭等现象，此外废水中还常含有大量悬浮物、硫化物、重金属等，由企业、工厂等长期性排放污水导致的水污染事件，往往要经长时间的累积后才会爆发；生活污水是指居民日常生活中排出的废水，主要来源于居住建筑和公共建筑，如住宅、机关、学校、医院、商店、公共场所等，生活污水所含的污染物主要是有机物和大量病原微生物，容易腐化，使水体产生恶臭；农业面源污染是指由于农业生产产生的水污染源，通过降雨将氮、磷和农药等污染物带入水体，使水体的水质恶化，造成河流、水库、湖泊等水体污染。

（3）其他污染。包含无法具体归类的污染事件，如水葫芦、藻类等生长引发的藻类污染和人为投毒事件等。

4.4.4.2 水污染影响

水污染严重影响人民群众的生命健康和财产，对生态环境等造成严重损害，尤其是突发性水污染，污染物直接进入河湖库等水体，不断扩散，一切与排污河道发生联系的水体、环境都可能受到水污染的影响，不仅造成巨大的经济损失，而且会产生极大的社会影响。

1. 影响饮用水源地水质

当饮用水源受到污染时，如果相关部门不及时采取应急措施，城乡居民饮用了受污染的水源，将会导致腹泻等很多疾病，损害身体健康，威胁人类的生存，甚至引起社会的不安定；如果牲畜、动物饮用了受污染的水源，也会引起疾病甚至死亡，给老百姓带来经济损失，造成不良的社会影响。

2. 影响农业生产

农业是我国的第一产业，它的发展关系国计民生。当受影响地区引用了受污染的水源进行农业灌溉时，含有有毒有害物质的污水就会污染农田土壤，使农作物无法正常生长，造成农作物枯萎或死亡，减产绝收，使农民遭受极大的经济损失。另外还会带来有关食品健康的安全隐患，当人们食用了用受污染的农作物制作的食品时，还会给人类身体健康带来危害。

3. 影响工业生产

工业是我国的第二产业，工业生产过程中需要大量的清洁水。如果取用了受污染的水体，一方面会影响正常的生产运作，另一方面也会耗费企业大量的资金及设备去额外获得清洁水质，特别是食品、医药这些对水质有较高要求的行业，所带来的影响会更大，若水质不过关，生产的产品质量将无法得到保障。此外，水污染引起的水硬化，使得工业锅炉及管道上结垢，有毒的污染物会破坏厂房及机器设备，带来严重的经济损失。

4. 影响养殖业的产量和质量

渔业生产的产量和质量与水质直接紧密相关。当水产养殖的水源受到污染时，受污染的水会改变水生生物的原有环境，使水域生态系统发生变化，必然会影响到鱼类等水生生物的生长、繁殖，甚至造成水产养殖大面积死亡，影响养殖业产量，使养殖户遭受经济损失。此外，受污染水体中的有害物质将会积累在鱼类和水生物体内，影响水产生物的安全，人如果食用了受污染的水产生物，会损害身体健康甚至出现中毒现象。

5. 影响水域生态环境

水污染会对环境造成严重影响，当污染物进入河流、湖泊或地下水等水体，其含量超过水体的自然净化能力后，会使水体的物理、化学性质或生物群落组成发生变化。水污染还会导致水体的富营养化，大量增殖的细菌消耗了水中的氧气，使湖水变得缺氧，水体中依赖氧气生存的水生生物将可能出现死亡，从而破坏水域生态环境的平衡。

6. 制约经济的发展

不同的行业对水质都有一定的要求。水污染导致的后果就是工农业、养殖业受损，造成经济损失，并且损害人体健康，破坏生态环境，制约受污染地区的经济发展，影响社会稳定。

4.4.4.3 水污染应急调度

突发性水污染事件发生突然，而且来势凶猛，在短时间内排放大量的污染物，会污染水体，造成下游地区经济和财产的巨大损失，对生态环境的破坏也是灾难性的，如处理不好污染事件还可能会影响社会的稳定。突发性水污染事件往往难以预测，一旦发生，需要快速分析水污染发生原因、污染物类型，以便及时采取有效的应急措施，尽最大可能减少水污染带来的损失。应对突发性水污染事件的应急措施，包括利用现有水利工程的拦、引、抽、排等功能实施应急调度，一定程度上可减轻突发性水污染事故的危害，可以采取单个或多个工程的运用，也可建设临时工程。实施应急调度期间，要求水质监测部门加密监测，不断提供受污染的河湖水质情况，以相应调整应急调度措施。

利用水利工程实施应急调度应对突发性水污染事件，主要有拦污截污、引清释污等措施。

1. 拦污截污

拦污截污是突发性水污染应急调度中经常采取的，分三种情况：

（1）对上游排放的污水，应控制污水扩散对周边及下游地区的影响，通知周边及下游地区在污水到来之前采取应对措施，提前关闭污水排放要通过的河道沿线或可能受影响水域的周边引水口门，防止污水扩散影响到其他河道，对沿线有饮用水水源地的地区，要求提前做好水源储备工作或适时启用备用水源地。

（2）对油类泄漏或化学品泄漏造成的水污染，调度水闸阻止或大幅度减缓水体流动，帮助有关部门应急处置污染物，包括吸附浮油、化学处理等。

（3）对一些毒性较大，难以处理及污染物浓度特高的污染团，为防止这些污染物迅速向下游扩散，应通过闸、坝的控制调节，对污水进行拦截，有计划排放或降解有机污染物，让水域自然复养，逐步形成可降解的有机物，减轻水污染，或采取引流方式将污染团引出流动水域，利用岸边有利洼地将污染团暂时缓存，然后处理。该方法在突发水污染事件应急处置中，一般使用在较小的支流上，可使主干流免受或少受水污染事件的危害。这种方式虽然可以暂时缓解水污染造成的危害，但将污染物引入周围的洼地，也会对周边的居民及生态造成影响。因此使用这类方法应非常慎重，需要在评估的基础上实施，并在实施时注意对居民的宣传，必要时转移居民，防止引起当地居民恐慌，导致社会不安。

链接一：2008 年沭阳水源地污染应对调度

2008 年 4 月中下旬，受沂沭泗流域强降雨影响，江苏省新沂河南岸柴沂河的污水随雨水而下，造成沭阳水源地污染。江苏省水利调度部门紧急调度关闭沭新闸、沭阳闸，将污染水体拦截在沭新闸与沭阳闸之间，防止污水扩散进入蔷薇河、淮沭河；紧急拆除新沂河北偏泓闸上下游施工围堰，开启闸门应急排除河道污水；取水口也紧急关闭；并调度二河闸、淮阴闸调引洪泽湖优质水源稀释污水，改善水源地水质。由于应对及时，措施有力，江苏省宿迁市沭阳水厂一直保持正常供水。

链接二：2007 年太湖蓝藻应对调度

2007 年 4 月份后，江苏省太湖地区高温少雨，无锡太湖的贡湖、梅梁湖域总磷超标、总氮含量持续偏高，导致蓝藻爆发，给无锡部分水厂供水带来严重困难。为保证太湖水源地供水安全，太湖流域机构会同江苏省组织实施大流量"引江济太"，全力加大望虞河引江入湖水量，同时严格控制望虞河两岸口门，控制污水进入望虞河，保证入湖水量水质，并关闭武进港、雅浦港、直湖港等环湖口门，控制劣质水源入太湖；又紧急启动梅梁湖泵站，并逐步加大抽水流量，促进梅梁湖与贡湖水体流动，改善太湖水源地水质。通过大流量"引江济太"，太湖水量得到了有效补给，太湖水位维持在较高水平，减轻了此次水污染事件造成的危害。

2. 引清释污

引清释污也是水利部门经常采取的应急调度措施，其实施方法是利用水利工程将其他水域的清洁水源调引至受污染水域，增加受污染水体环境容量，提高水体自净能力，促进受污染水体流动速度，以达到稀释污水，降低污染物质浓度，改善水质的目的；在引清水释污的同时，开启受污染河发生河段沿线及下游地区的水闸泄水或加大下泄流量，加快受污染水体排出速度，以缩短污水的滞留时间，控制污水扩散范围，最大限度地减轻受污染水体对周边及下游地区特别是饮用水源地水质的影响。

4.5 风险调度

风险，通俗地说是指损失的不确定性。风险产生的结果，可能带来损失、收益或者既无损失也无收益。一般而言，风险是指要完成某项工作的特定主体（个体或集体）将要发生不利情况的可能性。例如，对水库系统而言，风险就是水库调度决策和运行、管理策略，导致水库系统达不到预期目标（如综合利用效益最大）的可能性。风险不同于危险，危险说的是不安全，而风险则强调主体要完成某项任务，可能遇到各种不利情况，并可能因此达不到期望的目标。

水利工程风险调度是指决策者在综合考虑气象水文、工程运行等情况的前提下，在统筹协调上下游、左右岸、干支流、流域与区域防洪供水能力的基础上，承担一定风险，以获得风险效益为目的的调度行为。实施风险调度，要正确把握风险与效益的关系，以防洪安全为前提，尽可能地达到预期调度目标。

4.5.1 风险调度类型

根据调度侧重点不同，将风险调度类型分为四类，分别为洪涝风险调度、供水风险调度、生态风险调度和应急风险调度。

4.5.1.1 洪涝风险调度

结合洪涝调度方案及实践，洪涝风险调度主要体现在四个方面，一是利用河道、闸坝强迫行洪；二是水库非常规调度；三是蓄滞洪区的启用；四是洪水资源的利用。

（1）利用河道、闸坝强迫行洪，一般是作为流域遭遇超标准洪水时的主要措施之一。由于河道、闸坝行洪流量超过设计标准，沿线工程特别是洪水位高于两堤外侧地面高程的河道，其两岸堤防、穿堤建筑物发生险情的可能性显著增加，防洪压力非常大，这类调度的洪水风险也很大。

（2）水库非常规调度，是相对正常调度运用而言的。在实际防洪工作中，当水库下游行洪河道防汛形势紧张或发生险情时，为了保障其防洪安全，不按照已经批准的水库洪水调度方案执行，而是充分利用水库调洪能力，实施错峰调度，泄洪流量比方案规定的明显减少甚至暂停泄洪，以致水库水位上涨。其风险在于减少了后期洪水的调蓄库容，甚至有可能造成水库水位超过设计标准，加大水库本身防洪风险。

（3）蓄滞洪区的启用，是牺牲局部保大局的调度措施。蓄滞洪区是流域防洪体系的重要组成部分，是在原湖泊、洼地上建成的，区内生活着大量群众，人口多，不可能全部外迁。由于蓄滞洪区是用来应对较大洪水，一般启用机会不大，且随着预测预报及江河防洪能力提高，更是减少了启用几率，因而蓄滞洪区内干部群众易滋长麻痹松懈思想，缺乏洪水风险意识，加上经济社会发展，人口剧增，乡镇不断扩大，厂矿企业单位也在增多，一旦滞洪，经济损失严重，将影响蓄滞洪区的运用决策，增加了启用时的阻力和运用后的损失。

按照洪水调度方案，当流域遭遇超标准洪水或河湖水位达到某一水位且还在上涨时需要启用蓄滞洪区，以削减行洪河道或调蓄洪水的湖泊洪峰水位，确保堤防安全，保障更大范围的防洪安全。其风险在于决策是否启用以及启用时机，如决策科学合理，可以减少损失，发挥蓄滞洪区的关键作用。如果后期洪水不会再加大，通过坚守堤防就可以应对，则应避免启用蓄滞洪区，减小损失；但如果不从实际防汛形势出发，按照本来调度，运用蓄滞洪区，将出现两个后果，一是造成蓄滞洪区损失，二是造成后期更大规模洪水没有蓄滞洪库容，不能发挥蓄滞洪区调蓄洪水的关键作用。如果确实需要启用蓄滞洪区却不启用，也会造成堤防溃决、建筑物失守，以致发生更大范围的洪水灾害，这样的决策风险后果是不可接受的。

> 链接：2016 年秦淮河流域赤山湖滞洪
>
> 2016 年汛期秦淮河流域多次出现强降雨过程，出现水位超历史的大洪水。针对秦淮河南京段水位猛涨、两度超历史最高水位的严峻形势，防汛部门紧急关闭赤山闸，启用赤山湖内湖、白水荡等蓄滞洪区滞洪，尽量减轻下游地区的防洪压力。

（4）洪水资源的利用，主要指湖库汛期适度超过汛限水位、非汛期超过正常水位蓄水，以更多地拦蓄洪水、利用洪水，满足用水需要。随着经济社会发展，对用水量及用水保证率的要求越来越高。如何增加可供水量并保证供水的可持续性，湖库适当超蓄洪水是可行的主要途径之一，即在现有的湖库水位控制基础上，通过承担适度洪水风险，适当抬高湖库水位，增加湖库蓄水量、可供水量。实际调度中也经常遇到涝旱急转的情况，一场洪水结束后，会出现长时间干旱少雨的状况，湖库水位持续下降，可供水量日益减少，甚至影响到城乡居民生活、工农业生产、航运等的用水。因此湖库适当超蓄洪水，实现洪水资源化，效益显著。当然这也存在风险，这一调度措施减少了调蓄洪水库容，一旦后期发生洪水，如不能及时预降水位，将可能发生或加重洪水损失；另外该措施可能会加重湖库周边地区的涝渍问题以及排涝降渍费用的负担。

4.5.1.2　供水风险调度

供水风险调度，主要体现在三个方面，一是供水调度对用水需求的保证程度；二是实施湖库蓄水补水；三是抗旱供水急转为防洪排涝。

（1）供水调度对用水需求的保证程度。以江苏省为例，苏北地区水资源严重不足，干旱发生概率高，6月份水稻栽插大用水期往往是水源供需矛盾最突出阶段。其间，江苏省水利部门统一调度洪泽湖、骆马湖等湖库水源以及江水北调水源，解决苏北地区用水。苏北地区供水调度的风险在于当淮河流域持续干旱少雨或无雨时，洪泽湖、骆马湖上游河道基本没有来水，可供水量严重偏少，水源不足问题将非常突出，实施江水北调，只能解决生活、重点工业、骨干河道如大运河航运等重点用水；湖泊水位持续下降，还可能损害湖内水生态环境。因此供水调度可以最大程度减轻干旱不利影响，减少旱灾损失，但水源不足带来的风险还是存在的。

链接：2011年大旱江苏省主要湖库低于死水位

2010年秋冬至2011年夏，江苏省干旱少雨，加之各流域上游来水异常偏枯，形成横跨秋冬春夏的四季连旱，干旱发展自北向南直至波及全省，旱灾损失严重。因抗旱用水消耗，全省主要湖库水位普遍很低，蓄水严重不足。2011年淮北地区主要水源地洪泽湖、骆马湖、微山湖水位分别有8天、10天、68天低于死水位；苏南地区石臼湖干涸14天，水文测站无法测出水位，横山水库最低水位一度低于死水位，水源供需矛盾突出，影响城乡居民正常生活生产用水。

（2）实施湖库蓄水补水。水稻栽插季节性强，最迟不宜迟于7月上旬，因此需要在6月份水稻栽插大用水前在保证防洪安全的前提下，湖库尽可能多储备水源，不低于正常蓄水位，以尽力确保水稻栽插顺利进行。由于中长期天气预报难度大、精度低，给湖库蓄水补水时机的确定带来难度。

实施湖库蓄水补水的风险在于实施时机的确定。以江苏省苏北地区洪泽湖等湖库蓄水补水为例，一是实施早可能造成弃水。枯水季节特别是大用水之前通过多梯级抽引江淮水源，实施湖库蓄水补水，维持湖库蓄水位正常，后期却有可能发生秋汛、冬汛、春汛以及梅雨，从而出现湖库上游有来水，当地也要排涝，以致需要弃水的情况。二是实施迟可能造成可供水源不足。如为了避免弃水的风险，蓄水补水时机比较迟甚至到临近大用水才开始，如遭遇迟梅或少梅年景，将导致湖库水位偏低，若后期不能及时来水，将加剧水源供需矛盾，降低供水保证率，难以保证苏北地区水稻栽插面积完成，既影响到全省粮食生产，也影响到其他行业。另外大用水前将洪泽湖等湖库水位按汛限水位控制，减少兴利库容，同样存在加重水源不足的问题。

（3）抗旱供水急转为防洪排涝。在湖库水源不足时，常常采取跨流域跨区域调引大量外水，保障农业等用水，并维持河道水位，保证骨干河道航运。其风险在于，如梅雨期提前或者遭遇强降雨极端天气，可能会发生刚抽引的水源就会同洪涝水一起排放的情况。

4.5.1.3 生态风险调度

生态风险调度，主要体现在生态要求河道水位比较高，增加水环境容量的同时，也降低了河道调蓄区间涝水的能力，不利于防范强降雨，对防洪带来风险。

近年来，国家高度重视生态文明建设，加大了城市生态、水景观的建设以及农村水环境整治力度，相应水环境、水生态用水量逐渐加大，甚至超过工业和居民生活用水，成为仅次于农灌用水的第二用水大户。为维持区域、城市水环境，可以利用水闸、泵站增加调引外水流量，补给地区河网水系，促进水体流动，增加水环境容量，致使区域内河湖水位比以往偏高。以江苏省苏南运河无锡段为例，2007 年以来无锡市调度梅梁湖、大渲河泵站常年抽水运行 20～30 m³/s 进苏南运河，实施调水引流，以拉动太湖北部湖区水体，保证湖区饮用水源地供水安全。沿江口门引水、泵站调水引流都抬高了苏南运河无锡段水位。据统计分析，近几年无锡段常水位较多年平均偏高 30～50 cm。水位偏高，造成河网调蓄能力减少，给防汛安全带来了风险。当出现集中强降雨时，如不提前预降，易造成水位过高，甚至超历史。苏南运河无锡站 2017 年 9 月下旬最高水位超历史记录，虽然主要原因是集中性强降雨，但和底水较高也有关系。

4.5.1.4 应急风险调度

应急风险调度就是应对突发水事件，不能采取常规调度方式，需适度承担风险的应急调度。

发生风险的应急调度，主要在应对水污染事件，特别是发生在作为供下游地区供水的输水通道上，如稍有不慎，就有可能带来这样的风险，污染水体排放到下游河道水源地，给当地生产、生活用水带来威胁。

4.5.1.1 节提出的河道、闸坝强迫行洪、水库非常规调度、蓄滞洪区的启用都是流域、区域遭遇大洪水时采取的应急调度措施，也都存在相关风险，因此，也可归纳为应急风险调度。

为说明应对水污染事件的应急风险调度，以 2018 年下旬洪泽湖水污染事件为例。2018 年 8 月 16 至 19 日，受当年第 18 号台风"温比亚"影响，淮河流域洪泽湖上游西北部出现大暴雨，局地特大暴雨。新濉河、老濉河、新汴河、怀洪新河等洪泽湖西北部主要入湖支流都发生洪水过程，但在洪峰过后的退水阶段，8 月 24 日四条支流均有大量污水流入，河水发黑并散发刺鼻气味，以致河道入湖口下游的溧河洼、临淮湖区等水质恶化，湖区水产养殖遭受严重损失，还影响到湖区北部水源地。水污染事件直到 9 月 10 日入湖河道水质恢复正常才结束。期间江苏省水利部门采取应急调度，一是减少洪泽湖两个出湖口门二河闸、高良涧闸流量，仅保留下游必需的工农业生产、城乡生活及航运等用水流量；二是加大三河闸流量，尽量引导污水通过湖中心大水体进行降解稀释；三是调引沂沭泗水系骆马湖清洁水源通过徐洪河进入洪泽湖北部湖区成子湖，尽量降解污水浓度，减轻水污染对湖区北部水源地的危害。另外，加密洪泽湖多个代表位置的水质监测点，密切关注水质变化情况，以调整调度措施。

本次应急调度的风险在于，二河闸、高良涧闸上游水体存在被污染，以及污水被引导到两闸下游以致影响下游供水的安全。经过科学合理且有效的应急调度，化解了污水扩散到下游水源地的风险，取得预期效果。

4.5.2 实施条件

风险调度的实施，必须具备工程条件；在实施前，进行风险分析和效益分析，根据可接受的风险后果以确定是否要采取风险调度方案。概括地说，风险调度的实施条件主要有三个方面：工程能力、预测预报以及会商研判。

工程能力是抗御水旱灾害的重要物质条件，为实施风险调度的首要基础。以江苏省为例，1949 年新中国成立以来，经过长期坚持不懈的水利工程建设，形成了防洪、挡潮、排涝、降渍和供水的五大工程系统，是江苏省防汛抗旱的工程基础，也是实施风险调度的基础。

预测预报是实施风险调度的主要依据，包括天气、雨水情、工情的预测预报。调度属于事前决策，调度风险还来自于降水预报和水文预报。因此，气象及水文预报的精准度直接影响了调度风险的大小。目前，三天以内的天气预报相对准确，而预见期更长的预报是难题，但也可以提供时间上的宽裕度，为调度提供一定参考依据。

会商研判是风险调度的核心。风险调度决策的正确与否，事关风险后果。影响风险决策的因素很多，有客观因素和主观因素。（1）客观因素主要是工程能力。虽然工程体系比较完备，但是局部地区工程标准仍存在短板，加上近些年气候复杂多变，强降水和严重气象干旱频频发生，天气不确定性强，盲目自信地实施风险调度就会加大风险，工程可能会发生在正常情况下不会出现的质量、运行等方面的问题，产生新的危险。一旦发生了超过预测的暴雨洪水，或其他风险因素考虑不周，轻则对工程本身造成严重损害，重则对防洪安全产生严重威胁，并导致发生毁灭性的灾害。此外，还有技术条件、社会政治条件、方案的效益吸引力等客观因素。(2)主观因素主要指决策者（人）。不同决策者对风险的判断不一定相同，取决于其经验、知识、信息获取和决断等能力。会商研判就是通过集体讨论分析、通报、交流、研判调度过程可能存在的工程隐患、风险因素，确定风险程度，制定针对性防控措施，控制调度风险，赢得主动，确保人民群众财产安全。

4.5.3 风险承受

风险承受能力是指通过风险调度能承受多大的损失，而不至于发生灾难性损失，也不会影响社会稳定，能够保证整体防汛防旱工作正常运转。如果风险明显不可控且无法承受，那么即使可能获得的效益巨大，也不能以赌徒心态孤注一掷。如果风险可控且在承受范围内，也不能一味追求绝对的安全和保险，应积极发挥主观能动性，敢于承担适度风险，为经济社会发展赢取更大效益。

例如水库超蓄的风险承受能力。目前相当多的水库不仅用于调蓄洪水，还是当地生产、生活的水源地，甚至是旅游风景区，其蓄水位的控制关系到蓄水量，关系到供水范围的供水保证率。在江苏省，有些水库如蓄水不足，还需要多梯级抽引外水补给，抬高蓄水位。因此，汛期往往拦蓄洪水，逐步抬高蓄水位，以高于汛限水位来控制，增加可供水量，提高供水保证率，还可以减轻当地财政负担，但蓄水一定程度上减少了洪水调蓄库容。因此，为了确保防洪安全，必须密切关注天气变化，通过加强气象水文预测预报，采取提前预降湖库水位等措施，来化解或控制蓄水位抬高、洪水资源利用率提高带来的洪水风险。

4.5.4 风险调度决策和控制

风险调度决策的主要任务就是以最低的代价获得最大的安全保障这一风险管理的总目标，从各种风险调度方案中优选最佳方案，或将各种风险调度方案有机结合起来，取长补短。当决策者通过预测预报、会商研判，决策了带有一定风险的调度方案后，还要考虑风险控制方案，以便实施风险调度后，能够及时控制风险的发生与发展；若由于各种原因风险损失已经发生，决策者应采取措施，减少风险危害及损失，并做好相应善后工作。

实际调度过程中，针对某种正在实施的风险调度方案，要对所涉及的成本、效益和风险进行评估，分析可能导致的社会、经济、环境或政治方面的影响，得出风险的可接受程度和不可接受程度。当认定正在实施的风险调度方案可能产生的风险可接受时，就保持原调度状态，并力图获得最大效益；当认定风险不可接受时，则调整相应调度措施，选择认为合理可行的风险调度方案以降低风险，并跟踪监督其降低风险的效果，反馈并调整实时调度，进行风险控制，这实质是一个复杂的优化决策过程。因此，调度过程也是一个不断变化的过程，在风险调度过程中应该从实际情况出发，及时调整调度决策，尽量避免风险发生或将风险减少到最低限度。

实践篇

　　魏源认为："及之而后知，履之而后艰，乌有不行而能之者乎？披五岳之图以为知山，不如樵夫之一足；谈沧溟之广以为知海，不如估客之一瞥；疏八珍之谱以为知味，不如庖丁之一啜。"《治水必躬亲》叙说："治水之法，既不可执一，泥于掌故，亦不可妄意轻信人言。地有高低，流有缓急，潴有浅深，势有曲直，非相度不得其情，非咨询不穷其致，是以必得躬历山川，亲劳胼胝。"我们必须践行"知行合一"的行动准则，坚持问题导向的研究路线，探索实践的知"度"方式，融合贯通的制"度"方法，据"度"而"调"的决策支持，继承与创新的辩证取舍，"精准调度"方可实践出真知，是为本书涉及调度实践的几个章节。

第五章
防洪排涝调度

在自然灾害面前，人水和谐相处的基本规律在于给洪水出路。实践表明，实施精准调度，合适的时间给洪水找到合适的路线、去处，是防汛抗洪的正确选择。1999 年太湖流域、2003 年江淮之间、2007 年淮河流域、2016 年太湖流域与秦淮河流域、2017 年淮河秋汛、2000 年派比安台风等流域性（区域性）暴雨洪水，防洪排涝调度的经验值得留在记忆里。

5.1　1999 年太湖大水

1999 年 6 月上旬入梅以来，江苏太湖地区连续出现强降雨过程。由于受超量梅雨和上游客水下泄影响，太湖水位急剧上涨，太湖地区防汛形势十分严峻。时任中共中央政治局委员、国务院副总理温家宝代表党中央、国务院亲临太湖防汛抗洪第一线，检查指导抗洪抢险工作，并提出对江苏太湖防汛工作的总要求是四个字——万无一失。省防指提出"三防五保"的指导思想，通过调度，提前预降水位、全力排水入江，确保了人民生命财产安全。

5.1.1　太湖水位突破历史最高

1999 年，据太湖流域管理局分析，太湖全流域梅雨量达 668.5 mm（6 月 7 日至 7 月 20 日），为常年的 3 倍，其最大 7 天、30 天降雨量分别为 331.6 mm、609.9 mm，其重现期均超过 100 年，最大 15 天降雨量 394.6 mm，重现期为 60～100 年。6—7 月的超长梅雨致使太湖流域发生了流域性大洪水。

江苏省淮河以南地区 6 月 6 日入梅，7 月 20 日出梅，梅雨期长达 45 天，较常年多 20 余天；江苏省太湖地区面平均梅雨量 663 mm，为常年梅雨量的 2.9 倍，其中西山、平望降雨量超过 800 mm。由于本地降雨集中，加之浙北、皖南山区客水下泄，形成了外洪内涝、洪涝夹击的严峻形势，各地水位持续升高，太湖水位突破历史最高水位。太湖平均水位自 6 月 10 日超过警戒水位，7 月 8 日最高达 4.97 m，比 1991 年的历史最高水位高 0.18 m，且在历史最高水位以上维持 13 天之久。

5.1.2 紧急调度力争"三防五保"

针对太湖地区日益严峻的汛情，江苏省防汛防旱指挥部（以下简称省防指）积极采取调度措施，全力排水。6 月 30 日，省防指宣布太湖地区等进入紧急防汛期。省委、省政府召开防汛抗灾紧急电视电话会议，省委书记陈焕友、省长季允石作了重要讲话，提出"三防五保"的指导思想。"所谓万无一失，就是要求整个太湖大堤不溃堤、不决口；城市防洪设施不失事、不决口；重要工矿企业的防护设施不失事、不决口；重要圩堤不倒圩、不决口；人民群众的生命安全有保障"。"三防五保"即"主动防、积极防、高标准防，确保人民生命财产安全、确保城市生命线系统安全、确保城市和重要区域安全、确保交通干道安全、确保重要水利和防洪工程设施不出险"。其中，在调度上做文章，确保工作做在前，为开展具体防汛抢险救灾打下了坚实基础。

省防指多次召开防汛会商会，部署落实各项调度措施。

1. 预降水位

早在 4 月 12 日，太湖主要泄洪口门太浦闸、望亭水利枢纽开闸预泄太湖洪水，入梅前将太湖水位控制在 3.10 m 以下。

2. 全力排水入江

6 月 20 日入梅后，太湖水位猛涨。太浦闸、望亭水利枢纽全力排水。省防指部署沿江各涵闸抢潮排水，并调度谏壁、魏村等泵站开机排水，调度望虞河常熟枢纽泵站 6 月 25 日提前开机，6 月 26 日所有机组全部投入抽排洪水，加大望虞河泄量。6 月 30 日，还调度尚未竣工的常熟枢纽船闸投入应急排水。7 月 4 日，尽管无锡等地内河水位很高、受涝严重，根据国家防总调度指令，对望虞河水利枢纽开闸泄洪主动配合。望亭水利枢纽 7 月 10 日—24 日均超其设计流量泄洪，日最大泄洪流量达 496 m³/s；太浦闸日最大泄洪流量 746 m³/s，同样超其设计流量。

5.1.3 事件总结——预测预报与水利调度的作用

据统计，与 1991 年相比，1999 年太湖退水速度明显加快，湖平均水位从最高 4.97 m 退至 4.0 m，历时 30 天，从 4.79 m 退至 4.0 m 仅用了 18 天，而 1991 年从同水位退至 4.0 m 时间长达 34 天。汛期太浦闸泄洪 28.4 亿 m³，望亭立交泄洪 27.6 亿 m³。6—9 月，江苏省太湖地区沿江闸站总排水量达 56 亿 m³。

1991 年，太湖流域发生了暴雨洪水，太湖出现了有实测记录以来的最高水位 4.79 m，灾害造成的损失上百亿元。大洪水后，省、市、县、乡和人民群众投入了大量人力、物力、财力，花了几十个亿，修建了很多防洪保安工程。1999年太湖特大洪水，加上水阳江地区等其他区域洪水，造成江苏省有 37 个县（市）区受灾，受灾人口 310 万，倒塌房屋 1.1 万间；农田受灾面积 277 万亩，成灾面积 158 万亩；停产、半停产企业 4 642 家；损坏水闸 445 座、桥涵 755 座，直接经济损失 23 亿元。1999 年太湖流域大水，其水情大大超过 1991 年，但所受灾害程度远低于 1991 年，其中预测预报与水利调度发挥出了应有的作用。

5.2　2003 年江淮大水

2003 年 6 月 21 日入梅以来，江苏大部分地区连降大到暴雨。特别是淮河流域发生了 1954 年以来最大洪水（后来 2007 年更大），里下河地区、洪泽湖及主要行洪河湖周边地区发生了严重的内涝。温家宝总理和回良玉副总理亲临江苏淮河流域视察。全省各地坚决贯彻党中央和省委、省政府的部署要求，服从国家防总的调度，严密组织，严防死守，确保不决堤、不倒闸、不死人。省防指周密安排，科学调度，防洪抗洪实施战略由被动抗争转到主动防御和疏导，由控制洪水转到统一调度、科学防控上来，确保了人民群众生命安全。

5.2.1　多地出现历史第二高水位

2003 年 6 月 21 日江苏省淮河以南地区入梅，入梅后主要发生了 7 次降雨过程、15 个暴雨日，降雨强度大，范围广。据统计，梅雨期 6 月 21 日—7 月 21 日，全省面平均雨量 474.4 mm，为常年同期的 2.2 倍，为 50 年一遇。

淮河干流水位迅速上涨，上游洪水来势迅猛，淮河发生了 1954 年之后的最大洪水，7 月 14 日洪泽湖蒋坝站水位最高达 14.37 m，超过 1991 年的 14.06 m，为新中国成立以来第二高水位。里下河、洪泽湖周边地区遭遇了比较严重的内涝，兴化站水位 7 月 11 日最高达到 3.24 m，为新中国成立以来第二高水位，仅比 1991 年历史最高水位 3.35 m 低 0.11 m。滁河、秦淮河发生较大洪水，7 月 5 日 21 时滁河晓桥站洪峰水位 12.46 m，仅次于 1991 年最高水位（12.63 m），为当时历史第二高水位。

5.2.2　同步调度，有序排水

江苏省政府积极部署防汛工作。7 月 4 日，省政府发出《关于做好当前防洪排涝工作的紧急通知》。7 月 6 日、8 日，省政府分别召开里下河地区和淮河流域防汛工作会议。省防指密切关注全省汛情发展，多次召开防汛会商会，研究部署淮河等流域防汛抗洪工作，商定洪水调度措施。

1. 预降水位

根据对淮河上中游洪水的预报，在 6 月 27 日洪泽湖水位 12.50 m 左右时，省防指即决定在洪水到来之前，调度三河闸于 6 月 28 日 6 时开闸泄洪，预降洪泽湖水位。三河闸自 7 月 1 日起闸门提出水面敞开泄洪，最大泄洪流量 8 940 m^3/s，超过 1991 年的 8 450 m^3/s。

2. 全力排水

随着洪泽湖入湖流量的增加，省防指先后启用洪泽湖各泄洪通道，全力排泄淮河洪水。7 月 4 日晚，根据国家防总指令，江苏省提前启用淮河入海水道分泄洪泽湖洪水，二河新闸行洪 33 天，最大流量达到 1 870 m^3/s，分泄洪水 44 亿 m^3。7 月 5 日启用灌溉总渠泄洪，行洪流量 700 m^3/s。7 月 6 日加大分淮入沂流量，淮阴闸最大流量达 1 720 m^3/s，为 1958 年建成以来最大流量，分泄洪水 18 亿 m^3。

里下河地区：为减轻里下河地区涝情，沿海四大港闸全力抢排，最大日均流量 2 472 m^3/s；江都站、泰州引江河高港站全力抽排涝水，合计日均流量最大达 861 m^3/s，至 7 月底排出涝水 64 亿 m^3。其间，调度盐城、南通两市通榆河沿线安丰等泵站于 7 月 5 日开启，帮助抽排里下河腹部涝水。同时，根据调度方案，省防指先后于 7 月 6 日、7 月 9 日、7 月 10 日分三批启用 258 个滞涝圩破圩滞涝，扩大调蓄容积，控制水位进一步上涨。

滁河地区：7 月 6 日，南京市防指宣布滁河地区进入紧急防汛期，并利用马汊河分洪道分泄滁河洪水，最大分洪流量达 1 200 m^3/s。7 月 8 日 14 时，根据滁河地区水情、工情及天气预报，启用滁河滞洪区蒿子圩滞洪，以确保滁河下游大中型工矿企业、交通干线等保护对象的安全。

秦淮河地区：省防指调度武定门节制闸和秦淮新河闸全力开闸排水，两闸汛期 5—9 月累计排水 12 亿 m^3。

5.2.3 紧急启用淮河入海水道工程

2003 年 7 月 4 日，淮河入海水道主体工程刚刚完工 6 天就紧急启用，为抗御这场 1954 年以来的特大洪水发挥了巨大作用。8 月 3 日，省防指宣布解除洪泽湖及淮河下游地区的紧急防汛期，全省没有一处河湖堤防发生决口倒堤，没有一处水利工程失事，没有因洪涝灾害死一个人。1991 年以来，江苏开展了以治淮为重点的大规模水利建设，流域骨干工程防洪标准有了较大提高。新建的淮河入海水道工程、泰州引江河高港枢纽和除险加固等，都在这次抗洪排涝中发挥了巨大的减灾免灾效益。

链接：1991年江淮大水后，为了彻底治理淮河，党中央、国务院审时度势，作出了《关于进一步治理淮河和太湖的决定》，明确"九五"期间建设淮河入海水道，治淮重大的战略性骨干工程终于启动——1998年10月，淮河入海水道工程开始试挖；1999年10月，淮河入海水道全面开工建设；2000年4月起，淮河入海水道加快实施步伐；2003年6月，淮河入海水道主体工程提前两年半完成，全线建成通水，具备行洪条件；2003年7月4日，淮河入海水道主体工程刚刚完工6天就紧急启用，为抗御这场1954年以来的特大洪水发挥了巨大作用。2006年10月21日，淮河入海水道工程全面建成，通过水利部和江苏省人民政府共同主持的竣工验收。

5.2.4 事件总结

2003年大水造成江苏省60个县（市、区）、845个乡镇、10 373个自然村、2 453.81万人受灾，累计转移人口86.5万人，居民家中进水81.16万户；倒塌房屋16.8万间，损坏房屋40.4万间；农作物受灾面积3 639万亩，成灾面积2 278万亩，绝收面积871万亩；直接经济总损失约234亿元。据分析，2003年的江淮大水，雨量大，损失小，是因为我国防汛抗洪正在实施战略转变。根据流域地形和洪水特点，科学、主动、适时、果断地运用工程和非工程措施调控洪水，从容应对，忙而不乱，紧张有序，体现了以人为本、尊重自然规律、人与自然和谐相处的新理念。由单纯依靠行政措施转到依法建立防汛指挥体系和补偿机制，保证了统一指挥、统一调度的实施。

5.3 2007年淮河及里下河大水

淮河，这条复杂多灾的河流，在2007年的夏天，又一次直面历史罕见的洪水洗礼，发生了仅次于1954年的大洪水，多个大城市和地区遭遇罕见暴雨袭击，灾情严重。这是一场新中国成立以来仅次于1954年的全流域性大洪水，而且洪水量级超过了1991年和2003年。7月10日，胡锦涛总书记、温家宝总理作出重要指示，要求有关地方和部门始终把保护人民群众安全放在第一位，妥善安置蓄洪区内的受灾群众，加强雨情、水情的监测预报，切实做好防汛抗洪各项工作，确保淮河堤防和沿淮地区人民群众安全。在省委、省政府的正确领导下，省防指迅速组织发动，周密部署安排，全力开展抗洪排涝工作。根据近年的实践，2007年抢在汛前大幅度预降大河大湖和里下河地区的水位。通过科学调度，为承接上游洪水和减轻区域雨涝灾害争取了主动，将灾害降到了最低。

5.3.1 洪泽湖蒋坝大幅超警，里下河地区全面超警

2007 年江苏省淮河以南地区 6 月 19 日入梅，7 月 24 日出梅，梅期长达 36 天，是常年梅期的 1.5 倍，梅雨量也较常年明显偏多。梅雨期江苏省江淮之间面雨量 476 mm，是常年梅雨量的 2.1 倍；同期淮北地区雨量 461 mm，是常年同期雨量的 2.7 倍。最大梅雨量地区位于洪泽湖周边一带，面平均雨量达 682 mm，超过大水的 2003 年同期雨量。洪泽湖周边最大 7 天和 15 天面雨量达 349 mm 和 487 mm，分别居历史第 3 位和第 1 位，重现期分别为 25 年和 35 年。6 月 19 日入梅后，淮河上中游地区同样出现持续强降雨，以致发生流域性大洪水。洪泽湖最大入湖日流量为 14 200 m^3/s，最大出湖日流量为 11 200 m^3/s，蒋坝站水位最高为 13.90 m。

梅雨期间，里下河地区多次出现大到暴雨过程，里下河地区河湖水位急剧上涨，全面超警戒，7 月 7 日 8 时兴化站水位突破警戒水位 2.00 m，7 月 10 日 20 时兴化站最高水位达 3.13 m，超过警戒水位 1.13 m，为新中国成立以来第 3 高水位。里下河北部地区阜宁、建湖、盐城等站最高水位也接近或超过 1991 年最高水位。7 月 7 日 20 时射阳河阜宁站最高水位达 2.28 m，居新中国成立以来第 3 高水位；7 月 9 日 16 时黄沙港建湖站最高水位达 2.70 m，7 月 9 日 20 时新洋港盐城站最高水位达 2.50 m，均居新中国成立以来第 4 位。

5.3.2 全力敞泄，防控有序

针对淮河流域严峻汛情，江苏省加强洪水预报分析，积极采取泄洪、分洪等措施，有效地控制了洪泽湖水位上涨。

1. 预降洪泽湖水位，腾库迎洪

根据淮河上中游雨水情及天气趋势，省防办 7 月 3 日提前预测洪泽湖上中游将有 40 多亿 m^3 洪水下泄入洪泽湖，淮河将发生明显洪水过程。7 月 3 日，在洪泽湖水位仅为 12.36 m，比汛限水位还低 0.14 m 的情况下，省防指果断决策，提前通知入江水道沿线市（县）做好行洪安全准备工作，同时调度三河闸于次日 6 时开闸泄洪并逐步加大流量，提前预降洪泽湖水位。

2. 全力排放洪泽湖洪水

（1）调度三河闸敞开泄洪

7 月 6 日，根据洪水预报成果，省防指调度三河闸 63 孔闸门全部提出水面，敞泄淮河洪水；7 月 11 日三河闸最大泄洪流量达 8 920 m^3/s，居新中国成立以来第 3 位。8 月 8 日 8 时，洪泽湖蒋坝水位下降至 12.80 m，已低于警戒水位 0.70 m，省防指调度三河闸于 8 月 8 日 9 时减少流量至 5 000 m^3/s。三河闸自 7 月 6 日起连续敞开泄洪长达 34 天，汛期累计下泄淮河洪水 349 亿 m^3。

（2）启用入海水道分洪

由于淮河上中游洪水来势凶猛，入江水道三河闸虽全力泄洪，洪泽湖水位仍

上涨较快，7月9日8时洪泽湖蒋坝水位13.64 m，较前一日上涨0.35 m，且根据汛情发展及水情预测预报，如维持调度不变，洪泽湖水位将超过14.0 m。7月9日接国家防办《关于根据汛情适时启用入海水道的通知》后，江苏省迅即进行动员部署，要求沿线有关市县做好各项准备，确保行洪安全。7月10日12时，根据国务院批准的《淮河防御洪水方案》和淮河防总的调度命令，江苏省按时开启淮河入海水道二河新闸，并逐步加大流量，7月10日14时泄洪流量达1 000 m³/s；之后根据洪泽湖汛情，先后四次主动增加泄洪流量；7月13日10时40分二河新闸全部提出水面敞开泄洪，7月24日2时二河新闸最大泄洪流量达2 080 m³/s，仅比设计流量少190 m³/s，比2003年最大泄洪流量多210 m³/s。7月下旬，洪泽湖水位开始由涨转落，7月31日8时洪泽湖水位下降至13.27 m，已低于13.50 m的警戒水位，且总入湖流量已低于入江水道泄洪流量，省防指商请淮河防总同意，于7月31日17时开始逐步关闭二河新闸，8月1日8时闸门全部关闭。淮河入海水道自2003年建成以来，2007年再次启用分泄淮河洪水，共泄洪23天，分洪水量达34亿 m³（比大水的2003年少10亿 m³），缓解了洪泽湖及淮河下游地区的防洪压力，也减轻了周边地区涝灾损失。

（3）积极调度灌溉总渠、分淮入沂参与泄洪

淮河发生流域性大洪水的同时，江苏省淮河流域的灌溉总渠以及淮沭河沿线地区也出现严重内涝。前期为照顾区域排涝，灌溉总渠高良涧闸（站）以及分淮入沂淮阴闸泄洪流量受到限制。7月9日起，鉴于洪泽湖水位超过13.50 m的警戒水位，且防汛形势日趋严峻，根据《淮河洪水调度方案》，江苏省积极调度灌溉总渠与分淮入沂加大流量参与分泄淮河洪水，流量均为500 m³/s，既减轻了洪泽湖的防洪压力，同时也兼顾了沿线地区的排涝。

据统计，汛期（5—9月）洪泽湖累计下泄淮河洪水量457亿 m³，其中入江水道泄洪349亿 m³，占76%；二河闸泄洪78亿 m³，占17%，其中入海水道34亿 m³，行洪期分淮入沂10亿 m³；灌溉总渠高良涧闸站泄洪30亿 m³，占7%。由于调度及时，预泄有力，大大控制了洪泽湖水位的上涨速度及幅度，确保了洪泽湖及淮河下游地区的防洪安全，同时也有力地支持了上中游地区的防汛抗洪，最大限度地减轻灾害损失。

3. 全力抢排区域涝水

入梅后，受多次持续大到暴雨过程的影响，江苏省苏北地区里下河、白马湖、宝应湖等地区出现较为严重内涝。省防指超前调度盐城沿海四港开闸排水，提前预降里下河河网水位，但受连续强降雨影响，里下河水位仍快速上涨。为此，省防指在敦促盐城沿海四港全力抢潮排水的同时，于7月3日、7月6日分别调度江都、高港站开机全力抽排里下河涝水。7月6日又先后紧急启用宝应站、北坍站、大套一和二站以及里下河地区通榆河沿线地方排涝站参与排涝。沿海四港自排最大日均流量达1 967 m³/s；江都、高港站抽排最大日均流量分别达

533 m³/s、367 m³/s；合计外排涝水最大日均流量达 3 261 m³/s。7 月 25 日里下河兴化水位降至 1.67 m，已低于警戒水位 0.33 m，通榆河沿线地方泵站、北坍站、大套一和二站、宝应站、高港站以及江都站等才先后全部停机。至 8 月 2 日 8 时里下河兴化水位降至正常水位 1.41 m，沿海四大港闸累计自排涝水 30.5 亿 m³，泵站累计抽排涝水 17.0 亿 m³（其中江都站 8.97 亿 m³，高港站 4.20 亿 m³，宝应站 1.16 亿 m³，其他站 2.71 亿 m³），合计排涝水 47.5 亿 m³。7 月 9 日根据汛情发展省防指还下令启用了里下河地区省政府规定的第一批 37 个滞涝圩破圩滞涝，增加调蓄容积，控制水位上涨。

5.3.3 事件总结——科学规划与防控的胜利

江苏 2007 年淮河流域的雨情、汛情与 2003 年基本相似，但灾害损失程度明显小于 2003 年。

一方面源于工程能力的提升。2003 年淮河大水以后，江苏迅速组织开展新一轮治淮建设。沂沭泗洪水东调南下工程、湖洼及支流治理、奎濉河治理、行蓄洪区安全建设、灾后重建等一批治淮重点工程陆续开工建设，海堤达标、水库加固、城市防洪等工程也相继动工。2003 年至 2007 年 6 月，共计完成治淮工程投资 80.5 亿元。在加强流域治理的同时，进一步加大区域治理力度，按照"上抽中滞下排"的治理规划，加强里下河地区的抽引排能力。通过对江都站的扩容改造、泰州引江河高港站的建设，2006 年建成的南水北调宝应站使里下河涝水的外排能力明显增强；通过加大对沿海四港的清淤力度，保持了涝水下泄入海能力；近年来实施的农村县乡河道疏浚和 2006 年实施的村庄河塘疏浚，也都有效地改善了圩区内部的引排条件。这一系列工程建设，扩大了上中游洪水的入江入海能力，有效提高了流域防洪标准和区域排涝能力。

另一方面科学调度是关键。根据这几年的实践，2007 年抢在汛前大幅度预降大河大湖和里下河地区的水位。7 月 3 日，洪泽湖水位低于汛限水位时，省防指就决定开启三河闸全力泄洪；对沂沭泗洪水和淮河洪水实行错峰调度；提前启用淮河入海水道等措施，为承接上游大量洪水和减轻区域雨涝灾害争取了主动。当里下河、白马湖等地区遭受集中强降雨袭击，部分站点接近历史最高水位，出现严重内涝时，省防指及时调度江都、淮安、石港、大套、皂河等泵站抽排区域涝水；紧急启用泰州引江河高港站、南水北调宝应站以及里下河通榆河沿线地方排涝站参与排涝，有效减轻了区域涝灾。

链接：淮河流域调度

2007 年的淮河和防汛抗洪中，按照"上蓄、中畅、下排"的防洪调度原则，各级防汛指挥部门采取了"拦、泄、蓄、分、行、排"的综合措施，各类治淮工程相继投入使用。1991 年尤其是 2003 年以来新建的工程经受住了洪水考验，发挥了巨大的防洪减灾效益。淮河上游 18 座大型水库拦蓄洪水 21 亿 m³，削减洪峰 82% 以上，中游相机启用蒙洼等 10 处行洪区，行蓄洪水 15 亿 m³；下游提前开启新建成的淮河入海水道等工程下泄洪水，大大减轻了上中游防洪压力，实现了对洪水的科学有效管理。

拦	上游水库拦洪削峰
泄	提前预泄腾出湖泊水库库容
蓄	充分运用蒙洼、老王坡蓄洪区蓄洪
分	适时启用入海水道、怀洪新河等河道工程分洪
行	及时运用行洪区行洪
排	加大平原洼地排涝力度

5.4 2016 年太湖及秦淮河大水

卫星云图上的橙红色块起起伏伏，卷舒演变，预示着一场危机的到来。早在 2015 年厄尔尼诺现象已在全球范围形成"气候混乱"。受超强厄尔尼诺事件影响，2016 年全国入汛早、时间长，28 个省份 473 条河流超警，太湖发生历史第 2 高水位的流域性特大洪水，长江流域发生 1998 年以来最大洪水……在江苏，厄尔尼诺效应下的大洪水如约而至，苏南运河、秦淮河、洮湖、滆湖等发生超历史水位暴雨洪水。党中央、国务院和国家防总、相关流域防总高度重视江苏省防汛工作，汪洋副总理亲临太湖流域部署防汛工作，国家防总和流域防总多次派遣工作组来苏检查指导；省委、省政府高度重视防汛抗灾工作，组织省防指分析会商，部署各项防汛措施，取得了防汛抗洪的胜利。此次防汛中，精准调度发挥出重要作用，并为后期区域防汛抗洪调度改进提供了宝贵经验。

5.4.1 太湖发生流域性特大洪水，秦淮河、水阳江水位超历史

2016 年，受超强厄尔尼诺事件影响，江苏省气候异常，太湖地区、秦淮河流域先后发生春汛、梅汛、秋汛。汛期 5—9 月，江苏省太湖地区累计降雨 1 164 mm，超过 1999 年汛期降雨量，居历史第 1 位，是常年同期雨量的 1.7 倍，其中梅雨期（6 月 19 日—7 月 20 日）面均雨量 539 mm，是常年同期的 2.4 倍；

秦淮河流域汛期面雨量 1 109 mm，与 2015 年同期相当，较常年同期偏多 67%，居历史第 3 位；水阳江地区汛期面雨量 1 451 mm，为常年同期的 2.1 倍，超过历史最大值（1 220 mm，1991 年）。

太湖发生流域性特大洪水，秦淮河、水阳江均出现水位超历史的大洪水。7 月 8 日太湖平均水位一度上涨至 4.87 m，仅比 1999 年历史最高水位低 0.10 m，位列历史第 2 高；秦淮河东山站最高水位 11.44 m，超历史 0.27 m（11.17 m，2015 年）；句容河前埠村站最高水位 12.23 m，超历史 0.01 m（12.22 m，2015 年）；固城湖高淳、石臼湖蛇山闸最高水位分别为 13.21 m、13.02 m，分别超历史 0.14 m（13.07 m，1999 年）、0.34 m（12.68 m，1999 年）。

5.4.2 精准调度，迎战太湖、秦淮河流域洪水

省防指加强汛情分析，及时启动应急响应，于 6 月 22 日启动太湖地区防汛 Ⅳ 级应急响应，7 月 3 日 10 时启动沿江苏南地区防汛 Ⅱ 级应急响应；积极采取调度措施，迎战太湖、秦淮河等流域大洪水。

1. 太湖地区

（1）预判预降水位，全力北排入江

4 月下旬江苏省利用常熟枢纽等现有工程实行闸泵联合运行，预降河湖水位，比调度方案规定条件提早 1 个多月；6 月 14 日，提前启用武澄锡虞区白屈港、新夏港泵站排水；入梅后提前启用沿江魏村、澡港、谏壁、九曲河等泵站投入运行，预降区域河网水位，还启用新沟河、七浦塘等新建工程投入运行，增加排水规模；超常规运用船闸泄洪，调度望虞河江边船闸暂停通航，投入排水运行。汛期太湖地区沿江主要闸站日均排水流量最高为 2 400 m³/s 左右，累计排水 66.6 亿 m³，其中常熟枢纽排水 30.1 亿 m³。太浦闸、望亭水利枢纽在确保工程安全的前提下均持续突破设计流量泄洪，最大日均下泄流量分别达到 898 m³/s、452 m³/s。

（2）利用太湖调蓄库容

江苏省在保证太湖堤防安全前提下，充分利用其调蓄能力，自 6 月下旬先后三次启用蠡河枢纽排放苏南运河洪水进望虞河，常熟枢纽全力排放苏南运河及望虞河以西涝水，有效控制苏南运河水位上涨，缓解了无锡市防洪压力。

（3）城市限排

省防指在调度过程中统筹协调城市排涝和运河洪水出路的矛盾关系，要求苏南运河沿线城市防洪大包围工程严格按照有关调度执行，在保证防汛安全的前提下，有控制地外排包围内涝水，有效地控制了苏南运河水位短时急剧上涨。

（4）错峰调度

省防指根据汛情发展，及时启用苏南运河钟楼闸关闭挡洪，闸下水位从关闸前的 5.42 m，2 h 内降至 5.19 m，减少湖西高水向东的流量，有效减轻了下游常

州城区、无锡段、苏州段防洪压力。适时启用丹金枢纽，减缓金坛水位上涨速度，减轻丹金溧漕河金坛段防洪压力。

（5）贯彻落实超标准洪水应对方案

在太湖逼近历史最高水位的紧急情况下，7月8日—7月18日期间，省防指调度东岸瓜泾口水利枢纽累计排泄太湖洪水 1.0 亿 m³。

2. 秦淮河流域

（1）全力北排入江

充分利用沿江闸站排水，秦淮新河闸、武定门闸汛期实测最大流量分别为 916 m³/s、504 m³/s，双双超历史。

（2）启用赤山湖滞洪

针对秦淮河南京段水位猛涨、两度突破历史最高水位的严峻形势，紧急关闭赤山闸，及时启用赤山湖内湖、白水荡等蓄滞洪区滞洪。赤山湖滞洪区最多时滞洪 3 140 万 m³。

（3）水库调洪错峰

根据秦淮河下游水情态势，充分利用上游水库调蓄洪水库容，适时控制水库下泄流量直至关闭，共调蓄洪水量 4 700 万 m³，以减轻下游防洪压力。

5.4.3 事件总结——反复测算调度方案的重要性

2016年江苏省南京、无锡、常州、苏州、镇江等 5 个市 35 个县（市、区）68.67 万人受灾，紧急转移 9.52 万人；农作物受灾面积 180.11 万亩，成灾 72.12 万亩；损坏堤防 2 306 处，损坏机电泵站 399 座。因灾直接经济损失 83.53 亿元。此次成功应对流域性洪水，制胜关键在于经过反复测算的调度方案，该次太湖防汛水位值精确到小数点后三位。太湖 1 cm 水位变化就是 2 300 多万 m³ 水量，相当于两个中型水库。汛期后，根据此次防洪调度的实践经验，江苏进一步修订《秦淮河洪水调度方案》和《苏南运河区域洪涝联合调度方案（试行）》，并编写了《2016 年江苏太湖及秦淮河防汛抗洪调度》。

5.5 2017 年淮河秋汛

2017年9月至10月，江苏省江淮之间面降雨量 335.6 mm，是常年同期的 2.2 倍，同时淮河上中游多次降雨，发生严重秋汛，淮河干流吴家渡站最大流量 5 230 m³/s，为历史同期罕见。江苏省防指科学、精准调度，确保了洪泽湖及淮河下游地区防洪安全，同时充分利用洪水资源解决部分用水问题，体现出调度能力的进一步提升。

5.5.1　洪泽湖大流量入湖，下游地区水位猛涨

1. 洪泽湖以上

淮河干流：淮河上游王家坝站自9月2日起涨，至11月2日总体回落，期间多次出现洪水过程，最高洪水位28.31 m（10月7日），超警戒水位0.81 m，为该站20年来最大一次秋汛；洪峰流量3 110 m³/s（10月7日）；吴家渡站出现两次明显洪水过程，洪峰流量分别为3 390 m³/s（9月7日）、5 230 m³/s（10月13日）。

洪泽湖区间各支流：均出现洪水过程，其中怀洪新河峰山站10月5日出现洪峰流量1 018 m³/s；新汴河团结闸10月10日最大流量127 m³/s；濉河泗洪站（濉）、老濉河泗洪站10月2日出现洪峰流量分别为569 m³/s、135 m³/s；徐洪河金锁镇站10月2日出现洪峰流量420 m³/s；池河明光站9月28日出现洪峰最大流量260 m³/s。

受干支流共同影响，洪泽湖入湖总流量迅速增加，入湖最大流量6 127 m³/s（淮河干流吴家渡站及区间入湖各支流控制站流量之和，下同）。经统计，9月至11月上旬入洪泽湖总水量约230亿 m³，其中淮河干流（吴家渡站）来水总量约202亿 m³。

2. 淮河下游地区

淮河秋汛期间，洪泽湖下游的里下河地区及白马湖、宝应湖地区先后发生四次较强降雨过程，其中9月3—6日强降雨造成里下河地区及白马湖、宝应湖地区水位快速上涨；9月24—25日、9月30日—10月1日连续两次强降雨，使得水位进一步上涨，并涨至年内最高水位。

里下河地区：受9月3—6日强降雨影响，里下河地区兴化水位从1.3 m左右快速涨至1.78 m（9月7日），9月24—25日强降雨使得兴化水位进一步上涨，并达年内最高水位1.94 m，接近警戒水位。里下河北部地区的阜宁、建湖、盐城等站受9月30日—10月1日强降雨影响，也先后涨至年内最高水位。

白马湖、宝应湖地区：白马湖山阳站最高水位7.44 m（10月2日）；宝应湖最高水位7.31 m（阮桥闸下游，10月2日）。

5.5.2　科学合理调度，全力泄洪排涝

1. 合理调度洪泽湖洪水

主要采取预降水位、及时调整、全力泄洪、拦蓄尾水等措施。

汛后期，正处湖库蓄水保水阶段。省防指维持洪泽湖蒋坝水位在13.40 m左右。省防指根据淮河上中游雨水情及天气趋势，调度三河闸两次开闸泄洪。第一次为9月1日至9月19日，初始开闸泄洪流量800 m³/s，预降洪泽湖水位，提前通知入江水道沿线做好行洪安全各项准备工作；并逐步加大流量，最大达3 500 m³/s。第二次开闸为9月22日至10月18日，应对秋汛第二次洪水，三河

闸本次最大泄流量为 6 500 m³/s。还积极调度灌溉总渠、分淮入沂参与分泄洪水，同时兼顾沿线地区排涝。

秋汛期间三河闸累计下泄淮河洪水 197 亿 m³。由于水文、气象预报分析准确及时，通过预降水位、及时调整、全力泄洪、拦蓄尾水等调度方式，既有效控制了洪泽湖水位上涨速度，确保洪泽湖下游地区防洪安全，有力支持上中游地区防汛抗洪，又很好地维持了洪泽湖水位。

2. 全力排除区域涝水

根据里下河地区水情，省防指提前调度暂停江水东引，沿海五港闸全力排水，提前预降区域河网水位，并根据区域兴化水位将有可能突破警戒水位 2.0 m 以及后期仍有较强降雨的预报，在调度盐城沿海五大港全力抢潮排水的同时，调度江都站、高港站开机流量全力抽排里下河地区涝水。合计抽排及自排涝水日均流量合计最大达 1 932 m³/s。

根据白马湖、宝应湖地区水情，先后多次调度淮安站开机抽排白马湖地区新河涝水，同时调度北运西闸、南运西闸、大汕子闸排放白马湖、宝应湖涝水；调度石港站开机帮助抽排宝应湖涝水。

3. 洪水资源的利用

针对淮河秋汛期间上中游洪水，本着充分利用洪水资源的目的，结合供水调度计划，科学合理调度，为区域内城乡生活、工农业生产、航运、改善水环境、小水电发电、沿海港道冲淤等提供水源。一是调度洪涝水入里运河，既满足里运河沿线用水，保障通航水位，又为江都站发电提供水源，且在里下河地区引水期间调度江都东闸将发电尾水引入里下河地区，改善区域水环境，供给冲淤保港水源。二是尽量增加灌溉总渠向东放水流量，合理控制各梯级水位，既满足沿线用水，保障通航水位，又为各梯级小水电发电创造了条件；同时为总渠六垛南闸闸下河道冲淤提供水源。三是安排洪水解决二河闸以下用水，也为盐东控制下游港道冲淤提供水源并改善区域水环境。四是及时调整入江水道归江三闸流量，做好沿线湖泊蓄水保水工作。

5.6　2000 年第 12 号台风"派比安"暴雨

台风"派比安"为 2000 年太平洋台风季第 12 个被命名的风暴。这场台风的"雨神之力"不容小觑，其于 8 月 30 日至 9 月 2 日影响江苏。虽然是外围影响，但在天文潮、风暴潮及大雨的共同影响下，江苏省淮北地区发生了高强度、超历史记录的特大暴雨。响水县降雨量达到了 737.3 mm，突破江苏历史上最大日降雨量记录。8 月 30 至 31 日，在响水县、滨海县、灌南县还发生了短时的龙卷风。灾情发生后，时任江苏省委书记回良玉要求各地把确保人民生命财产安全放在首位，加快排除积水，尽全力把灾害损失降低到最低限度。8 月 30 日，省政府发出《省政府关于做好抗御今年第 12 号台风工作的紧急通知》。台风影响江苏省期间，省防指先后 6 次发出紧急通知，要求有关地区做好抗台、排涝、水毁修复等各项工作。同时，省防指及时会商、科学部署，通过预降水位、统筹水库防洪安全与城区排涝、统筹上下游地区排涝等调度方式，有效控制了险情。

5.6.1 对江苏影响第二严重的台风"派比安"

2000 年第 12 号台风"派比安"于 8 月 27 日 2 时在菲律宾东北部的洋面上生成后，向西北方向移动，强度逐渐加强，8 月 30 日 2 时近中心风力达到 12 级以上，并于 31 日凌晨 1 时左右在离上海 100 km 的海面上转向北偏东方向移动，31 日 14 时已移到北纬 35.2°，东经 124.3°，以每小时 20 km 的速度向东北方向移动，逐渐远离江苏省。该台风于 8 月 30 日—9 月 2 日影响江苏省，是继 9711 号台风以来，影响江苏省最为严重的一次台风。台风靠近长江口时，江苏省启东站沿海风力 10~11 级，南通及苏州部分地区风力 7~8 级。

5.6.2 沿海潮位接近或超过历史最高

2000 年 8 月底，受冷空气和第 12 号台风"派比安"倒槽共同影响，江苏省淮北东北部地区发生了高强度、超历史记录的特大暴雨。据气象部门资料，8 月 30 日 5 时—31 日 5 时 1 d 降雨量，响水、滨海、灌南、灌云、赣榆、连云港、涟水、淮安等 8 个县市超过 200 mm，暴雨中心响水站最大日降雨量达 737 mm，为江苏省历史日雨量极值，灌南 353.4 mm、灌云 320.2 mm、涟水 255.9 mm、赣榆 252.6 mm、淮安 235.0 mm，均突破当地历史日雨量极值。据水文部门分析，本次台风倒槽引起的强降雨，响水站最大 6 h 雨量 388.8 mm、最大 12 h 雨量 599.4 mm，均为本省有资料记录以来最大值；最大 24 h 降雨量 821 mm，仅比全省历史最大值 822 mm（1960 年南通如东县潮桥站）少 1 mm；上述三个时段雨量最大值，其重现期分别为 840 年、3 500 年、近万年一遇。本次降雨过程，最大 1 d（8 月 30 日）暴雨量超过 200 mm 笼罩面积（不包括海上面积）约为 7 500 km²。最大 3 d 雨量大于 800 mm、600 mm、300 mm 的面积分别为 105 km²，760 km²，8 900 km²，超过了江苏省历史上最强的两次暴雨过程（1960 年如东和 1965 年 8 月大丰）笼罩面积的一倍以上。

8 月 30 日—9 月 3 日，正值农历八月初三天文大潮期，加上 12 号台风增水影响，沿海潮位明显上涨，接近或超过历史最高潮位，造成内河排水受阻。江苏省淮北东部地区蔷薇河、盐河、废黄河、柴米河内河水位普遍超过历史最高水位，部分河段河水漫溢。8 月 31 日灌河响水口站高潮位 4.17 m，超出历史最高潮位 0.14 m；燕尾港站高潮位达 3.91 m，平历史最高潮位；连云港站高潮位 6.38 m，仅比历史最高潮位低 0.04 m。8 月 31 日蔷薇河小许庄站最高水位 7.07 m，超过历史最高水位 0.28 m；9 月 1 日临洪站最高水位 5.87 m，仅比历史最高水位低 0.06 m，居历史第二位；临洪站最大流量 642 m³/s，居历史第三位。盐河朱码闸以下水位全线超过历史；废黄河大套一站上游最高水位 5.90 m，超过历史最高值 0.14 m；柴米河柴米地涵上游最高水位 8.49 m，超过历史最高值 0.05 m。灌南县盐东控制工程四个闸的闸上最高水位超过历史最高水位 0.39～0.64 m。

5.6.3 多措并举，确保防洪安全

8 月 28 至 29 日，江苏省防指部署抗御 12 号台风工作；8 月 30 日上午，省防指召开抗台紧急会议，会后省政府发出《省政府关于做好抗御今年第 12 号台风工作的紧急通知》。台风影响江苏省期间，省防指多次召集气象、水利、农林等部门紧急会商，并在台风影响前后，先后 6 次发出紧急通知，要求有关地区做好抗台、排涝、水毁修复等各项工作，并采取一系列调度措施。

1. 预降水位

在第 12 号台风影响江苏前，开启三河闸泄水以降低洪泽湖水位；开启淮安、石港、皂河等抽水站，预降白马湖、宝应湖和黄墩湖地区河湖水位；其他一大批水利工程也紧急投入运行，全力抢排，降低内河水位，为抗御 12 号台风暴雨灾害争取主动。

2. 统筹水库防洪安全与城区排涝

受强降雨影响，8 月 30 日石梁河水库水位迅速上涨，超过规定的控制水位，当晚省防指决定开启泄洪闸，以保证水库安全，最大流量 2 500 m³/s。由于连云港市市区受淹及蔷薇河排涝困难，省防指调度石梁河水库 9 月 1 日、9 月 3 日两次关闸，累计停止泄洪达 60 h，为尽快排除连云港市区积水及降低蔷薇河水位赢得了宝贵时间。

3. 及时调整调度，控制险情发展

在连云港地区严重受涝时，及时增大沂沭泗洪水南下沭河流量，减轻石梁河水库压力；而当沭河王庄闸出现险情时，又随即决定洪水全部东调，避免险情进一步扩大。在响水县运响河出现险情时，协调淮安市茭陵站临时停机 10 h。

4. 统筹上下游地区排涝

在灌南县上有大量客水入境、下受海潮顶托排水困难时，调度关闭或减少地处灌南上游的柴米地涵、六塘河地涵、朱码闸等工程的下泄流量，控制了灾情的进一步发展。

5. 尽量发挥洪泽湖、骆马湖调蓄作用

充分利用洪泽湖、骆马湖调蓄洪水作用，支持下游地区排涝。在受淹地区灾情基本缓解后，及时调度加大洪泽湖三河闸、骆马湖嶂山闸泄洪泄量，降低两湖水位，确保防洪安全。

5.6.4 事件总结——水利调度的复杂性

此次台风暴雨造成严重雨涝灾害。主要分布在盐城、连云港、淮阴、宿迁、南通等市的20个县（市），以响水、灌南、灌云、涟水4县及连云港市区最为严重。响水县县城积水平均深1.40 m，最深达1.7 m；连云港市城区积水在0.4～0.5 m，最深达1.0 m以上。灌南、灌云、响水3县农田几乎全部受淹，沟、河、田一片汪洋。苏北受灾地区全力以赴抢排积水，尽力减轻灾害损失。省防指组织了大批抢险队伍，开赴海堤、河堤一线，严防死守，确保堤防安全。全省受灾人口716万人，紧急转移29万人，受淹农田1 069万亩，受灾农田999.8万亩，绝收134万亩。灾害造成直接经济总损失69亿元，其中水利工程水毁损失2.3亿元。灾害与1999年太湖流域大水仅隔一年，对江苏产生了较大影响。此次抗御台风暴雨灾害过程中，统筹水库防洪与城区排涝，统筹上下游排涝，体现了水利调度的复杂性。1997年起，江苏已提出用3到5年时间基本完成全省江堤和海堤重点地段堤防达标建设任务，台风后继续加快全省沿海地区的水利建设。

第六章
抗旱水量调度

抗旱供水调度不是追求单方面效益，而是追求经济、社会、环境的综合效益，需从水量调度方案、蓄水保水、计划用水、联合调度、用水管理等几个重要环节实现供水调度精准化，使有限水资源发挥最大供水综合效益。在1994年淮河流域、2011年全省范围大旱，江苏省的抗旱调度工作具有一定的典型性。

6.1 1994年淮河大旱

1991年大水尚刻印在人们记忆中，1994年春夏和初秋，江苏又遭遇了60年来最严重的旱灾！久旱少雨、持续高温，造成主要江河湖库水位急剧下降，苏北最大水源洪泽湖低于死水位，太湖水位跌至历史最低点2.82 m。"锅底洼"兴化也有800多条河断航，450条河道干涸……国家防汛抗旱总指挥部（以下简称"国家防总"）高度重视，派出工作组，检查指导江苏抗旱工作。省委省政府专题研究抗旱工作，实行"一抗四保"，即抗旱、保人民生活、保航运、保发电、保在田作物，树立抗大旱、抗长旱的思想。全省人民发挥出"只要长江不断流，抗旱抗到天低头"精神，与旱魔作艰苦卓绝的斗争，最终夺取抗旱斗争的胜利。大旱之年有限之水如何调配？省防汛抗旱指挥部（以下简称"省防指"）科学研判，统筹全局，提早拦蓄沂沭泗地区洪水尾水；加强调水引水，同时强化管理、计划用水，将效益发挥到了最大。

6.1.1 淮干蚌埠闸一度断流

1994年，全省发生了春、夏、秋连续干旱。4月下旬至8月25日，全省降雨量较常年同期少40%～50%，特别是6月下旬的梅雨期间，降雨量仅20～45 mm，比正常年景梅雨量少80%～90%，几乎成"空梅"。

在降雨少、高温持续时间长的情况下，全省主要江河上中游来水也异常偏少。7月初至9月下旬，长江干流大通站流量维持在 30 000 m³/s 左右，比常年同期少 10 000 m³/s，沿江潮位较常年同期低 0.5～0.8 m，沿江涵闸引水量不足。里下河地区的阜宁、盐城、建湖和沿海垦区的大丰等站水位降至 1978 年最枯水位以下。淮河干流蚌埠闸 7月8日至7月15日关闸断流，7月31日再次断流，累计关闸天数 37 天；苏北最大水源洪泽湖水位在死水位以下长达 1 个多月。8月20日新华社称：长江淮河流域旱情持续发展，苏皖两省遭遇 1934 年以来最严重的伏旱。

6.1.2　遭遇 1934 年以来最严重伏旱

4月下旬至6月下旬，淮北地区首先出现旱情，影响了夏种和水稻栽插进度，150 万亩农作物无法播种，200 万亩旱作物凋萎，50 万人饮水发生困难；7月上旬，全省旱情自北向南迅猛发展，尤其是沿海垦区和丘陵山区最为突出，旱作物大面积凋萎，部分田块枯死，近百万人发生饮水困难；骆马湖以北京杭运河航运和电厂用水，仅靠抽骆马湖底水维持；7月19至21日，蚌埠闸泄流 710～830 m³/s，下泄污染水量达 2 亿 m³，形成该闸下至洪泽湖入湖口 130 km 的污染带，沿线水质恶化，使沿淮和盱眙县城 22 万人饮水极度困难，由于当时洪泽湖水位仍低于死水位，大量污水加入，造成淮河下游发生有史以来最严重的水污染事件。7月31日，淮河干流再次断流，污染加重；沿海垦区水质恶化，含盐度 5‰以上，在田作物大面积严重缺水。盱眙县自来水厂自 7月28日至9月20日，共停止供水 55 天。

8月份，全省旱情达到顶峰，受旱面积一度高达 4 431 万亩，其中轻旱 2 599 万亩，重旱 1 322 万亩，绝收 510 万亩，有 472.9 万人、155.3 万头牲畜饮水发生困难，水产损失达 12.5 亿元。丘陵山区所栽的果茶桑苗大面积枯死，秋茶、秋桑基本无收。淮阴等地交通航运和电厂发电受到影响；一些企业因旱缺水而停产，仅宜兴市纺织、建材等企业停产损失就达近亿元。

6.1.3　多管齐下全力保障各地用水

江苏省高度重视抗旱工作，加强用水管理，并采取蓄水保水、跨流域调水等措施，全力保障全省各地用水。

1. 加强用水管理

5月初省防指发出了《关于切实加强小秧用水管理工作，节省湖库蓄水水源的紧急通知》；6月初又发出《关于切实加强当前水稻栽插用水管理工作的紧急通知》。7月初随着旱情的发展，抗旱工作进入关键时期，省防指派出工作组，深入沿运的引水涵闸，加强对各地引水量的监督、检查。为了进一步管好有限的水源，8月3日，省防指派出防指副指挥为领队、防指办公室副主任为组长的省驻沿运抗旱工作组共 40 人，进驻江都、高邮、宝应和淮安四县（市）沿运灌区，加强用水监督，协调用水矛盾。

2. 提前蓄水保水，及时实施江水北调

1993 年汛末，省防指及时拦蓄沂沭泗地区秋汛的尾水，同时又狠抓蓄水保水，使淮北"三湖一库"蓄水量比常年多出 11 亿 m³，为抗御 1994 年大旱储备水源。

江都、泗阳等主要抽水站在 1994 年 4 月下旬淮北旱象初露端倪时便投入抗旱翻水运行，6 月初全部开足，以增加苏北地区抗旱水源。到 9 月 30 日止，江都站翻送江水 49.73 亿 m³，相当于 1.5 个洪泽湖的正常蓄水量，泗阳、皂河两站抽水量也分别达 7.67 亿 m³ 和 0.65 亿 m³。

3. 全力抗旱调水，确保重点用水

一是抽引骆马湖底水保皂河闸以北中运河航运。由于持续严重干旱，出现骆马湖水位持续下跌、河湖基本"分家"、中运河航运面临停航的情况。省防指调度洋河滩闸放骆马湖底水，开启皂河站抽水入中运河，使中运河运河镇水位控制在 21.0 m 以上，保证航运基本正常。

二是有效应对淮河水污染事件。在淮河污染水体尚未入洪泽湖前，二河闸所有闸门提出水面，使二河灌区农田普遍灌溉一遍，并利用二河段河道提前储备水源，供淮阴市水厂等用水；污水入湖后，及时关闭二河闸，淮阴站抽引江水入二河 1.15 亿 m³，以解决淮阴、盐城等市水厂、电厂、航运及农灌用水。在旱情后期，利用沂沭泗地区降雨较多、湖库蓄水较好的时机，"引沂济淮"，将骆马湖水通过中运河、徐洪河南调入洪泽湖，至 9 月底南调水量 11.3 亿 m³，有力支持了淮阴等市抗旱抗污工作。

三是争取流域机构和兄弟省份支持。8 月 11 日，在国家防总、淮委和山东省的支持帮助下，由淮委沂沭泗水利管理局调度，开启了南四湖二级坝闸，向下级湖补水 8 000 万 m³，为徐州市抗旱补充了水源。

四是架设临时机组补充太湖湖西区抗旱水源。为解决太湖湖西地区抗旱水源，省防指调度谏壁抽水站全力翻引江水，沿大运河、丹金漕河向湖西地区补水，并于 8 月中旬现场协调，采取在高淳杨家湾临时架设机泵 50 台套计 20 m³/s 抽水，通过开启茅东闸向南河放水，解决溧阳南渡以西和高淳部分地区的抗旱水源。

五是全力引江调水抗旱。沿江各类涵闸抓住时机，多引江水，补充内河及河网地区水源。据统计，抗旱期间，全省沿江各类水利工程抽引江水 160 亿 m³。

6.1.4 事件总结——作为水乡江苏同样资源紧缺

1994 年的江苏抗旱付出的代价是巨大的。经过上下共同努力和水利工程设施的科学调度，保证了人畜饮水和农业灌溉用水。大旱之年获得了大丰收，除旱作物减产 5% 外，棉花增产 20%，粮食总产与 1993 年持平。此次旱灾暴露出江苏作为水乡同样资源紧缺的事实,以及现有抗旱工程老化失修、效能衰减的状况。旱灾过后,江苏进一步加快抗旱工程体系建设。1995年11月,江苏泰州引江河工程开工上马,把江水送到苏北及东部沿海垦区。1994年1月开工的江水东引通榆河工程也加快实施,至2002年10月全线贯通,成为向里下河沿海垦区和渠北地区供水的重要河道工程。

6.2 2011年江苏省全省性大旱

2011年,一场猝不及防的罕见旱灾降临长江沿线诸省市。千湖之省湖北千余座水库低于"死水位"、洪湖超七成养殖户绝收,江西鄱阳湖变身草原。江苏,早在前一年底即降雨偏少、旱象初显,2011年2月15日,淮北地区无有效降水已达131天;至6月上旬,洪泽湖、骆马湖、微山湖均低于死水位,南京石臼湖水体面积(5月19日)仅占前期(3月7日)5%左右。旱情发生后,全省各级防办超前部署谋划,加强监测预报,及时启动抗旱预案,全力组织水源调度,强化用水管理和督查指导。此次抗旱充分运用江水北调、江水东引、引江济太三大跨流域工程,累计调水256亿m³,全年防汛防旱减免灾效益达206亿元,受到了国家防总和省委省政府的充分肯定。

6.2.1 气象干旱致全省河湖普遍干旱

2010年10月1日至2011年6月30日,江苏全省降雨明显偏少,平均无有效降水日达249天,蒸发量405 mm。淮北地区累计面雨量仅193.1 mm,比常年同期少51%,为历年同期最小值;江淮之间累计面雨量367.7 mm,比常年同期少35%,为历年同期第三小值。沿江苏南地区2010年10月1日至2011年5月31日累计面雨量239.1 mm,比常年同期少55%,为历年同期最小值;2011年1月至6月8日面雨量仅152 mm,为近60年来同期最少。

2011年5月初长江大通站出现历史同期最低水位5.30 m,流量只有14 000 m³/s左右,江苏省沿江潮位比常年同期偏低1.0~2.2 m,南京站潮位最低只有3.83 m(5月11日),为历史同期最低值,比多年同期偏低2.83 m,沿江地区引水严重不足。淮河干流蚌埠闸1至6月来水量只有常年同期的18%,蚌埠闸累计关闸70多天,为近30年来同期关闸最长时段;沂沭泗河2010年汛后起至2011年6月基本无来水补给。在大规模实施江水北调、江水东引、引江济太等跨流域调水补给的情况下,由于长期抗旱用水等消耗,全省主要湖库水位持续下降。洪泽湖曾一度低于死水位8天,骆马湖、微山湖水位长期在死水位以下。江苏省淮北地区"三湖一库"可用水量基本耗尽,最小时仅剩石梁河水库可用水量0.6亿m³。太湖地区河网水位6月10日之前普遍较常年同期低0.3~1.0 m,太湖平均水位最低时仅2.74 m(5月18日),为1954年以来第三低。6月上旬全省大中型水库蓄水量比常年同期少 36%，其中大溪水库低于死水位 0.26 m，横山水库接近死水位，可用水量仅有 60 万 m³；小型水库和塘坝蓄水也仅有常年同期的 10%～20%，有 282 座小水库、13 万面塘坝干涸。苏北里下河北部地区射阳镇 6 月 21 日出现历史最低水位 0.22 m；地势最低洼的兴化站水位一度降至 0.86 m，也比常年同期低 0.3～0.4 m。水阳江水系石臼湖 5 月 12 日水位 3.83 m，之后水尺已无法测出水位，大部分湖区完全干涸，为新中国成立以来所未见。

6.2.2　开源节流应对严重干旱

面对历史罕见的气象干旱，省委、省政府高度重视，部署各项抗旱工作。省防指及时启动抗旱应急预案，7 月 4 日江苏省启动淮北地区抗旱Ⅲ级应急响应；先后 10 多次召开抗旱工作专题会商会，研究部署各项具体措施；积极组织抗旱水源调度，充分运用江水北调、江水东引和引江济太三大跨流域调水工程。

1. 全力调水抗旱

省防指充分发挥已建水利工程效益，科学调度三大跨流域调水工程，全力以赴，昼夜不停，引调江水增加抗旱水源。

一是全力实施江水北调。自 2010 年 11 月起，省防指调度江水北调沿线泵站全力抽引江水，调度南水北调淮阴三站、淮安四站、宝应站首次投入抗旱抽水。截至 7 月底，省属及省指定大站累计抗旱翻水 187 亿 m³，其中江都站抽水 64 亿 m³，相当于 2 个洪泽湖的正常可用水量。

二是首次启用高港站尽力增加江水东引力度。根据里下河水位及抗旱形势，调度高港枢纽、江都东闸全力引江，首次开启高港站向里下河地区进行抗旱补水，2010 年 10 月至 2011 年 7 月底，江都东闸、高港枢纽累计自引、抽引江水 37 亿 m³。

三是及早实施引江济太。2010 年 10 月 1 日便开启常熟枢纽泵站抽引江水，补水入太湖，截至 2011 年 6 月 9 日累计抽引江水 31.6 亿 m³。

四是组织沿江地区全力引江。组织沿江所有水闸和泵站全力抢潮引水、开机翻水，保证沿江地区的农业和社会用水，其中 5 月 13 日调度镇江谏壁站开机抽引长江水，实施湖西地区应急调水，通过湖西地区河网向太湖和周边地区补水，增加太湖湖西地区抗旱水源。

五是架设临时机组调水补给固城湖。在 4 月份，针对高淳县主要水源地固城湖水位下降明显、影响居民饮水安全的情况，省防指紧急调动省防汛抗旱突击队，在水阳江架设 63 台套临时机组，向固城湖补水，累计翻水入湖 4 600 万 m³。

六是启用秦淮河应急调水补给石臼湖。为解决石臼湖蟹农生产用水，省防指联合南京市防指及时启动应急预案，利用秦淮新河泵站经 74.5 km 的河道向石臼湖补水，累计引江补湖水量 2 000 万 m³，相当于 4 个玄武湖的水量。

2. 加强用水管理

省防指先后派出 30 多批次工作组深入受旱严重地区,现场指导抗旱工作。6 月中旬后,根据水情、旱情变化和水稻栽插进度,省防指逐旬三次下达苏北地区抗旱水源应急调度计划,明确江水北调沿线抗旱用水水位、流量指标,实施灌区轮灌、口门轮引等错峰供水措施。为保证应急水源调度计划落实到位,6 月中下旬省防指派出由省水利厅机关处室负责同志牵头的近 20 批次工作组,赶赴运河段、中运河段等沿线有关市县,协助地方做好沿运用水管理工作,全力保障农业用水高峰期用水需求。7 月 4 日省防指再次派出由省海洋与渔业局、交通运输厅和农委带队的 3 个抗旱工作组,分别对沿运地区水产养殖、船舶航运和农业生产等情况进行督查指导。由于各级各部门统筹强化用水管理,有力保证了全省近 3 400 万亩水稻的顺利栽插,内河航运、城乡供水正常。

6.2.3 事件总结——调水体系发挥巨大作用

此次干旱,持续时间长、旱情重、损失大,为新中国成立以来同期最严重气象干旱。旱情波及全省,不仅淮北地区旱情严重,而且地势低洼水网发达的里下河、太湖等地区也因河湖库水位持续偏低,影响到生活生产用水。苏南地区旱情持续长达 8 个多月,直到 6 月中旬入梅后才得以解除;而淮北地区旱情持续长达 9 个多月,直到 7 月中下旬才解除,为 60 年一遇的旱情。全省共有 11 个市、68 个县(区)受到干旱影响。夏收作物累计受旱面积 2 345.6 万亩,占播种面积的 47%,其中:小麦受旱面积 1 829 万亩,占小麦播种面积的 53%;受灾面积 722 万亩,成灾面积 362 万亩,绝收面积 29.98 万亩;因旱人畜饮水困难 28.83 万人、4.79 万头;有 282 座水库干涸,245 眼机电井出水不足。因旱造成直接经济总损失 52.4 亿元,其中农业直接经济损失 26.8 亿元,水产养殖业损失 14.8 亿元。

在全力抗旱调水,加强用水管理的科学调度下,依托完善的江水北调、江水东引和引江济太三大跨流域调水工程,有力保证了城乡居民生活和工农业生产等用水需求,最大限度保障了京杭运河等河道航运水位,实现了大旱之年无大灾和粮食产量八连增。

第七章
生态（环境）调度

江苏省江河湖海一应俱全，保障河湖生态需水为水生态保护与修复的核心要素。生态需水具有时间性、空间性、阈值性和质量统一性。水利工程精准、精细化调度措施可维持骨干河道生态径流，保障重要河湖互济互调，调控区域水网量质，促进城市单元景美水畅，这也是江苏省生态（环境）调度实践主要体现的四个方面。

7.1 生态径流友好调节

维持骨干河道生态径流是可持续发展的内在要求，是区域河网以及城市单元用水的根本保障。江苏省沂沭泗流域地处半干旱半湿润地区，特殊的气候特征使得降水年际、季节变化剧烈，本地水资源条件较为欠缺；而流域西高东低、北高南低的地形特征，加上上游突出的水资源过度开发问题，使得流域下游用水遭到严重挤占。同时，上游为防洪目标而修建的大中型水库以及拦河橡胶坝虽然在一定程度上缓解了下游行洪压力，但也造成水流的不连续性，减少了下游河道的径流量，尤其是枯水年和特枯水年断流现象较为严重，生态径流无法得到满足。闸坝生态调度能够有效调节沂沭泗骨干河道的生态水量，沂河与沭河分别通过上游大官庄枢纽与刘家道口进行水量调节，充分利用其对水资源的调节能力提高生态敏感期和敏感水域在枯季的河道生态流量和水位，保障其最小生态需水要求。此外，建立良好的生态用水补水通道，通过南水北调东线工程，在南四湖下级湖水位较低时实行相机补水，保障南四湖下级湖以及输水沿线的生态需水量。

从空间上，上游蓄存生态空间；中游梯级蓄拦，同时向下游友好宣泄生态基流，既满足拦蓄水资源的作用，又在一定程度上恢复了闸坝建设所改变的河流水文特性与河流水系的自然生态连通性；下游调引兼筹，合理利用跨流域调水工程，多目标协同满足各类用水需求。从时间上，根据不同年景，在年内根据汛涝旱情势对水资源重新实施调和配置，满足不同阶段的生态需水要求。

7.2 重要河湖互济互调

不同流域（区域）具备不同的水文气象及下垫面特征，水资源条件势必有优劣之分，实现各流域（区域）之间的互济互补一方面提高了水资源利用效率，另一方面也满足了社会各方的用水需求。江苏省两大流域、四大水系的水文地理格局决定了其复杂多元的水资源开发利用方式。经过多年探索与实践，江苏现已建成"江水北调""江水东引""引江济太"等多座跨流域调水工程，串联沂沭泗、淮河、长江、太湖四大流域水系，实现防洪、供水等多目标兼济的水量、水质联合调度，保障全省人民生活、工农业生产、交通航运、环境生态等用水需求。

"江水东引"是解决江苏省里下河地区水源的主要工程，按照"两河引水、三线输水"布局，通过江都枢纽、高港枢纽调引长江水，保障里下河地区城乡人民生活、工农业生产等用水水源。近年来，江苏省防办在确保防洪安全的前提下，抓住有利时机大引大排，适度提高河网控制水位，改善了区域水环境，并为沿海地区冲淤保港提供了大量水源。泰州引江河二期工程实施完成后，自流引江的能力进一步提高，在保障区域工农业用水的同时，改善区域河网水动力条件、改善水生态（环境）的工程能力得到进一步提升。自1999年泰州引江河一期工程建成运行以来，江都、高港枢纽合计年均引水量超过40亿 m³。2011年里下河地区发生较重干旱，江都、高港枢纽全年累计引水44亿 m³，有效增加了区域水资源供给，增加了水环境容量。

"引江济太"于2007年应急实施，以积极应对太湖梅梁湖等湖湾大规模爆发的蓝藻，后常态化运行。"引江济太"通过沿江口门调引长江水，改善了水资源供给条件，增加地区的水资源量，促进了河湖有序流动，改善了太湖及河网水质。十年（2007—2017）来，"引江济太"有效增加了流域水资源供给，常熟枢纽全年累计引水32亿 m³，入湖16亿 m³，增加了湖体环境容量，改善了太湖水质，有效保障了太湖生态（环境）安全。

7.3 区域河网量质保障

以流域性河湖为界，兼顾自然地理区划、农业区划等，将江苏省内部划分为17个水利分区。区域内部河网相互交织，水系错综复杂，各河流、各河段、各断面不同的功能需求对应于不同的水量、水质目标。在通过引调水工程实现区域内部水量再分配的同时，营造水动力条件，改善河网的水环境。

以秦淮河地区为例。2005年起江苏省水利部门组织实施秦淮河引江调水，通过调度秦淮新河枢纽、武定门枢纽，增加外秦淮河（武定门—入江口段）水体水动力条件，改善水环境，实现水体流动置换、水质提高、冲淤和满足景观需求等多项目标。近年来，通过实施外秦淮河引江换水工程，调水改善秦淮河水质，为十运会、青奥会、江苏发展大会等一系列重大活动提供了景观水质保障。2005—2017 年，秦淮新河枢纽泵站多年平均引水 5.6 亿 m^3，节制闸多年平均引水 0.9 亿 m^3，保障了秦淮新河优质水源供应；武定门节制闸多年平均下泄水量 5.1 亿 m^3，实现了外秦淮河水体全年常态化流动，满足了景观及水质需求。

以沿海地区为例。江苏沿海大部分为淤积型海岸，海岸的泥沙来量大，淤涨速度快，随着海势逐渐东迁，淤积加剧，闸下至低潮水边线的距离日益扩大，防洪排涝问题日渐突出。没有科学有效的淤积处理措施必然使新建挡潮闸被淤积所困扰，因此为维持闸下港道断面，需要对港道进行冲淤，但从效果与投入上看，纳潮冲淤及人为调整径流冲淤都是利用自然力进行冲淤，无须增加资金投入，相比机械冲淤更为理想。纳潮冲淤是利用海潮涨到高潮位时，泥沙在海水中絮凝沉降很快的特性，使潮水在表层以下一定水深的水中分离出含沙量很小的清水层，通过闸门控制，涨潮时纳入表层清水，作为落潮时开闸放水的冲淤水源，以加大落潮流速，冲刷闸下的淤积物。纳潮冲淤是缓解河口挡潮闸在水源缺乏的情况下进行减淤的一种有效方法，但由于纳潮冲淤往往会带来咸潮，考虑社会经济发展因素，还是采用调水冲淤方法来实现冲淤保港。一般情况下，感潮港道闸下冲淤冲刷主要受上游水源制约。汛期，洪涝水资源相对丰富，能满足保港甚至冲淤需要；枯水期，水源紧缺，很难通过水力冲淤的途径来解决挡潮闸下的淤积问题，保持港道不淤或少淤的关键，就在于增加枯水期的排水量，通过调水来为冲淤保港提供水源。如里下河地区汛期水源丰富，沿海四港开闸频繁，抢潮排水冲淤明显，但非汛期降雨量少，里下河地区自身水源难以满足水力冲淤要求。因此非汛期，主要通过江都和高港枢纽调引江水，并通过里下河地区水网及江水东引北送工程引至沿海四港，同时，引江冲淤新增加的优质长江水无疑将在一定程度上改善地区水环境，缓解地区水污染问题。实施江水东引调水冲淤一般遵循以下原则：①确保水闸工程的安全，服从防汛调度；②保障水资源利用，提高引江能力；③持续引江集中排放，改善区域水环境，提供射阳河等沿海四大港冲淤水源。

7.4 城市畅流活水调控

随着经济和社会的快速发展，城市化进展的步伐日趋加速，人们的生活水平不断改善，也对生活环境提出了更高的要求。然而在城镇化、工业化进程中，对城市水系的破坏，造成河道多是没有源头的"死水"，城市人口膨胀，生活垃圾、污水直排入河道等，造成城市水环境日趋恶化。

近年来，各级政府加大了治污力度，注重改善城市水环境，地表水环境质量有所改善，但由于入河污染物负荷仍然很大，远超过河道水域纳污能力，加上河道自身水流缓慢、动力掺混能力弱、水流交换不畅、水体自净能力差等原因，地表水污染状况仍未得到有效控制。大规模、高强度经济活动和日益增加的污染负荷，使部分水域水质恶化、富营养化不断加剧，水生态环境严重退化，水质总体状况欠佳，缺乏有效调控措施和手段，往往需要通过调水引流，引入清水，促进水体流动，加快水体交换速度，保持城区各河道正常水位和良好水质。

近几年，我国长三角地区部分城市开展了"畅流活水"工程，工程措施与非工程措施相结合，取得较好效果。城市"畅流活水"工程，就是在做好截污、治污、清淤的同时，利用城市闸泵工程，构建布局合理、引排通畅、丰枯调剂、多源互补的城市层面水循环体系，实现城市水体的高效置换，满足城市水生态、水景观需求。如江苏省苏州古城区河道"自流活水"，采取北进南出，即将城区以北西塘河及外塘河水源引入城区河道，合理配水，通过新建两座活动溢流堰，形成环城河南北水头差，激活全城水系，实现自流及有序流动，改善了城区水质，还促进阳澄西湖及城西、吴中、相城等片区的水质改善。

研究及调度实践发现，实施城市"畅流活水"工程，首先要有清水可引，城市换水需结合生态环境需水量，包括生物生态与环境需水、水文循环需水、蒸发蒸腾需水、景观需水等进行确定，实际调度中还需根据河道直接感官，水位、水质情况，以及天气变化等因素综合判断。江苏省发达的水利工程体系，特别是跨流域调水工程，为城市"畅流活水"提供水源工程保障。

第八章
应急调度

应急调度是指因汛情、旱情严重以致需要采取超越常规的调度，或者遭遇突发性水污染、水生态、水环境事件所采取的水利工程调度。本章针对突发性水污染事件记录了 1994 年洪泽湖突发污染事故、2007 年沭阳县饮用水源地污染事件中采取的应急调度实践；针对生态事件记录了 2002 年、2014 年南四湖应急生态调度补水的过程。

8.1 污染事件应急调度

8.1.1 1994 年洪泽湖特大水污染事件

洪泽湖为淮河流域最大的洪水调蓄水库，同时也是江苏省苏北地区最大的供水水源地，承担着江苏省淮安、扬州等市的工农业生产、生活用水，湖区还有水产养殖。20 世纪 90 年代以来，洪泽湖多次出现水污染事件，其中 1994 年发生的水污染事件最为严重。1994 年 7 月中旬，淮河上中游污水下泄，使沿淮和盱眙县城 22 万人饮水极度困难，由于当时江苏遭遇了 60 年来最严重的旱灾，洪泽湖水位仍低于死水位，大量污水流入，造成淮河下游发生有史以来最严重的水污染事件。国务院委托环保、水利等部门以及淮河流域有关省的领导同志，到淮阴视察淮河污染情况，现场研究防治对策。在当时旱情情况下，通过水利工程调度，最大限度减轻了该次水污染事件对沿淮及洪泽湖周边地区带来的影响。

8.1.1.1 特大水污染遭遇苏北严重干旱

7 月中旬淮河流域沙颍河水系突降暴雨，长期囤积在河槽内的大量工业、生活污水泄入淮河，形成长达 70 km 的污水带。7 月 19 至 21 日安徽省蚌埠闸泄流量 710～830 m³/s，大量污水迅速流到蚌埠闸下，下泄污水量达 2 亿 m³。7 月 23 日污水带前锋进入盱眙县境内，27 日抵达盱眙县城，28 日上午污水涌入洪泽湖，致使洪泽湖遭受到有史以来最严重的一次污染。

本次进入洪泽湖的污水具有水量大、浓度高、毒性大、流速小、净化处理难等特点，目观呈酱油色，有泡沫。据环保部门监测，污水中 COD_{Mn}（高锰酸盐指数）达 17 mg/L，NH_3-N（氨氮）达 9.8 mg/L，色度超过 100，有挥发酚类物质，细菌、大肠杆菌指标均超标，劣于国家地表水 V 类标准，完全丧失饮用和渔业水功能。由于受污染的淮河水二次处理后仍不符合饮用水标准，也不能作盥洗用，盱眙县水厂被迫于 7 月 28 日停止供水，直至 9 月 20 日恢复供水，停水时间达 54 天。这期间县城 10 多万人依靠仅有的几眼井取水维持生计，制药、酿造、食品加工等 54 家企业先后停产或半停产，饮食服务业停止营业，使盱眙、洪泽、泗洪三县共 20 余个乡镇 30 万群众只能到远处挑水饮用，肠道病人增多，有的群众举家投亲避灾。洪泽湖湖区内近 8 000 名渔民处于断流、断水境地，沿河、湖渔业资源受到灭顶之灾，因污染死亡的鱼蟹 200 万 kg。

本次特大水污染事件，给正在抗御严重干旱的江苏省苏北地区，特别是对沿淮及洪泽湖周边地区的人民生活及工农业生产等造成了巨大危害，损失之严重难以估量。

8.1.1.2 应急调度减轻水污染影响

事件发生后，经综合考虑洪泽湖受污染情况、苏北地区旱情以及淮河、沂沭泗地区水情，省防指采取了以下措施。

一是及时关闭二河闸。在污水进入洪泽湖后，关闭二河闸，防止污水扩散到二河闸以下河道，并调度淮阴站接力抽引江水，解决淮阴、盐城、连云港等市水厂、电厂、航运及农灌等用水。

二是实施"引沂济淮"。利用 8 月上旬中运河有涝水、骆马湖有来水的时机，于 8 月 9 日调度泗阳闸开始放水入二河，8 月 12 日加大骆马湖向南放水流量，其中皂河闸放水流量加大到 400 m³/s（当时骆马湖水位仅 21.38 m）。至 10 月 2 日，泗阳闸及徐洪河刘集地涵引沂入淮的水量共 11.43 亿 m³，同期补入洪泽湖水量 4.42 亿 m³，最大限度减轻了该次水污染事件对沿淮及洪泽湖周边地区带来的影响。

8.1.1.3 事件总结——要积极探索水污染防治新手段

此次水污染事件，使 1994 年苏北旱情加重，严重威胁了人民饮水安全，产生了较大的经济损失。随着经济社会的发展，淮河干流、洪泽湖、石梁河水库污染问题日趋突出。通过加强水质监测、精心调度水源，缩短污水积累和停留时间等办法，可以减轻污水危害，而对直接饮用以上水源的集镇等地应积极开辟第二水源。

8.1.2 2007 年沭阳县饮用水源地污染事件

江苏省沭阳县饮用水源地为地表水源地，位置在淮沭河与新沂河交界处。上游地区劣质水下排流量较大或发生暴雨内涝或船只泄漏，易对沭阳县饮用水源地造成威胁，直接影响城市居民生活用水，给社会稳定带来不利影响。2007 年沭阳县水源地或附近发生两次水污染事件，省防指紧急会商、全面部署、多措并举，对这两次突发性水污染事件进行了及时、有效的应对。

8.1.2.1 两次水源地污染事件背景

2007 年 6 月下旬，沂沭泗地区出现明显的降雨过程，沭河出现当年首次洪水，6 月 27 日起，淮委沂沭泗水利管理局调度大官庄人民胜利堰闸向南放水，6 月 28 日晚污水开始影响新沂河沿线。7 月 2 日下午 3 时，沭阳县地面水厂监测发现，短时间、大流量的污水侵入位于淮沭河的自来水厂取水口，城区生活供水水源遭到严重污染，水流出现明显异味。经过水质检测，取水口的氨氮含量为 28 mg/L 左右，远远超出国家取水口水质标准。至 7 月 4 日大官庄人民胜利堰闸累计下泄外省污水 8 200 万 m^3。据流域机构水质监测，6 月 28 日 6 时 40 分沭河大官庄人民胜利堰闸氨氮为 1.89 mg/L，为 V 类水质。

同年 11 月 21 日，淮沭河沭阳闸北侧段发生油船倾覆水污染事故，污染水体对沭阳水厂取水口带来严重威胁。

8.1.2.2 应急调度化解突发性水污染威胁

1. 引清释污

7 月 2 日 21 时许，江苏省防汛防旱指挥部办公室（以下简称省防办）接到宿迁市防汛防旱指挥部关于沭阳水厂水源地被沭河来水污染的报告，在详细了解、核实有关情况后，22 时即紧急调度二河闸、淮阴闸调引洪泽湖水源，通过淮沭河调入新沂河进行压污稀释，改善沭阳水厂水源地水质。7 月 3 日 10 时 42 分淮阴闸最大放水流量达 344 m^3/s。据水质监测报告，7 月 3 日沭阳水厂水源地水质明显好转，7 月 4 日上午 10 时沭阳水厂恢复正常供水。

2. 拦污截污

11 月 21 日晨淮沭河沭阳闸北侧段发生油船倾覆水污染事件。为防止沭阳水厂取水口受污染，省防办与新沂河整治工程建设局协商，调度开启南偏泓闸下泄污水，同时协调上游沭河王庄闸控制下泄流量，淮阴闸继续适量放清水以阻止污水向南扩散到取水口处；同时为防止污染水体进入连云港市蔷薇河水源地，省防办紧急调度关闭沭新闸。11 月 23 日下午淮沭河水质趋于正常。这次应急调度成功化解了突发性水污染威胁，未对沭阳等饮用水源地产生影响。

8.1.2.3 事件总结——要加强水污染防治

《国务院关于落实科学发展观加强环境保护的决定》强调，要以饮水安全和重点流域治理为重点，加强水污染防治工作。地处沂沭泗下游的沭阳县等地区，地表水源极易受到上游客水污染。在此次应急抗污工作中，体现出面对突发水污染事件的水利调度措施的作用。

8.2 生态应急调度

8.2.1 2002年南四湖生态补水

20世纪末以来，南四湖地区持续干旱，2002年更是发生了罕见的干旱。严重的旱情引起了各级领导对南四湖的高度重视，9月25日至26日，国务院原副总理温家宝专程考察南四湖，并对保护南四湖生态作出重要指示。当地政府部门紧急实施了引黄济湖，但由于调引黄河水量有限，仅缓解了上级湖部分湖区生态资源继续恶化的局面。各部门多次会商讨论后，11月29日，国家防总发布《关于实施从长江向南四湖应急生态补水的通知》，要求从12月上旬开始，紧急实施从长江向南四湖应急生态补水。计划入下级湖水量1.1亿 m^3，其中入上级湖水量0.5亿 m^3，并要求江苏、山东发扬团结治水和社会主义大协作精神，认真组织补水工作并严加管理湖区用水。

8.2.1.1 持续干旱致上级湖基本干涸

2002年，南四湖地区持续干旱，流域年平均降水量417 mm，较常年偏少4.2成。其中，汛期降水量218 mm，比常年同期偏少5.8成。同时，日平均气温较常年高2℃以上，蒸发量大，加之周边地区大量用水，南四湖水位急剧下降。上级湖7月15日水位降至32 m，基本干涸，为历史最低水位。下级湖8月25日，水位降至29.85 m，出现当年最低水位，相应蓄水量仅为0.12亿 m^3。周边地区经济损失严重，湖区人民生活用水困难，湖内水道全线断航，湖区生态环境到了毁灭的边缘。

8.2.1.2 有序开展应急生态补水工作

按照国家防总的要求，为了保护南四湖生物物种延续，江苏省防指组织开展向南四湖应急生态补水工作。

1. 积极部署应急生态补水工作

江苏省防指向有关市及厅属管理处发出《关于做好向南四湖应急生态补水工作的通知》，就补水有关事项提出了明确要求，同时下达了《向南四湖应急生态补水水量调度方案》，明确各市补水期间的责任，并要求徐州市强化南四湖周边用水管理措施。江苏省还制定了补水水量调度及用水管理考核办法。

2. 启用江水北调工程实施应急补水

按照国家防总的统一部署，江苏省自2002年12月8日起利用江水北调现有工程，实施了从长江多级抽水向南四湖应急生态补水，取得了显著效益。在省、市水利部门的共同努力下，补水工作进展顺利，截至2003年1月21日，补入微山湖的累计水量达1.1亿 m^3。补水结束时的微山湖水位比补湖前上涨了0.46 m，达到了30.8 m，也为向上级湖补水提供了水源，南四湖生态逐步得到恢复。

3. 加强调水沿线监测监管

补水期间在对补入微山湖的水量、水质进行测量的同时，始终坚持对省内市界断面流量测量，以分清各市用水管理责任；安排专门人员加强补水期间用水管理和有关泵站、水闸的运行管理；省水利厅还多次派出检查组，检查补水线路沿线的用水情况，及时研究解决补水过程中出现的问题。多项监管措施，确保了应急生态补水任务的顺利完成。

8.2.1.3 事件总结——南水北调东线工程的预演

南四湖应急生态补水，通过向南四湖湖内航道、河汊补充一定水量，维持最低的生态用水要求，以保护南四湖生物物种延续，挽救湖区野生自然资源，同时保障了湖区人民生活用水，促进和维护了社会安定。此次应急生态补水，江苏统筹兼顾骆马湖和石梁河水库补水与生态补水的关系，周密制定补水调度方案，制定用水管理办法，检查沿线口门，维修泵站电路、设备，加强闸站管理允许。徐州市还专门制定了该市南四湖供水区 2003 年汛前抗旱水源解决方案，制定强化南四湖周边用水的管理措施。同时这次补水作为南水北调东线工程的一次预演，也为以后南水北调东线工程运行管理提供了借鉴和经验。

> **链接：南四湖简介**
>
> 南四湖是我国十大淡水湖之一，也是我国北方最大的淡水湖，位于淮河流域北部，由南阳湖、独山湖、昭阳湖和微山湖四湖组成，现被二级坝枢纽分隔成为上级湖和下级湖。南四湖承接苏、鲁、豫、皖四省 32 个县（市）的来水，流域面积 3.17 万 km²，其中上级湖占全流域 86.8%，下级湖占 13.2%。南四湖具有防洪、排涝、灌溉、供水、养殖、通航及旅游等多种功能。湖区内生态资源丰富，形成了良好的生态链，是国家自然保护区。湖内渔业资源非常丰富，其中南四湖鲤鱼和中华绒螯蟹颇有声誉，湖产苇、菰、莲、茨、菱也很丰富。

8.2.2 2014 年南四湖生态补水

2014 年汛期，徐州、宿迁、连云港等地一度出现较为严重的旱情。针对南四湖严峻的旱情形势，国家防总紧急召集国务院南水北调办公室、淮河防总、山东省和江苏省防指等单位的负责同志，研究制定了 2014 年南四湖生态应急调水方案，决定自 8 月 5 日起通过南水北调东线从长江向南四湖实施生态应急调水。调水线路即利用南水北调东线一期工程，从江都水利枢纽工程调水，经沿线各级泵站逐级抽水，最后由蔺家坝泵站抽水进入南四湖下级湖，调水线路全长 404 km，经过 9 个梯级泵站提水，长江水需沿调水线路提高 30 m 以上才能进入南四湖。

8.2.2.1 南四湖水位降至同期最低

2014年进入汛期，沂沭泗地区降雨偏少，江苏省徐州、宿迁、连云港等地一度出现较为严重的旱情。位于苏、鲁两省交界处的南四湖水位一度降至2003年以来同期最低值，对临湖地区生活、生产用水和湖区生态用水造成严重影响。

8.2.2.2 克服用水期困难，紧急调度

按照国家防总的指令和省领导有关指示精神，为改善南四湖湖区生态环境，2014年8月5日开始，江苏省组织实施了为期20天的向南四湖生态应急调水工作，利用江苏省江水北调工程和南水北调东线一期工程联合运行调引长江水，经沿线各梯级泵站逐级北送抽水入南四湖下级湖。

1. 全面部署应急调水工作

2014年向南四湖应急生态调水，是在江苏省苏北地区河道水位普遍偏低情况下且正值农业用水量大时期实施的，时间紧、任务重、要求高。为此，江苏省水利厅高度重视向南四湖生态应急补水工作，要求认真贯彻落实国家防总指令和省领导同志有关指示精神，强化各项应急保障措施。鉴于调水涉及的部门多、单位多、工程多、路线长，省防指组织有关市防指及相关单位多次进行会商，科学制订调水方案及应急预案，召开专题会议，全面紧急动员部署。省防指还专门下发通知，向调水沿线有关单位下达南四湖生态应急调水方案，要求各有关单位切实提高认识，强化水文监测、供水沿线巡查、输水河道航运管理、泵站安全运行管理等重点措施；并专门制订了苏北地区8月逐旬抗旱水源应急调度计划，进一步细化调水措施。

2. 启用南水北调（江水北调）新老工程应急补水

江苏省江水北调及南水北调沿线27座泵站中有24座参与了这次应急生态调水，是历史上调水规模最大、动用调水泵站最多的一次。全省400多座供排水口门及大中型水闸、数量众多的大型船闸及企业自备水源取水口等参与运行或实施严格的用水管理。8月4日，在现有江水北调全部泵站、南水北调部分泵站前期已全力开机抗旱调水的基础上，省防指调度南水北调宝应站、淮安四站等6个泵站开机翻水，由宝应站增加抽引江水100 m³/s，通过里运河、中运河、不牢河线输水北送进南四湖。

经统计，8月5日至8月24日，江水北调、南水北调泵站累计抽水30.5亿m³，蔺家坝泵站累计补入南四湖下级湖水量达到8 069万m³，下级湖水位上升至31.21 m，较7月28日最低水位上涨0.44 m，高于最低生态水位0.16 m，湖区水面面积为315 km²，较调水前增加约99 km²，已达正常蓄水面积的55%，圆满完成国家防总下达的8 000万m³的入湖水量和31.05 m的生态水位调水双目标；同时也保证了江苏省调水沿线的抗旱供水及补给骆马湖水源。

3. 加强调水沿线监测监管

本次调水，恰逢江苏省正处于水稻用水量大时期，供水调度任务非常繁重。

应急补水期间，江苏省防指采取有力措施，全力保障生态应急调水计划实施。

一是密切跟踪雨水情、用水需求、水质变化及航运水位等情况，及时调整各工程运行状态。

二是组织省水文局加强水文水质监测，及时向省防指等有关单位、部门报送信息，满足了调水工作的需要。

三是加强工程运行管理和用水管理。江苏省南水北调办、南水北调东线江苏水源有限责任公司，调水沿线扬州、淮安、宿迁、徐州市防指，部分省属水利工程管理单位及相关县区的水利部门及时做好相关工程控制运行、计划用水的督查管理等工作，将用水计划落实到每个县（市、区）和沿线每一座口门，对有关地区主要用水口门及供水断面等开展定期、不定期的巡查、督查；为加强用水管理，省防指还派出工作组对沿线口门用水进行督查，要求调水沿线各地区克服用水困难，确保了调水水位及流量的控制目标。

8.2.2.3 事件回顾——设备升级助力生态补水

2002—2003 年南四湖应急生态补水时，蔺家坝泵站尚未建设，而是通过不牢河刘山站、解台站接力提水，然后敞开蔺家坝船闸进入下级湖；向上级湖补水则是临时架设抽水机组通过老运河进行。2009 年底，南水北调蔺家坝泵站建成，2014 年生态补水直接从蔺家坝抽水进入下级湖。山东境内台儿庄泵站、万年闸泵站、韩庄泵站也已建成。与 2002—2003 年南四湖应急生态补水相比，此次应急调水能力有了显著提高，调水速度明显加快。此外，2002 年使用流速仪对补水进行计量，施测 1 次流量需要 30～40 min，2014 年采用多普勒流速剖面仪进行调水计量后，施测 4 次流量仅需要 20 min。通过新建成的水情数据交换系统，提高了信息传输能力。

此次南四湖生态应急调水，较短时间抬升了湖区水位，有效扩大了下级湖湖区水面面积，下级湖蓄水量由补水前最低 0.96 亿 m³ 增加到 2.17 亿 m³，及时缓解了因干旱造成的生态、航运、养殖等问题。江苏在水稻用水量大时期，克服困难，科学研判，采取有力措施，保障了生态应急调水的成功实施。

第九章
科技支撑精准调度

科学技术是第一生产力。水利精准调度目标的实现，离不开科学技术的强有力支撑。江苏省近几年抗御洪旱灾害的成功实践经历，凝结了现代科技的突飞猛进。

9.1 2016 年暴雨洪水调度决策

2016 年超强厄尔尼诺事件结束继而进入拉尼娜状态。继 2015 年苏南地区暴雨洪水之后江苏再遇"暴力雨季"，历时长，绵延至汛后。境内多水系多区域出现超级别洪水：太湖流域发生流域性特大洪水，秦淮河流域出现超历史记录洪水，水阳江流域出现超保证水位洪水。本节主要记录了江苏 2016 年暴雨洪水特征，回顾了防汛工作进程，客观评价了水利工程发挥的作用，为今后各项事业发展积累资料、总结经验。

9.1.1 拉尼娜接棒强厄尔尼诺

梅雨天气是大气环流季节性调整的结果。超强厄尔尼诺事件，热带印度洋海温持续一直偏暖，导致西太平洋副热带高压主体（5 580 gpm 等值线包围区域，以下简称"西太副高"）偏强、偏西，加之中高纬阻塞高压异常活跃，冷空气活动频繁，这些是造成 2016 年江苏梅雨异常的主要因素。

中高纬阻塞高压异常活跃。2016 年梅雨期，500 hPa 欧亚中高纬是较为典型的"两脊一槽"环流型（图 9.1.1），贝加尔湖以西地区和鄂霍茨克海、白令海一带受阻塞高压控制，强度均较常年同期偏强。中纬度西风带相对平直，多短波槽活动，东亚东岸朝鲜半岛至长江中下游地区有东北—西南向浅槽存在。低纬地区，西太副高呈东西带状分布，西端伸入华南中部，北界影响到江南南部。梅雨期阻塞高压的异常活跃促使北方冷空气活动频繁，西风带不断有小槽携带冷空气东移南下，与西太副高西北侧西南暖湿气流在江苏上空交绥，导致强降雨频发。

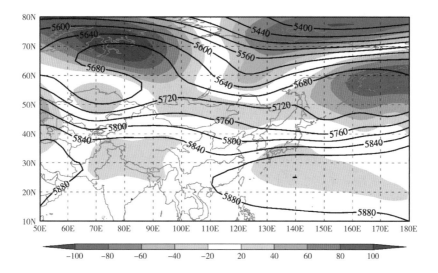

图 9.1.1 2016 年梅雨期 500 hPa 高度场（等值线，gpm）及其距平场（阴影，gpm）

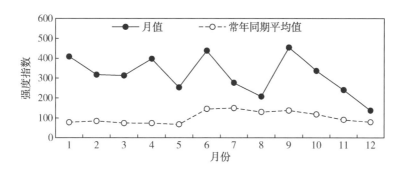

图 9.1.2 2016 年逐月西太副高强度指数

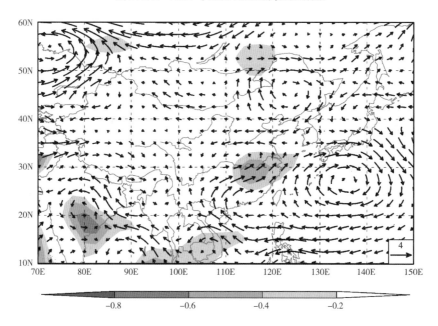

图 9.1.3 2016 年梅雨期 850 hPa 风场距平（矢量，m/s）和散度（阴影，1/s）

西太副高持续偏强、偏西。西太副高与江淮梅雨关系密切,其形态、位置和强度变化是梅雨带走向、梅雨带进退和梅雨量多寡的重要影响因素。环流指数监测结果表明(图9.1.2),2016年6—7月西太副高与常年同期相比面积偏大,强度偏强,西伸脊点偏西,脊线位置略偏南,其中6—7月平均面积和强度均列1951年以来第二位,仅次于2010年同期。西太副高的异常强大使其北侧东亚副热带辐合带(梅雨锋)稳定维持,外围水汽条件充沛,为强降雨天气创造了有利条件。2016年梅雨期,850 hPa风场西太副高控制区出现大范围反气旋式异常(图9.1.3),流经菲律宾北部上空的异常东风气流沿西太副高西部边缘逐渐顺转,进入我国大陆后变为一致的异常西南气流,将来自热带海洋的水汽源源不断输送至长江中下游地区。江苏正处在这条异常水汽输送带北端的辐合区内,梅雨期遭遇多次强降雨过程。

超强厄尔尼诺,印度洋海温一致偏暖。超强厄尔尼诺事件是导致上述热带和副热带地区环流异常的主要气候因素。通常,冬季厄尔尼诺的异常暖海温信号会通过赤道以北副热带中西太平洋的海气相互作用向西传播,在次年春夏季引发西北太平洋冷海温异常,并在菲律宾附近激发出一个异常反气旋,从而跨季节导致东亚地区气候异常。近年来研究发现,厄尔尼诺在冬季达到峰值后,沃克环流的异常变化会导致热带印度洋"全区一致型"海温模态持续发展,并通过开尔文波东传,使得菲律宾异常反气旋在厄尔尼诺减弱年的春夏季继续维持。在菲律宾异常反气旋的作用下,西太副高将表现出强度偏强,西伸脊点偏西的特征。

此次厄尔尼诺事件始于2014年秋季,2015年秋冬季发展至最强,2016年春季结束(图9.1.4)。在峰值强度和持续时间上,2014—2016年事件(峰值2.95 ℃,持续20个月)均明显超过1982—1983年事件(峰值2.79 ℃,持续14个月)和1997—1998年事件(峰值2.69 ℃,持续13个月),成为1951年以来

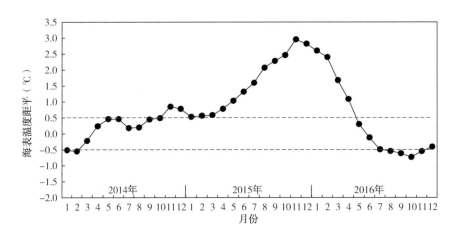

图9.1.4 2014—2016年Nino3.4区海表温度距平

最强厄尔尼诺事件（图 9.1.5）。尽管自 2015 年 12 月起厄尔尼诺事件进入衰减期，特别是 2016 年春季赤道中东太平洋暖海温异常大幅减弱，但热带印度洋仍呈全区一致偏暖态势（图 9.1.6）。热带印度洋海温异常"接力"超强厄尔尼诺，以菲律宾异常反气旋为纽带，迫使 2016 年夏季西太副高持续偏强、偏西，进而导致梅雨期强降雨天气增多。

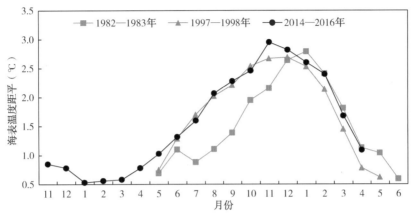

图 9.1.5　历史上三次超强厄尔尼诺事件 Niño3.4 区逐月海表温度距平

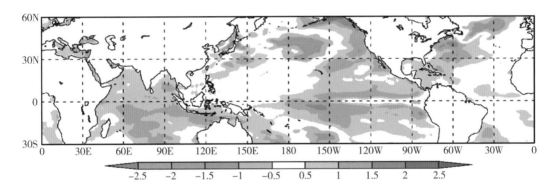

图 9.1.6　2016 年春季海表温度距平（阴影，℃）

9.1.2　继 2015 年后再遇"暴力雨季"

2016 年江苏省继 2015 年苏南暴雨洪水再次遭遇"暴力雨季"，降雨呈现总量大，历时长，绵延汛后；雨强大，极值多，过程集中；时空分布不均，强降雨影响范围广等特点。

2016 年江苏省年降雨量 1 397.7 mm，汛期降雨量 849.2 mm，梅雨期（6 月 19 日入梅，入梅正常；7 月 20 日出梅，出梅偏迟；梅期 31 天，梅期偏长）降雨量 399.4 mm。降雨主要集中在 5—10 月，共出现 7 场明显降雨过程，累计雨量 787.9 mm，占全年降雨量的 56%，见表9.1.1。

表 9.1.1　江苏省 2016 年主要场次降雨量统计

单位：mm

场次	日　期	淮北地区	江淮之间	沿江苏南	全　省
1	5 月 26 日—28 日	36.4	50.3	44.5	44.3
2	6 月 19 日—28 日	112.6	154.3	211	154.8
3	6 月 30 日—7 月 7 日	61	229.7	274.3	183.5
4	7 月 11 日—15 日	48.3	48.1	57.3	50.3
5	9 月 14 日—16 日	15.3	123.3	137.6	90.9
6	9 月 27 日—10 月 2 日	75.5	92.4	121.8	94.1
7	10 月 19 日—28 日	91.3	177.1	203.6	155.2

（1）降雨总量大，历时长，绵延汛后。2016 年江苏省面雨量 1 397.7 mm，较常年偏多 40%，位列历史第 2 位，其中：淮河流域面雨量 1 126.1 mm，较常年偏多 22%；长江水系面雨量 1 836.5 mm，较常年偏多 75%；太湖水系面雨量 1 891.0 mm，较常年偏多 71%。汛期江苏省面雨量 849.2 mm，较常年同期偏多 25%。梅雨期（6 月 19 日—7 月 20 日）江苏省面雨量 399.4 mm，较常年同期偏多 81%。汛后江苏省面雨量 368.3 mm，较常年同期偏多 214%。江苏省各月降雨中，4 月、5 月、6 月、9 月、10 月分别较常年同期偏多 44%、87%、54%、77%、436%。

降雨主要集中在 5—10 月，雨日 137 天，雨量 1 108.7 mm，占全年的 79%。强降雨主要集中在梅雨期（6 月 19 日—7 月 20 日），梅期 31 天，雨日 31 天，期间一场暴雨过程持续时间长达 9 天（6 月 30 日—7 月 7 日）。2016 年汛后降雨较常年同期偏多 2 倍以上，其中 10 月雨日 26 天，降雨量 259.5 mm，占汛后降雨的 70%，较常年同期偏多 4 倍以上，期间一场暴雨过程持续时间长达 10 天（10 月 19 日—28 日）。各时段降雨统计如表 9.1.2 所示。

表 9.1.2　江苏省 2016 年各时段降雨统计

时　段	降雨量（mm）	距 平（%）	月　份	降雨量（mm）	占比（%）	距平（%）
汛　前	180.2	−11	1	32.9	2	−1
			2	21.3	1	−48
			3	27.4	2	−55
			4	98.6	7	44

时　　段	降雨量 (mm)	距　平 (%)	月　份	降雨量 (mm)	占比(%)	距平(%)
汛　期	849.2	25	5	153.8	11	87
			6	222.7	16	54
			7	234.4	17	13
			8	70.8	5	−53
			9	167.5	12	77
汛　后	368.3	214	10	259.5	19	436
			11	57.6	4	36
			12	51.2	4	92

(2) 雨强大，极值多，过程集中。2016 年江苏省降雨强度较大，日雨量超过 25 mm 的大雨日 15 天，长江以南地区最大 3 d、7 d、30 d 雨量分别为 194.9 mm、279.8 mm、546.4 mm，均位列历史第 2 位，最大 15 d 雨量为 438.4 mm，超历史最大值（如图 9.1.7 所示）。诸多雨量站点长短历时雨量超历史最大值，比如：东山站最大 3 h、6 h 雨量分别为 121.0 mm、137.0 mm；南渡站最大 24 h 雨量 205.5 mm，最大 1 d、7 d、15 d、30 d 雨量分别为 211.0 mm、450.5 mm、623.0 mm、764.0 mm；高淳站最大 7 d、15 d、30 d 雨量分别为 463.0 mm、655.5 mm、777.5 mm。

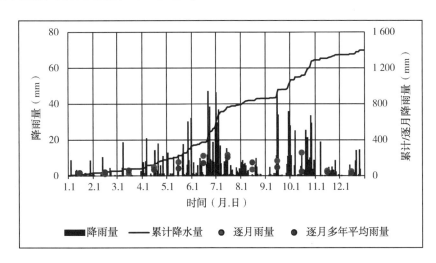

图 9.1.7　2016 年江苏省逐日降雨量柱状图和累计降雨量过程线图

(3) 时空分布不均，强降雨影响范围广。2016 年汛期江苏省雨量空间分布为由南向北递减（如图 9.1.8 所示），1 000 mm 以上雨区覆盖沿江苏南大部分地区，南京和无锡南部出现超过 1 600 mm 降雨，最大点雨量无锡杨省庄站 1 718.4 mm；小于 600 mm 降雨主要分布在淮北地区，最小点雨量连云港燕尾港站 343.5 mm；600 mm、800 mm 以上降雨笼罩面积分别占全省面积的 71％、53％。梅雨期主雨带沿高淳、金坛、常州、靖江、如东一线向两侧展开，暴雨集中区雨量超过 700 mm，最大点雨量南京水碧桥站 935.5 mm；淮北地区雨量偏小，介于 200～300 mm；300 mm、400 mm 以上降雨笼罩面积分别占全省面积的 62％、46％。

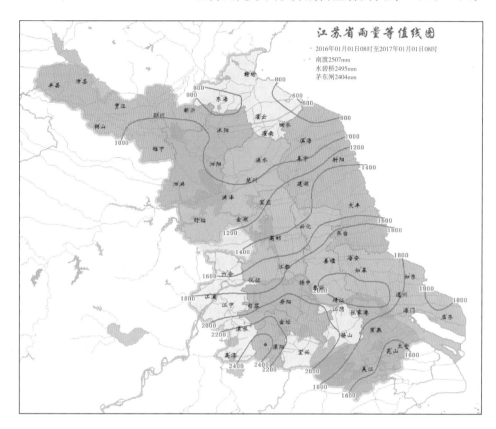

图 9.1.8　2016 年江苏省年降雨量等值线图（单位：mm）

9.1.3　流域区域现超级别洪水

2016 年洪水发生在江苏省沿江苏南地区，涉及江苏省境内长江干支流和太湖流域，覆盖秦淮河流域、固城石臼湖区、滁河流域和太湖湖区、湖西区、武澄锡虞区、阳澄淀泖区等片区。

9.1.3.1　洪水特征

1. 长江干支流

长江流域 2016 年洪水为发生在中游和下游地区的区域性大洪水，主要由汛期最强的一次致洪暴雨形成。洪水主要呈现三大特征：

一是干流水位高、高水持续时间长。7 月 1 日和 3 日，长江第 1 号洪水和第 2 号洪水先后在长江上游和中下游形成。长江大通站水位从 6 月 18 日开始明显上涨，水位从 12.17 m 上涨到最高 15.66 m，流量从 48 100 m³/s 增加至 70 700 m³/s，之后受上游来水量减少等因素的影响逐步回落。长江南京段水位从入梅以后，受到上游来水及天文大潮的影响，出现明显上涨，南京站最高高潮水位从 6 月 18 日的 7.33 m 上涨至 7 月 5 日的 9.96 m（仅次于 1954 年的 10.22 m、1998 年的 10.14 m 和 1983 年的 9.99 m，列历史第 4 位），超过警戒水位 1.46 m，之后受上游来水量减少等因素影响缓慢回落，7 月 20 日 8：00 南京站水位回落至 9.15 m，仍超过警戒水位 0.65 m。镇江 8.58 m（7 月 6 日 8：00），居历史第 2 位，距历史最高（8.59 m，1996 年）仅 0.01 m；江阴 6.52 m（7 月 6 日 4：30），居历史第 8 位；天生港 6.00 m（7 月 6 日 3：55），居历史第 14 位。据统计，南京超 8.50 m 警戒水位以上天数 28 天，镇江超 7.00 m 警戒水位以上天数 46 天，江阴超 5.50 m 警戒水位以上天数 36 天，天生港超 5.20 m 警戒水位以上天数 36 天。

二是区域河湖洪量大，超警历时长。秦淮河流域上游 7 月 2 日句容河最大流量 636 m³/s，下游前埕村（秦）水文站最大洪峰流量 1 200 m³/s，超过历史最大流量 1 100 m³/s（2015 年 6 月 28 日）。最高水位出现在 7 月 5 日，为 12.17 m，超过历史最高水位 12.14 m（2015 年 6 月 27 日）。秦淮河下游东山站水位与上游前埕村水位变化基本一致，从 7 月 1 日 5：00 开始上涨，17：45 水位就达到警戒水位 8.50 m；7 月 2 日 11：45 达 10.74 m，达到 1991 年最高水位；7 月 4 日 8：20 达到历史最高水位 11.17 m（2015 年 6 月 27 日）；7 月 5 日 5：50 达到 11.41 m，超过历史最高水位 0.24 m，超警戒水位 2.91 m。7 月 7 日 3：00 开始秦淮河流域再次遭遇大暴雨，东山站水位 7 日 6：20 达到了 11.44 m，超过历史最高水位 0.27 m，超警戒水位达 2.94 m，随后水位开始回落。在退水阶段，因受新一轮强降雨影响，东山站水位又回涨了 0.32 m，7 月 15 日 7：00 水位 10.10 m，然后缓慢回落，至 8 月 1 日 17：20 水位 8.48 m，降至警戒水位之下，洪水过程整整持续 44 天。水阳江水系亦发生超历史记录的大洪水，固城湖水位最大日涨幅达 1.02 m（7 月 2 日），仅次于 1999 年 1.12 m，7 月 6 日 9：00 水位涨至最高 13.21 m，超历史最高水位 0.14 m。石臼湖蛇山站水位于 6 月 23 日 3：00 超过 10.00 警戒水位，7 月 3 日 12：15 石臼湖蛇山水位超过 12.00 m，7 月 4 日 13：45 石臼湖蛇山水位平历史最高水位 12.68 m，7 月 6 日 11：45 达到 13.02 m，超历史最高水位 0.34 m。

三是局地暴雨频次高，城市内涝渍水严重。7 月受连续强降雨影响，长江下游干流附近城镇出现了不同程度的内涝，渍水严重。南京市区出现"城区看海"，多个小区被淹，最高水深 1 m 以上。

2. 太湖流域

2016 年太湖流域最大 30 天降雨量 430 mm，重现期达到 15 年一遇；太湖水位高达 4.87 m，位列历史第二位，重现期达到 55 年一遇。2016 年太湖流域洪水符合流域特大洪水标准，其特征主要包括：

一是太湖水位超警历时长，逼近历史记录。6月3日，太湖水位3.80 m，超过警戒水位，为1954年以来同期第二高水位。受6月30日至7月2日强降雨过程影响，太湖水位上涨迅猛，最大日涨幅达16cm（7月2日），7月8日太湖水位涨至年最高水位4.87 m，超过保证水位（4.65 m）0.22 m，仅低于1999年历史最高水位（4.97 m）0.10 m，为1954年以来第二高水位。太湖水位自6月3日年内首次超警，至8月4日退至警戒水位以下，超警历时长达60天，为1999年以来超警历时最长的一年。

二是区域河网持续高水位，多站超历史。太湖区域河网水位持续超警戒，江南运河常州至苏州沿线一度全线超保证水位，多站点水位创历史新高。湖西区王母观、坊前、常州（三）3个地区代表站全年超警天数分别为48天、90天和54天，均于7月初出现全年最高水位，其中王母观和坊前分别突破历史记录0.43 m和0.37 m。武澄锡虞区无锡（大）、青阳、陈墅3个地区代表站全年超警天数分别为87天、79天、57天，超保证天数分别为17天、7天、7天，均于7月3日出现全年最高水位（如图9.1.9所示），其中无锡（大）和青阳分别突破历史记录0.10 m和0.01 m。阳澄淀泖区苏州（枫桥）、湘城、陈墓3个地区代表站全年超警天数分别为95天、11天、36天，苏州（枫桥）、湘城站分别超保证23天和1天，陈墓站未超保证，三站均于7月初出现全年最高水位，其中苏州（枫桥）突破历史记录0.20 m。

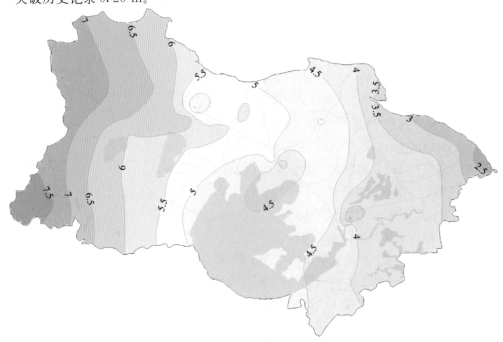

图9.1.9　2016年7月3日太湖流域水势分布图

三是区域持续强降雨，城市内河水位剧增。以宜兴为例，自 6 月 19 日入梅以后，遭遇连续性强降雨袭击，全市平均降雨量达 278 mm，河湖水位进一步上涨。6 月 29 日，杨巷、徐舍、宜城（西氿）、大浦（太湖）、南新（漏湖）水位分别为 5.38 m、5.29 m、4.93 m、4.45 m 和 4.78 m，分别超警 0.78 m、0.89 m、0.73 m、0.65 m 和 0.58 m，其中徐舍、宜城（西氿）和大浦（太湖）水位超 2015 年最高水位，刷新 1999 年以来最高记录。7 月 1 日—7 日，第二轮强降雨来袭，受上游洪水下压及下游太湖高水位顶托，京杭大运河钟楼闸关闭等的影响，宜兴市内河水位不断刷新记录。7 月 5 日宜城水位最高 5.55 m，超警戒 1.35 m，超历史 0.26 m；徐舍、杨巷水位随后也突破历史记录。这是宜兴有水文记录以来的最大洪涝灾害。

9.1.3.2 高水位成因

（1）前期底水丰沛，洪水过程前后叠加。江苏省太湖地区汛前降雨明显偏多，河湖底水偏高；特别是 5 月份入汛以来累计降雨达 194 mm，较常年同期偏多 90% 左右，6 月 3 日太湖平均水位 3.81 m，首次超警。长江来水较历史同期（近 30 年均值）也总体偏多，底水偏高。大通站来水偏多 3～4 成，月均水位创历史同期新高，6 月份较历史同期偏高约 2 m 左右。据各水系分区降雨量统计，因强降雨持续时间长，如秦淮河流域和石臼湖固城湖区 7 日面雨量均超历史，前期洪水还未完全退落，后期洪水紧跟其后，造成前后期洪水叠加现象，助长了洪水位屡登新高并不断刷新记录。

（2）沿江干支流多水系片区洪水同期遭遇。6 月 30 日—7 月 6 日，强雨带维持在江苏省沿江苏南地区。秦淮河、水阳江、滁河等支流均发生较大洪水，同时长江中游、下游干流区间来水快速增加，导致中游洪水与下游洪水严重遭遇；与此同时，太湖水系各片区也因强降雨河湖水位急涨，多站超历史；期间长江下游还经历农历初三大潮过程。本地强降雨、长江洪水及天文大潮在多水系片区同期遭遇，实属罕见。

（3）江湖高水（潮）位顶托严重，洪水渲泄不畅。太湖水系与长江下游主要支流（秦淮河水系、滁河水系、青弋江和水阳江水系）自 6 月起逐步上涨，各支流主要控制站水位相继超警，并在 7 月上旬出现水位水量峰值，其中部分站点发生超保或超历史洪水。因各支流来水量级较大、历时长、洪水发生时间集中同步，在干流来水与支流顶托作用的双重影响下干流沿线各站水位落差较小，水面比降偏小，水位被迫抬升壅高，主干通道洪水渲泄不畅；高（潮）水位形势下区域排洪因此也同时受限，造成江苏省长江全线及沿岸江河湖水力通道集中短时拥堵。

（4）人类活动与城市化影响，洪水集中归槽。随着经济社会快速发展，特别是近 30 年来，流域（区域）下垫面发生较大变化，径流系数和洪水归槽率提高，加之沿江、圩区、城市大包围等区域排涝能力逐年提高，增加了江河额外洪量，洪水快速集中归槽导致干流水位极速壅高。2015 年苏南地区暴雨洪水和 2016 年沿江苏南暴雨洪水,与历史 1991 年和 1999 年洪水相比,暴雨强度并没有明显增大,但洪水位明显提高,因此中等量级降雨与洪水出现持续高洪水位可能成为一种新常态。

9.1.4 防洪治涝工程凸显成效

近年来,江苏省基本形成了流域、区域、城市三个层次有机结合、互相协调的防洪治涝工程格局。针对 2016 年江苏省沿江苏南地区的暴雨洪水,流域骨干工程、区域防洪除涝、城市防洪工程等主要防洪工程发挥重要作用,成功排除流域、区域性洪涝威胁,保障和促进了经济社会快速发展,成效重点体现在骨干工程排涝历时长强度大,湖库调蓄滞洪作用显著,沿江、环湖、沿运工程错峰调度,流域区域统筹兼顾超常应对等。

9.1.4.1 秦淮河流域

经多年治理,按照"上蓄、中滞、下泄"的原则,秦淮河流域已初步形成上游水库塘坝蓄水、中游干支流河堤防洪和赤山湖滞洪,下游泄洪入江,洼地建圩设站抽排的防洪除涝工程体系。应对 2016 年秦淮河流域暴雨洪水,水利工程效益重点体现在以下几个方面:

(1)"中滞"工程错峰滞洪力保下游安全。赤山闸上下游水位从 7 月 1 日 8:00 开始上涨,闸上 19:00 达到警戒水位 11 m。为减轻下游防洪压力,按省防指指令,2 日 14:30 调整下泄流量到 150 m^3/s,4 日 9:00 全关滞洪,茅山、句容水库控制下泄。4 日 9:30,闸上水位 13.65 m,省防指下达指令启用赤山湖蓄滞洪区分洪,上游水库关闸滞洪、周围农排泵站停止抽排。5 日 8:00,闸上水位 13.7 m,白水荡滞洪,8:30,启用郭庄镇西万亩圩滞洪。5 日 12:30,依指令开赤山闸控制 50 m^3/s 下泄。秦淮河上游水库调蓄加上赤山湖滞洪水量共计约 1 亿 m^3,若同步下泄,最高水位将抬高 0.30 m 左右,此举有效减轻下游及城市防洪压力,如图 9.1.10。

(2)沿江闸站全力北排入江。充分利用沿江闸站全力,超常规应用秦淮新河船闸排水。2016 年汛期,秦淮新河闸、武定门闸实测最大流量分别为 916 m^3/s、504 m^3/s,超设计流量,两闸累计排水量 19.21 亿 m^3。

9.1.4.2 太湖流域

太湖流域防洪骨干工程框架主体为洪水北排长江、东出黄浦江、南排杭州湾,充分利用太湖调蓄,形成蓄泄兼筹、以泄为主的格局。总体上能防御 1954 年型的 50 年一遇洪水,太湖最高水位将不超过 4.66 m。应对 2016 年太湖流域暴雨洪水,水利工程效益重点体现在以下几个方面:

(1)提前预降,全力排江。主要体现在①暴雨前,提前预排作用明显:入梅前,6 月 14 日提前启用武澄锡虞区白屈港、新夏港泵站排水,6 月 22 日起澡港、

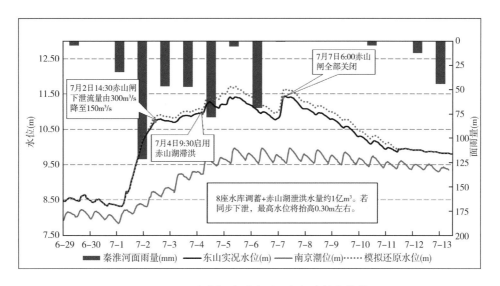

图 9.1.10　秦淮河流域水利工程调度综合效益

魏村枢纽泵站也都提前开泵排水，预降区域河网水位。两大出湖口门太浦闸、望亭立交全力排水，日均出湖流量维持在 600 m³/s 以上，常熟枢纽累计排水 15.3 亿 m³，望亭立交累计出湖 8.9 亿 m³，太浦闸累计下泄 21.9 亿 m³。②入梅暴雨期间，多模式全力排水：沿江所有闸站口门全力开启，同时增开泵站，相机切换自排和抽排双模式并行排水，自排占总排水量的 70% 左右。③水利工程超标准，超常规运行：启用新建水利工程及相关船闸投入运行，增加排水规模。包括部署在建工程新沟河闸施工围堰拆坝，投入排涝运行；对刚建成的苏州七浦塘工程，在保证安全前提下开机排涝；调度新建成的走马塘张家港枢纽与江边枢纽首次联合运行排水；超常规运用船闸泄洪，调度望虞河江边船闸暂停通航，投入排水运行等。据统计，汛期太湖地区沿江主要闸站排入长江流量最高达 2 400 m³/s 左右，累计排水量 58.41 亿 m³。太浦闸、望亭水利枢纽在确保工程安全的前提下持续突破设计流量泄洪，最大日均下泄流量分别达到 898 m³/s、452 m³/s（7 月11 日），均创历史新高。

（2）错峰错时，统筹兼顾。主要体现在①流域与区域防洪的统筹兼顾：充分利用太湖调蓄库容。太湖作为太湖流域最重要的调蓄洪水湖泊，保证水位 4.66 m，环湖堤防防洪标准高，调蓄洪水能力大，每厘米水深对应的水量为 2 300 m³/s 左右，相当于日流量 270 m³/s 的水量。针对苏南运河无锡、苏州等段水位高、防汛压力大，而太湖水位相对较低的情况，省防指于 6 月 22 日、28 日，7 月 2 日三次启用蠡河枢纽排放苏南运河洪水，排泄太湖洪水的望亭立交相应减少流量乃至关闸，常熟枢纽全力排放苏南运河及望虞河以西涝水，对控制苏南运河水位上涨发挥了有效的作用。第一次从启用到关闭，大运河无锡站水位从 4.52 m 降低到 4.34 m，第二次从 4.94 m 降低到 4.45 m，第三次从 5.1 m 降低到 4.77 m。

蠡河枢纽的三次启用，有效避免了运河水位的短时速涨，让洪水就近入江，实现了流域与区域防洪的统筹兼顾。②区域与城市防洪的统筹兼顾：防指根据汛情发展态势，及时启用钟楼闸关闭挡洪，7月2日11点起关闭钟楼闸，闸下水位从关闸前的5.42 m，2 h内降低到5.19 m，减少湖西高水向东的流量，有效减轻下游常州城区、无锡段、苏州段防洪压力，适时启用丹金枢纽。针对金坛水位高、丹阳段防汛压力相对较轻的实际，为尽量减少丹金溧漕河进入金坛的水量，省防指紧急会商后调度丹金闸枢纽在7月2日23点关闭，减缓了金坛水位上涨速度，有效减轻当地防汛压力。

（3）城市限排，超常应对。主要体现在①限制城市排涝，减缓骨干河道行洪压力：近年来，沿江苏南苏、锡、常3市主城区防洪排涝标准不断提升，各市城区泵站直接向运河排水的抽排能力在200 m³/s左右，加上沿线圩区直接向运河排水的400 m³/s的抽排能力，合计抽排能力高达1 000 m³/s。一旦同时大流量外排，会直接导致运河水位集中上涨。针对2015年汛期暴露出的这一薄弱环节，2016年江苏省防指在调度过程中统筹考虑城市排涝和运河洪水出路的双重关系，要求苏南运河沿线城市防洪大包围严格按照《苏南运河区域洪涝联合调度方案（试行）》执行，在保证防汛安全的前提下，限制外排。关键时候，苏、锡、常城市外排流量压减到20 m³/s上下，有效控制了苏南运河河道水位短时急剧上涨。②贯彻落实超标准洪水应对方案：根据国家防总、太湖防总统一部署，在太湖逼近最高水位的紧急情况下，自7月8日实施调度，直至7月18日太湖水位退至保证水位以下，其间，江苏开启东太湖瓜泾口水利枢纽累计排泄太湖洪水1.0亿 m³，相当于降低太湖水位0.04 m。江苏开启望虞河西岸福山船闸及东岸谢桥以下口门参与分洪，浙江、上海开启太浦河两岸口门参与分洪，上海淀浦河西闸、蕴藻浜西闸开闸分洪，黄浦江两岸水闸开闸纳潮，为望虞河、太浦河加大下泄流量创造了有利条件，有效遏制了太湖及河网水位的进一步上涨，加速太湖水位回落至保证水位以下。

9.1.5 预报预警强力支撑防汛

扎实做好水文监测、预报预警工作，是为江苏省各级政府防汛指挥机构的正确决策、合理调度和抗洪抢险工作提供科学依据，具有巨大的社会和经济效益。

首先，落实预报和预测任务，为预案制定和预警发布做好技术支撑，为精准调度谱写战斗序曲。2016年为了做好暴雨期间的水文预报工作，江苏省开展了太湖、苏南运河、沿江潮位等重要江河水文预报工作。太湖水位通过中国洪水预报系统利用经验公式法和太湖水动力模型两种方式进行预报，苏南运河根据水动力模型初步预报，镇江潮位采用多元回归模型，江阴潮位根据预报方案中的经验公式来预报，对各种方案的预报成果进行会商，结合人工经验分析研判，形成最终预报成果并编制水文预报专报共计25期送达防汛决策部门。**太湖水位**：太湖水位预报共 112 天（6 月 3 日—9 月 22 日），预报未来三天 8 时水位，经统计误差 0.05 m 范围内达 96％，0.02 m 范围内 71％；运河水位预报精度相对低，有待进一步提高。**长江潮位**：南京站自 6 月下旬至 9 月底共预报近 200 个潮次，预报合格率 94.0％，达到甲等预报精度，其中潮位预报误差小于 0.10 m 的占 57.8％，误差小于 0.05 m 的占 35.7％。7 月 5 日预报最高潮位为 10.00 m，与实际最高潮位 9.96 m 仅相差 0.04 m。镇江站自 5 月 1 日起，在原先的 3 天一次预报的基础上，实行超警期间每日预报，至 10 月 1 日，共预报 300 多个潮次，经统计高低潮位预报合格率为 96.5％，达到甲等预报精度，其中潮位预报误差小于 0.10 m 的达 71.0％，误差小于 0.05 m 的达 45.1％。"7·1"暴雨期间，历史第二高潮位 8.58 m（6 日 8：00）的预报值为 8.65 m，误差仅为 0.07 m。江阴站自 6 月 12 日至 9 月 30 日共进行了 216 次高潮预报，平均相对误差 3.5％，最大 20.5％。误差小于 3％为 113 次，占比 52.3％；误差小于 5％为 166 次，占比 76.9％；误差小于 10％的为 206 次，占比 94.0％。2016 年最高潮位 6.52 m（7 月 6 日 4：30）的预报值 6.54 m，误差仅为 0.02 m。**秦淮河、滁河、固城湖、石臼湖、水阳江水位**：从 7 月 2 日至 7 月 10 日每天对最高水位进行滚动预报。其中秦淮河东山站 7 月 4 日预报水位 11.40 m，与实测最高水位 11.44 m 仅相差 0.04 m；滁河晓桥站 7 月 5 日预报水位 11.70 m，与实测最高水位 11.53 m 相差 0.17 m；固城湖高淳站 7 月 5 日预报水位 13.20 m，与实测最高水位 13.21 m 仅相差 0.01 m；石臼湖蛇山站 7 月 5 日预报水位 13.00 m，与实测最高水位 13.02 m 仅相差 0.02 m；水阳江水碧桥站 7 月 5 日预报水位 13.65 m，与实测最高水位 13.59 m 仅相差 0.06 m。

其次，"与时俱进、与洪同行"，及时发布预警信息，启动应急响应，提醒社会各方超前做好各类防范工作。根据《江苏省水情预警发布管理办法（试行）》，2016 年江苏省太湖地区共发布洪水预警信息 22 期。6 月 3 日太湖水位首次超警，江苏省发布洪水蓝色预警信息；入梅后受连续强降雨影响，苏南运河常州至苏州段陆续超警且维持上涨趋势，常州、无锡、苏州及江苏省水文水资源勘测局根据水位及后续降雨预报情况发布了洪水蓝色及黄色预警信息；7 月 2 日 8 时，太湖水位涨至 4.45 m，超警戒水位 0.65 m，预报 3 日 8 时水位超 4.50 m；苏南运河苏州站水位 4.68 m、无锡站 5.07 m、常州站 5.53 m，分别超警戒水位 0.88 m、1.17 m、1.23 m，其中苏州站超历史最高水位 0.08 m；望虞河琳桥水位 4.45 m，超警戒水位 0.65 m，省防汛防旱指挥部发布了洪水橙色预警信息；7 月 3 日，太湖水位达到 4.65 m，发生超标准洪水，仍维持橙色预警；受 9 月份出现的 14 号 "莫兰蒂" 台风和 17 号 "鲇鱼" 台风外围影响，9 月中旬、月末苏南地区均出现大暴雨天气，主要河湖水位出现明显的上涨过程，常州分局分别发布洪水蓝色、黄色预警。与此同时，6 月 28 日至 7 月 3 日固城湖、石臼湖相继出现超 10.00 m 警戒水位、超 11.50 m 洪水并持续快速上涨，7 月 1 日秦淮河出现超 8.50 m 警戒水位，超 9.50 m 洪水，南京分局经市防汛防旱指挥部授权先后发布 4 次洪水蓝色、黄色预警。预警信息通过省水文局外网、水利厅内网和部水文局预警信息汇集系统发布。

其三，适时启动应急监测，全方位掌握汛情，在防洪抗旱决策中发挥关键作用。①太湖地区应急监测：2016 年 6 月下旬，太湖地区河湖水位偏高，部分站点超警戒水位，省级水文部门组织部署了苏南运河沿线及太湖地区沿江沿湖等站点断面的水情应急监测工作。此次应急监测共布设 62 个站点，基本涵盖了镇江、常州、无锡、苏州四个市；采用巡测方式，测验方法为 ADCP 走航式或船测流速仪法；监测频次为每天常规 2 次，具体视断面、水情趋势而定；监测时间为 6 月 28 日至 7 月 8 日。②长江支流水系应急监测：2016 年 7 月上旬南京境内长江、秦淮河、滁河、石臼湖、固城湖全线超警，秦淮河、石臼湖、固城湖更是出现超历史洪水，南京分局对 12 个断面进行应急监测，从 7 月 2 日—10 日共监测 60 余次，均采用走航式 ADCP 进行流量应急测验。③长江干流世业洲水文测验：世业洲左汊左侧江岸稳定与否关系到沿江开发和润扬大桥的安全，同时建立大通流量与世业洲洲头断面流量及左右汊分流比之间的关系有利于我们更好地掌握过境水量情况。2016 年扬州分局在长江镇扬河段世业洲左右汊开展水文测验，了解该水域附近流态，掌握世业洲左右汊分流比，以预测该段长江的河势变化。本次水文测验分别在 7 月 8 日、8 月 5 日、8 月 22 日进行，获得一系列数据成果，包括潮位观测资料、流速流向测验资料和 ADCP 巡测断面与流量资料，并对资料成果进行了对比分析。

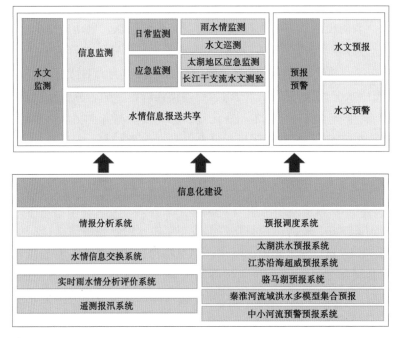

图 9.1.11　江苏水情监测预报预警工作示意图

9.2 2020 年暴雨洪水——全域洪水与调度决策

2020 年，长江、太湖、淮河、沂沭河大洪水接踵而至，长江南京高潮位突破历史极值、最高达 10.39 m，太湖水位超保证水位、列历史第 3，淮河发生较大流域性洪水、淮干苏皖交界段水位超历史，沂河发生 1960 年以来最大洪水，沭河、新沭河发生超历史洪水，汛情程度之重、频次之高历史罕见。本小节记录该年份超强暴雨洪水发生的过程及特征，并对我省超强防御应对措施进行总结、回顾。

9.2.1 遭遇超强超长梅雨季

2020 年汛期（5—9 月），全省面雨量 914 mm，较常年同期偏多近 3.5 成，列历史同期第 4 位。站点累计降雨量最大为无锡深溪岕站 1386.2 mm，其次无锡杨省庄站 1384.4 mm、大涧站 1347.6 mm。

2020 年我省梅雨期为 6 月 9—7 月 29 日，入梅偏早（平均入梅日为 6 月 18—20 日）；出梅偏晚（平均出梅日为 7 月 10 日前后），梅期历时 51 天，较常年偏长（平均为 23 ～ 24 天），为有 1954 年有气象记录以来最长。梅雨量 590.5 mm，为常年梅雨量平均（212.6 mm）的 2.8 倍，梅雨量为 1954 年有资料以来最大。

梅雨期间强降雨过程频繁，雨量显著偏多。全省梅雨期累计雨量 590.5 mm，是常年平均梅雨量的 2.7 倍，梅雨量排第 1，超历史最大梅雨量（1991 年 588.6 mm）1.9 mm。其中，淮北地区同期 583.6 mm，梅雨量列 1954 年有资料以来淮北地区第 1；江淮之间 538.3 mm，沿江苏南 635.9 mm，梅雨量均列历史第 2。累计最大点雨量为无锡杨省庄站 1 079.2 mm。

本次梅雨期间共经历了 10 次强降雨过程，由于强雨带南北摆动，覆盖范围广，区域性暴雨过程多。据气象部门统计，全省 98.6％的县（市）出现暴雨，全省平均暴雨日数 3.3 天；34 个县（市）出现大暴雨。特别是 6 月 12—13 日、6 月 14—15 日、6 月 16—18 日、6 月 27—29 日四次过程均为影响全省的暴雨大暴雨过程。

9.2.2 全域超标洪水接踵而至

受上游大流量来水、本地强降雨共同影响，长江发生超历史大洪水，太湖发生流域性超标大洪水，淮河发生流域性较大洪水，沂河发生 1960 年以来最大洪水。

1. 长江发生超历史大洪水

长江来水居历史前列，大通站水位超警时间长。2020 年，长江大通站径流量 11 080 亿 m³，较常年偏多 2.5 成。其中，汛期（5—9 月）径流量 6 470 亿 m³，较常年同期偏多 2 成；主汛期（6—8 月）径流量 4 520 亿 m³，列历史同期第 4 位（前 3 位依次为 1954 年 5 842 亿 m³、1998 年 5 260 亿 m³、1999 年 4 677 亿 m³）。汛期长江上游发生 5 次编号洪水，演进过程中叠加中下游干支流洪水，造成大通站水位流量呈现快速上涨、高位波动、消退缓慢的特点。大通站水位连续超警 36 天（7 月 6—8 月 10 日），洪峰水位 16.24 m，超警 1.84 m（警戒水位 14.40 m），列历史第 3 位（前 2 位依次为 1954 年 16.64 m、1998 年 16.32 m）；大通站洪峰流量 84 600 m³/s（7 月 13 日），列历史第 2 位，仅次于 1954 年 92 600 m³/s。

沿江潮位全线超警，宁镇扬段超历史。受上游来水和下游潮汐顶托影响，我省长江干流潮位全线超警，最大超警幅度 0.41～1.82 m，其中宁镇扬段超历史。南京站全年超警 45 天，其中高潮位连续超警 40 天（7 月 6—8 月 14 日），期间超历史 6 天（7 月 18—23 日）；最高潮位 10.39 m（7 月 21 日），超历史 0.17 m（历史最高潮位 1954 年 10.22 m）。镇江站全年超警 69 天，其中高潮位连续超警 57 天（7 月 3—8 月 28 日），期间超保 6 天（7 月 19—24 日），超历史 4 天（7 月 21—24 日）；最高潮位 8.82 m（7 月 21 日），超历史 0.08 m（历史最高潮位 1996 年 8.74 m）。扬州泗源沟闸站全年连续超警 35 天（7 月 7—8 月 10 日），期间超历史 8 天（7 月 18—25 日）；最高潮位 7.58 m（7 月 21 日），超历史 0.32 m（历史最高潮位 1996 年 7.26 m）。

通江河湖均发生超警以上洪水，石臼湖连续超保天数超历史。秦淮河东山站最高水位 11.04 m（7 月 18 日），超警（警戒水位 8.80 m）2.24 m，列历史第 3 位（前 2 位依次为 2016 年 11.44 m、2015 年 11.17 m）。滁河晓桥站最高水位 12.00 m（7 月 20 日），超警（警戒水位 9.50 m）2.50 m，列历史第 6 位（历史最高 1991 年 12.63 m）。固城湖高淳站最高水位 12.31 m（7 月 22 日），超警（警戒水位 10.40 m）1.91 m，列历史第 6 位（历史最高水位 2016 年 13.21 m）。石臼湖发生超保洪水，蛇山闸站最高水位 12.91 m（7 月 18 日），超警（警戒水位 10.40 m）2.51 m，超保（保证水位 12.50 m）0.41 m，仅次于 2016 年 13.02 m；7 月 14—25 日连续超保 12 天，超历史（历史最高为 2016 年 8 天）。

2. 太湖发生流域性超标大洪水

太湖最高水位居历史前列，环湖出入湖水量大。6 月 9 日入梅之后，受密集的场次强降雨过程影响，太湖水位快速上涨，6 月 28 日 8 时达警戒水位 3.80 m，太湖 1 号洪水形成；7 月 17 日达到保证水位 4.65 m，发生超标准洪水；7 月 21 日达到年最高水位 4.79 m，超警 0.99 m，超保 0.14 m，与 1991 年并列历史第 3 位（第 1 名 4.97 m，1999 年；第 2 名 4.87 m，2016 年）。持续超警 48 天，列历史第 2 位（2013 年以来）；超保 10 天，列历史第 4 位。全年环太湖总入湖水量 137.0 亿 m³，较常年偏多 5.5 成，列历史第 2 位（1986 年以来，下同），其中汛期占比 54%；总出湖水量 127.1 亿 m³，较常年偏多 3.8 成，列历史第 3 位，其中汛期占比 54%。

区域河网水位超警超保范围广，逼近历史最高。汛期受太湖高水位和本地强降雨影响，河网水位大范围超警超保，区域 21 条河流 35 个站点水位超警戒，占有警戒水位站点数的 94.6%，超警幅度在 0.47～1.12 m；25 个站点水位超保证，占有保证水位站点数的 73.5%，超保幅度在 0.06～0.60 m。区域最高水位均逼近历史最高，其中阳澄淀泖区苏南运河苏州（枫桥）站最高水位 4.70 m，仅比历史最高低 0.12 m，列历史第 2 位（1976 年以来）。

3. 淮河发生流域性较大洪水

江苏段洪峰流量大且持续时间长，小柳巷河段水位超历史。7 月 17—19 日，淮河干流发生"淮河 2020 年第 1 号洪水"。受干流大洪水影响，江苏段大流量行洪，干流吴家渡站洪峰流量 8370 m³/s，为 2003 年以来最大；小柳巷站洪峰流量 7 970 m³/s，列 1981 年以来有实测历史记录系列的第 3 位；盱眙站流量 7 月 22 日超过 7 000 m³ 每秒，25 日涨至峰值 8 390 m³/s。大洪量持续时间长，小柳巷站连续 13 天流量超 7 000 m³/s，连续 29 天流量超 5 000 m³/s；盱眙站连续 14 天流量超 7 000 m³/s，连续 4 天流量超 8 000 m³/s。受上游洪水影响，淮河中下游段小柳巷河段水位创历史新高，浮山代表站水位自 7 月 17 日起不断上涨，21 日超警（警戒水位 17.30 m），25 日涨至最高水位 18.35 m，超历史最高水位 18.32 m 0.03 m，至 8 月 7 日连续超警 18 天。

淮干来水偏多，入江水道持续行洪。淮干及区间主要支流全年入洪泽湖总水量 450 亿 m³，为 2019 年（95.0 亿 m³）的 4.7 倍，比常年（361 亿 m³）偏多 24.6%。其中干流吴家渡年径流量 378 亿 m³，占全年总入湖量的 84%，汛期来水 326 亿 m³，占干流全年来水的 86%。三河闸等主要控制站 2020 年出湖总水量 458 亿 m³，比 2019 年（101 亿 m³）偏多 3.5 倍，较常年（314 亿 m³）偏多 45.9%。其中淮河入江水道下泄水量为 311 亿 m³，通过二河闸、高良涧闸和高良涧电站合计、金锁镇、泗洪等泵站抽水出湖水量分别为 79.5 亿 m³、54.7 亿 m³、7.32 亿 m³。主汛期淮河入江水道是主要泄洪通道，6—9 月三河闸共下泄水量 309 亿 m³，占总出湖水量的 81%。

4. 沂沭河发生大洪水

沂河发生 1960 年以来最大洪水，沭河发生超历史洪水。受上游特大暴雨影响，沂河发生 2020 年 1 号洪水、沭河发生 2020 年 2 号洪水，沂河临沂站洪峰流量 10 900 m³/s，列 1960 年以来最大；沭河重沟站洪峰流量 5 940 m³/s，为 2011 年建站以来最大值。我省沂河港上站 8 月 15 日出现最大洪峰流量 7 400 m³/s，列我省沂河段 1960 年以来最大值（历史最大华沂站 7 800 m³/s，1960 年 8 月 17 日）；港上站洪水过程历时约 4 天，其中 6 000 m³/s 以上流量持续 17 小时；14 日 22 时水位开始超警戒，连续超警 20 小时。沭河新安站 8 月 15 日出现洪峰流量 2 090 m³/s，为 1974 年以来最大值（历史最大 3 320 m³/s，1974 年 8 月 15

日）；新安站洪水过程历时约 2 天，其中 1 000 m³/s 以上流量持续 24 小时；8 月 15 日 8 时水位开始超警戒，连续超警 13 小时。

新沭河沿线水位超历史，石梁河水库超历史泄洪。新沭河大兴镇 8 月 15 日出现超历史最大流量 6 080 m³/s，为 1951 年有实测资料以来最大值（历史最大 3 870 m³/s，1974 年 8 月 14 日）。石梁河水库提前预泄，腾空库容，最大下泄流量出现在 8 月 14 日，达 4 830 m³/s，超历史最大泄量 3 510 m³/s（1974 年 8 月 15 日）。新沭河中下段太平庄闸（上游）最高水位 7.24 m，超过警戒水位 1.74 m，超出历史最高水位 0.74 m（1977 年建闸，最高水位出现于 2019 年，6.50 m）；三洋港挡潮闸（上游）最高水位 4.18 m；太平庄闸、三洋港闸最高水位均超过 50 年一遇设计标准。

骆马湖错峰调度，新沂河长时间大流量行洪。骆马湖提前预泄预降，嶂山闸 8 月 14 日 8 时 30 分加大下泄流量后，15 时达最大泄流量 5 520 m³/s；随后错峰调度，充分利用骆马湖调蓄削峰作用，保障新沂河行洪安全。新沂河沭阳站水位由 14 日 11 时 7.84 m 快速上涨，21 时涨至警戒 9.50 m，16 日 2 时涨至最高 10.39 m、超警 0.89 m，17 日 21 时回落至警戒以下，累计超警 43 小时。沭阳站洪水过程 4 天，其中 4 000 m³/s 以上流量持续 38 h，实测最大流量 4 860 m³/s（15 日 6 时），排历史第 5 位。

5. 里下河等区域发生超警洪水

区域河网水位多次超警。6 月上旬，里下河北片河网水位大幅下降，阜宁站水位低至 0.17 m（6 月 12 日），出现较重枯水。受梅雨期强降雨及 8 月上旬"黑格比"台风暴雨影响，区域河网水位"四涨四落"，多次发生超警。6 月底至 7 月初，第二次涨落期间，各代表站出现年最高水位：兴化 2.20 m（6 月 30 日），超警 0.20 m；盐城 2.04 m（6 月 29 日），超警 0.34 m；建湖 2.03 m（7 月 3 日），超警 0.43 m；阜宁 1.95 m（7 月 3 日），超警 0.65 m。

引江排海水量较常年明显偏多。"江水东引"全年合计向里下河地区供水 89.76 亿 m³，其中：江都枢纽自流引江 271 天，最大日均引水流量 375 m³/s（4 月 10 日），累计送水 38.95 亿 m³，较常年偏多 82%，列 1962 年以来第 4 位（前 3 位依次为 2019 年 56.53 亿 m³、1981 年 46.42 亿 m³、1982 年 44.70 亿 m³）；高港枢纽自流引江 570 潮次，最大日均引水流量 519 m³/s（6 月 9 日），累计送水 50.81 亿 m³，超 2019 年（50.38 亿 m³），为 2002 年以来最多。沿海"五大港"（射阳河、黄沙港、新洋港、斗龙港、川东港）全年合计排水 136.5 亿 m³，较常年偏多 36%。

9.2.3 科学调度取得抗旱抗洪全面胜利

面对严重的水旱灾害，我省认真贯彻落实党中央、国务院和国家防总部署要求，紧紧围绕确保人民群众生命安全这个根本，超前谋划、快速反应，周密部署、科学应对，全力做好防汛抗旱各项工作。

1. 有序开展防汛抗旱准备

汛前，省委常委会议、省政府常务会议专题研究部署，省委书记娄勤俭、省长吴政隆多次深入一线检查指导，省防指 4 月 16 日召开全省防汛抗旱工作会议，对面上防汛抗旱工作进行部署。一是压实防汛责任。根据省情实际，及时调整省防指组成人员，完善防汛抗旱协调机制。省政府与各设区市政府签订防汛抗旱工作责任状，并将责任人名单在《新华日报》等媒体公布，接受社会监督。二是排查消除险患。年初即部署开展汛前检查，在各地自查基础上，省防指对 13 个设区市防汛备汛情况进行视频调度，并开展区域联防备汛督察。省应急管理厅组织 4 个专项检查组，督促各地在汛前完成风险隐患和薄弱环节的整改落实。三是加快在建工程复工。坚持疫情防控和工程复工两手抓，出台"水利工程建设企业防疫费用纳入工程建设成本"等政策，加快推动在建水利工程复工。汛前，26 项一般水毁和 31 项重点水毁项目汛前全部完成。四是提升应急能力。汛前，各级水利部门共组建抗洪抢险及巡查队伍 5 424 支、24.8 万人。消防部门分级组建 14 支抗洪抢险专业队，其中省级专业队 1 支、支队级专业队 13 支。应急部门与中国安能常州分公司和省水建公司合作分别挂牌成立"江苏省应急抢险队"和"江苏省防汛应急抢险队"，与省地质矿产勘查局组建 400 人规模的工程抢险队伍，对接中国电建、中国能建等 6 家央企驻苏施工项目部，落实抗洪抢险人员 2 000 余人、抢险装备 200 台套，与东部战区、省武警总队和省军区建立了应急联络机制。加强队伍培训和演练，省防指举办了 2020 年江苏省防汛应急抢险救援实战演练，水利部门共开展防汛抗旱业务培训 200 多次、培训近 1.4 万人，演练 100 余次、参演人员 1 万余人。及时更新补充防汛物资，全省水利系统共储备防汛物资 6 亿元；省应急管理厅增储防汛物资 1 000 万元，同时委托 8 家社会企业储备防汛物资 500 万元。五是夯实工作基础。修订完善省级防汛抗旱应急预案、防御台风应急预案等预案方案，编制超标洪水防御预案 178 个。完善防汛抗旱会商系统，提高决策指挥保障能力。

2. 有效抗御全省入梅前干旱

针对全省入梅前干旱形势一度重于 2019 年同期的严峻形势，我省在系统总结 2019 年"三抗"工作成效的基础上，多措并举、综合施策，有效抗御严重气象水文干旱。一是提前蓄水保水。2019 年汛后，一直启用江水北调和沿江闸站引调水，满足用水需求。2 月 18 日起，逐渐加大江水北调调水力度，4 月 20 日起，开始向骆马湖补水；同时，利用洪泽湖、骆马湖共拦蓄 20 多亿 m³ 洪水资源。二是统筹调水补水。优化配置长江调水水源、节约利用"三湖一库"蓄水水源、合理拦蓄雨洪资源，实现多水源的统一调度。江水北调各大泵站累计抽水 95.0 亿 m³，江水东引累计引水 55.8 亿 m³，引江济太常熟枢纽累计引水 5.68 亿 m³，沿江闸站累计引水 23.8 亿 m³。在保障水稻栽插大用水的基础上，兼顾了重点工业、大运河航运和生态用水需求。三是严格管水用水。以 5 天为一个时段，滚动加密制订用水计划，从严从细安排各地用水量。抗旱期间，没有出现"让老百姓等水栽插、无水栽插"的现象，没有出现大运河航运严重拥堵的现象，保障了城乡居民生活、农业夏栽、重点工业企业、航运等用水需求。

3. 有力应对超历史大洪水

针对 2020 年超长超多梅雨、超历史超标准洪水，各级党政负责人靠前指挥、各级各部门强化应急联动、各级防汛责任人积极履职尽责，防汛抗洪工作有力有序有效。一是强化组织指挥。省委常委会、省政府常务会议多次专题研究防汛工作，及时作出部署安排，全力组织洪水防御。省委书记娄勤俭多次作出指示，提出"三个防止"工作要求，并在防汛抗洪关键时刻深入长江防汛一线检查指导。省长吴政隆实地检查长江防汛、秦淮河排涝、淮河防汛救灾，并在省防指视频指挥调度全省防汛工作，要求坚定落实"排备守避"方针。省防指每日定期会商研判，科学指挥调度，部署落实防御措施，并派出 31 个督导工作组、17 个专家组赴全省各地现场检查指导。各地各级防汛责任人全部上岗到位、履职尽责，防汛抗洪救灾工作组织有力有序。二是强化监测预警。各级防指强化值班值守，指挥、常务副指挥、副指挥轮流带班，相关成员单位进驻防办集中办公，水利、应急、住建、交通、自然资源、气象、水文等部门健全联合会商研判机制，密切跟踪天气、雨水情、台风和汛情变化，及时滚动作出预报，及时发布预警信息，及时启动应急响应。我省省级共发布洪水预警 75 条，省和设区市防指共启动防汛应急响应 94 次。三是强化精准调度。充分发挥我省水利工程体系完备、可控可调的功能优势，科学精准调度洪水，最大限度减轻可能发生的洪涝灾害。针对太湖超标洪水，注重统筹流域和区域，实施错峰调度、挖潜调度，千方百计加快太湖洪水外排力度。针对淮河来势迅猛洪水，提前降低洪泽湖水位，腾出近 8 亿 m^3 调蓄库容；洪水入境后用足苏北灌溉总渠、分淮入沂等行洪通道分洪淮河洪水，避免了鲍集圩行洪区行洪。针对沂沭河大洪水，商请沂沭泗局将洪水尽量东调，减少南下骆马湖和新沂河流量，东调水量占比达 41% 左右。2020 年汛期，太湖两大出湖口门累计排水 35 亿 m^3，洪泽湖累计泄洪 377 亿 m^3，新沂河、新沭河累计行洪 89 亿 m^3，里下河地区累计排水 63 亿 m^3，保住了鲍集圩行洪区、里下河滞涝圩、淮河入海水道和淮沭河滩地 68.6 万亩耕地不受淹不受涝，为保障全省粮食安全奠定了良好的基础。四是强化及早处险。省防指先后 5 次发出通知，要求各地强化巡堤查险，始终保持高度警惕；紧急印发《江苏省堤防巡堤查险抢险手册》；派出专家组、智囊团，驻守抗洪前线，指导地方做好抢护方案；根据汛情发展变化，始终将保障人民生命安全放在首位，紧急部署长江江心洲岛、鲍集圩行洪区等危险地带人员的转移撤离。防汛期间，全省累计投入巡查 261.38 万人次，前置和投入块石 24.84 万 t、土工布 78.22 万 m^2、防汛三袋 670.08 万只、抢险设备 3 688 台套等物资；应急部门及时下达救灾资金 1 216 万元，调拨棉衣、棉被、折叠床等救灾物资 3.3 万件。

9.3 干旱预报预警

干旱是一种分布最为广泛、发生最为频繁、损失最为严重的自然灾害。世界范围内，每年有 120 多个国家和地区不同程度遭受干旱灾害的威胁。据统计，在各类自然灾害造成的总损失中，气象灾害损失约占 85％，而由干旱导致的损失又占气象灾害损失的 50％ 左右。相关数据显示，在全球气候变暖背景下，干旱有范围不断扩大，频次越来越高，旱情进一步加重，并逐渐向湿润区蔓延的趋势。

江苏省地处江淮地区，降水季节分配不均，区域差异明显，是我国典型的旱涝灾害频发区，近年来连续发生大范围、高影响的干旱事件，如 2005 年苏南地区出现严重旱情，直接经济损失 8.7 亿元；2010 年秋季淮北地区发生历史罕见的持续性干旱；2011 年更是遭遇特大干旱，南京市石臼湖几近干涸；2016 年洪泽湖水域持续干旱，给湖区水上交通带来较大不便，常州市也发生持续高温干旱天气，严重制约了当地农业的健康发展。旱灾的频频发生，不仅给江苏地区的农业和人民的日常生活带来巨大压力，而且严重影响了工业生产的正常进行。

旱灾已成为制约江苏省经济和社会发展的一个重要因素，开展干旱特征分析和监测预测研究刻不容缓。2015 年和 2017 年，江苏省水利厅先后两次立项，针对干旱问题开展专门研究，为防旱抗旱精准调度进行科技支撑。

9.3.1 江苏省干旱时空格局及其前兆异常信号研究（2015 年）

项目以江苏省气象干旱为主要研究对象，围绕干旱的时空分布特征、大气环流背景和中长期预测问题开展相关研究工作。目前，项目已取得了一系列研究成果。

（1）江苏省干旱时空格局。通过对气象干旱指数场的客观分型和统计聚类检验，揭示了江苏省干旱空间分布上的规律性（如图 9.3.1 所示）。研究发现，江苏省干旱有"全省一致型""南北反向型"和"南北波列型"3 个主要模态，全省可划分为 4 个干旱区（如图 9.3.2 所示）。在时间演变上，江苏省显著干旱或湿润化主要发生在季节上，年度或半年度（多雨期、少雨期）干湿变化趋势不显著；20 世纪 90 年代末，春季历经由湿转干的突变；夏季无显著干湿转变；20 世纪 80 年中后期至 90 年代前期，秋季存在由湿转干的突变；20 世纪 80 年代中期，冬季出现由干转湿的突变。

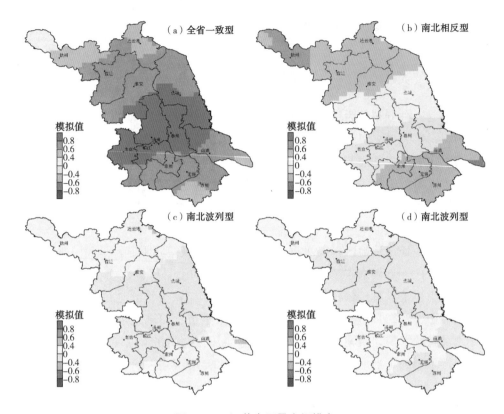

图 9.3.1 江苏省干旱空间模态

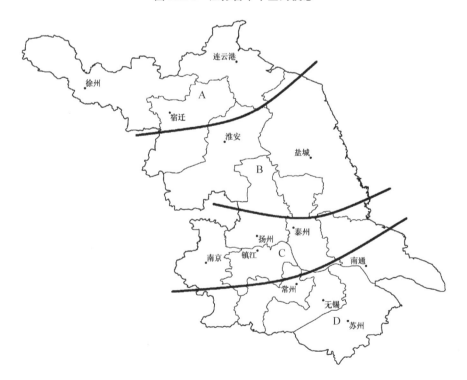

图 9.3.2 江苏省干旱分区

（2）江苏省典型干旱大气环流背景。干旱的发生发展有其稳定、持续的大气环流背景，且对流层内各层次的天气系统可能表现出相应的异常特征。采用信号场分析方法，研究了江苏省典型干旱不同阶段次天气系统异常特征，增进了对江苏省干旱过程大气物理异常机制的认识（如图9.3.3所示）。江苏省极旱、重旱场次干旱大气环流异常特征可概化为：江苏省地区处于200 hPa纬向西风急流的入口处；500 hPa高度场上，东亚大槽加深，巴尔喀什湖和鄂霍次克海上空高压脊有所加强；江苏省以东洋面出现850 hPa经向水汽输送减弱；江苏省上空在对流层的200～700 hPa之间出现垂直下沉的异常信号，中心位置在500 hPa附近。

（3）基于气候指数的江苏省干旱预测模型。通过构建前期气候异常指数与干旱指数的统计关系，实现了对未来干旱预测。预测模型能够较为准确地预测出干旱发生，对干旱整体变化趋势也具有一定的预测能力。一定滞时的西太平洋遥相关指数、亚洲区极涡强度指数和西太平洋暖池强度、面积指数，对江苏省干旱潜在影响较大。

9.3.2 江苏省旱情监测预测系统研究（2017年）

项目以江苏省农业干旱为主要研究对象，旨在建立能综合利用遥感、水文、气象、农业等信息，及时反映旱灾损失的标准化旱情监测预测系统，进行旱情监测预测，及时发现旱象，实时监视旱情变化，分析受旱程度和旱情发展趋势，掌握抗旱动态。项目从考虑农业灌溉的土壤含水量模拟出发，结合站点观测土壤含水量资料和卫星遥感反演土壤含水量产品，实现多源土壤含水量融合与同化；在此基础上耦合作物模型，考虑不同作物对干旱的响应，实现对旱情的准确评估；最后构建大范围旱情监测预测业务系统，实现对江苏省旱情的逐日监测和短中期预测。

9.3.2.1 拟解决的关键问题

（1）考虑灌溉影响的大尺度水文模型

通常的水文模型主要模拟天然的流域降雨径流过程，一般不考虑人类活动影响，但是对江苏省的农业耕作区来说一般都具备灌溉条件，灌溉影响下的土壤含水量过程已经不再是天然的土壤含水量，将产生较大的误差。如何在水文模型中概化灌溉影响并构建灌溉模块，是项目拟解决的一个关键问题。

（2）多源土壤含水量融合

利用水文模型模拟的土壤含水量具有较高时间分辨率，但是大范围模拟土壤含水量的精度一直难以提高。基于微波遥感反演的表层土壤含水量正成为新的技术手段，但是卫星微波遥感只能测得表层土壤含水量，且观测数据时间分辨率低，限制了其应用。如何将上述两种方法得到的多源土壤含水量数据进行融合，以获得高时空分辨率满足一定精度要求的土壤含水量数据是项目拟解决的另一个

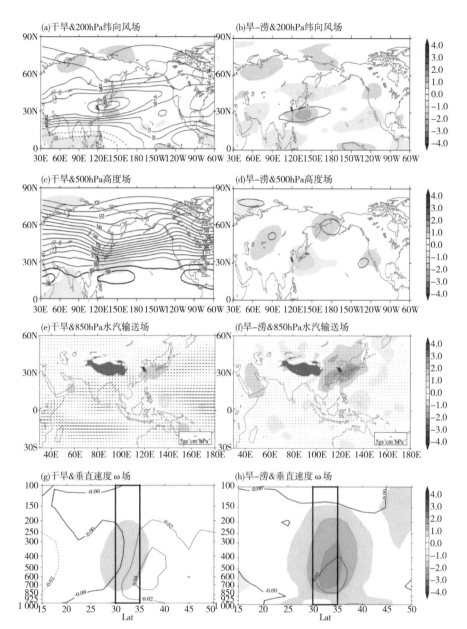

(a) 与 (b) 为 200 hPa 纬向风场（等值线；单位：m/s）及其纬向风信号合成场（阴影；单位：无），图
(b) 中等值线间隔为 5 m/s；(c) 与 (d) 为 500 hPa 高度合成场（等值线；单位：dagpm）及其高度信号
合成场（阴影；单位：无），图 (d) 中等值线间隔为 5 dagpm；(e) 与 (f) 为 850 hPa 水汽通量合成场
（矢量；单位：g/（s·cm·hPa））及其经向水汽输送信号合成场（阴影；单位：无）；(g) 与 (h) 为
117.5～120.0°E 间的垂直速度 ω 合成场（等值线；单位：Pa/s）及其信号合成场（阴影；单位：无）

图 9.3.3　江苏省极旱、重旱大气环流异常特征

关键科学问题。

（3）考虑不同类型作物响应的大范围干旱监测

大范围旱情的监测通常是基于气象或者农业干旱指数来开展，一般不考虑所

在区域的作物类型，然而不同的作物对土壤水分的亏缺是不一样的，也就是耐旱能力是有差别的。同样的缺水条件下对不同的作物造成的影响是有差异的。如何在干旱监测和影响评估当中考虑不同作物的响应关系是本项目解决的又一个关键问题。

9.3.2.2 预期创新点

（1）构建考虑灌溉模块的江苏省大尺度水文模拟系统，通过融合水文模型模拟土壤含水量、地面观测土壤含水量和遥感反演土壤含水量，建立高时空分辨率的大范围、长历时模拟土壤含水量数据库。

（2）引入作物模拟模型，从不同作物对干旱的不同响应关系角度评估江苏省旱情等级，提高对区域干旱评价的合理性和准确性。

（3）构建大气—陆面水文过程耦合的大范围干旱监测预测业务化运行系统，通过旱情监测预测的图形展示为抗旱减灾工作提供丰富及时的决策依据。

9.3.2.3 阶段性成果

（1）高空间分辨率作物分布图估算。基于高分辨率遥感影像，采用决策树分类系统对研究流域作物进行分类，结果可对作物生长过程模拟、干旱评估和产量预测等农业研究提供依据（如图 9.3.4 所示）。

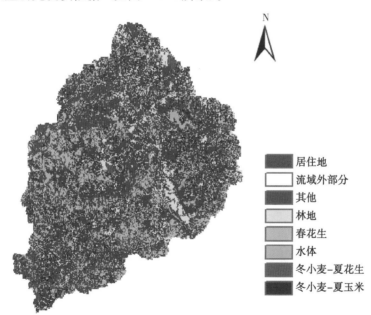

图 9.3.4　流域作物种植面积识别

（2）水文模型与作物模型耦合。由于耦合模型考虑到不同作物类型，而水文模型中仅考虑耕地类型，耦合模型模拟效果优于单一水文模型（如图 9.3.5 所示）。

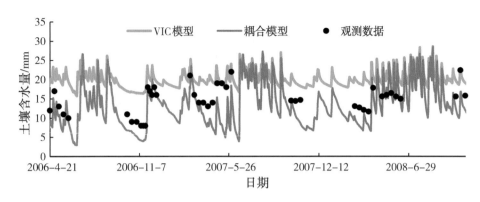

图 9.3.5　耦合模型与水文模型模拟效果比较

（3）考虑灌溉影响的农业干旱评估。在耦合模型中引入灌溉模块，构建作物缺水指数评估农业干旱过程（如图 9.3.6 所示）。结果表明，由于考虑到了灌溉过程和作物缺水程度，农业干旱过程与实际更加吻合。

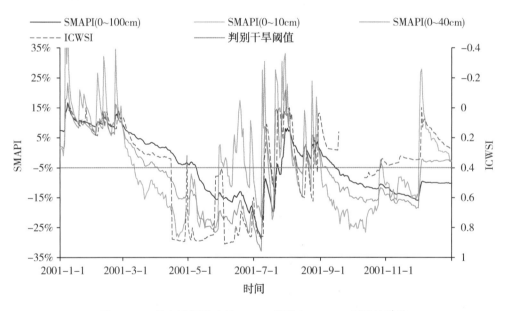

图 9.3.6　考虑灌溉影响的 ICWSI 指数与 SMAPI 指数过程线

9.4　城市畅流活水调度

9.4.1　以扬州中心城区为例

扬州依水而建、因水而兴，水是扬州城市发展最宝贵的资源、最独特的品牌和人民群众最基本的民生福利。扬州市委、市政府将"治城先治水"摆在民生实事工程重中之重的位置，明确"外防、内排、治淮、活水"八字治水方针，积极推进"不淹不涝""清水活水"工程建设，打造水生态文明示范城市和"清水活水"城市。

在硬件工程的基础上，通过扬州市水利局和扬州水文局开展的《南水北调补充规划扬州城区影响工程规划》《邵伯湖及其供水区域水资源可持续利用研究》《扬州城市活水河道闸站流量率定分析》《扬州市沿江区域重点河湖水质改善提升方案》《扬州市中心城区河网闸泵联合调度优化研究与应用》等一系列课题研究，建立了扬州市中心城区水动力-水环境模型，模拟换水条件下河网水流运动，对闸泵联合调度方式进行优化研究，提出闸泵运行精准调度方案，为协调水资源保护与社会经济可持续发展的关系，保护水资源和水生态，为支撑区域经济社会的可持续发展做好顶层设计。

9.4.1.1 自然禀赋与水利工程

扬州，地处江淮，水网密布，水乡风光，名闻天下。有人认为扬州之名取意于"州界多水，水扬波"。"青春花开树临水，白日绮罗人上船"（杜荀鹤），古人咏扬州清丽媚人水上风光的名篇佳句，不胜枚举。古运河水道悠长，一路柳色，与高宝邵伯湖系一体，河上风光与湖里景色，交相辉映。晴空下，暮霭中，朝霞之初升，夜月之临空，无论何时驻足河（湖）边，或泛舟水上，皆有无限情意。

扬州中心城区以北到沿山河，南临长江，西到润扬河、乌塔沟，东靠京杭大运河，区内河渠纵横交错，主要水系包括古运河水系、横沟河水系、邗江河水系、唐子城水系、瘦西湖水系、沿山河水系、新城河水系、吕桥河水系、青龙港水系等，形成了中心城区丰富的水网。穿越中心城区的古运河沟通高邮湖、邵伯湖并与长江连通，高邮湖水位正常 5.8 m，邵伯湖水位正常 4.8 m，长江水位正常在 4.0 m 以下。正常年份下，高邮湖、邵伯湖富余水资源基本保证了古运河与城区水系 6 亿 m³ 左右的生态基流，这为扬州中心城区清水活水、北引南排提供了独特的水资源条件。

区域总体地势北高南低，沿山河、江平路一线以北为丘陵区，地形高程在 10.0～30 m；沿山河以南至江阳路为平原区，地形高程在 6.5～10 m；江阳路以南为圩区，地面高程 3.5～6.5 m。非汛期区域常水位介于邵伯湖常水位与长江高潮位之间，通过地势差自流供水，主要引水口门为扬州闸，主要排水口门分别为瓜洲闸、润扬河闸等。区域为解决城市内涝和水资源水环境调度的口门有平山堂泵站、沿山河西闸、仪扬河东闸、京杭运河沿线涵闸等。

9.4.1.2 决策支持

1. 现状调度方案

扬州城市河道清水活水通过扬州闸将扬州城区的源头水源——高邮湖、邵伯湖水引进古运河，使市区古运河保持活水长流。中心城区分东部水系、中部水系、西部水系三大区域，通过节点控制工程进行活水调度。

东部水系，沙施河、七里河通过开启曲江泵站、通运闸站，抽大运河水，经七里闸自流排入古运河。

中部水系，通过开启黄金坝闸站、便益门泵站，实现瘦西湖及玉带河、北城河、小秦淮河、二道河等河道自流活水。同时，开启象鼻桥泵站，为唐子城水系、双峰云栈提供活水水源。

西部水系，通过平山堂泵站取瘦西湖水进入沿山河，再分别开启新城河闸、四望亭河闸，由沿山河分别向新城河、四望亭河补水，为新城河水系提供活水水源。借助关闭江阳路节制闸，抬升新城河水位，通过开启念泗河闸、杨庄河闸、幸福河闸，实现念泗河、蒿草河、安墩河、杨庄河、幸福河、引潮河等河道自流活水。另外，开启明月湖闸、黄泥沟闸，由沿山河分别向明月湖、揽月河补水，为赵家支沟水系提供活水水源，实现对明月湖、揽月河、赵家支沟等主干河道自流活水。

清水活水工程覆盖大运河以西中心城区 90 km²，全长 140 km 的 35 条河流，服务沿线近百万市民。

2. 决策支持系统

扬州中心城区区域水系密布，河网纵横交错，受京杭大运河、古运河、长江及区域水文情势等多种动力因素交互影响。决策支持系统概化后的河网模型共包含 69 条河道，东起扬州闸站，北至沿山河，南至长江瓜洲闸，西至仪扬河泗源沟闸。

合理布设水位、流量、水质监测站点是模型试验研究的基础。站点布设充分考虑区域河网特性和相应的水利工程调度情况，满足区域供水和改善区域水动力条件的要求，总体上以能够控制区域内水流的运动特征为原则，主要出入口门以及重要河流节点布设监测站点。

由于实际调度中，扬州市中心城区排涝和清水活水均涉及泗源沟闸，因而将中心城区西边界外延至仪扬运河入江口门泗源沟闸，水量水质同步监测共布设站点 22 处。其中，新设水位、流量站点 11 处；新设水质站点 15 处；新设水生态站点 1 处。

河网模型构建中共设置 23 个开边界条件，采用 2015 年度和 2016 年度两次调水试验实测的流量及水位数据作为边界条件，其中大运河上游、龙河、仪扬河等河流出入口为流量边界，乌塔沟、大运河下游、瓜洲闸等为水位边界。选取流量站、水位站、水质站作为模型验证点。决策支持系统构建涉及的水工建筑物类型包括：水闸，泵站和堰等，共创建区域内闸门 22 座，泵站 1 座，堰 1 座。

9.4.1.3 调度控制指标

以生态需水控制指标作为清水活水调度控制指标，生态需水的特性表现为时间性、空间性、阈值性和水质水量统一性。生态需水控制指标具有多目标性，生态水位体现了生物生境的空间范围；生态流量、流速与换水周期体现了生境所需要的水动力条件。

1. 出流控制与生态需水计算

（1）区域概化与计算方法

中心城区总体地势北高南低，沿山河、江平路一线以北为丘陵区，地形高程在 10～30 m；沿山河以南至江阳路为平原区，地形高程在 6.5～10 m；江阳路以南为圩区，地形高程 3.5～6.5 m。总体排水及活水方向由北向南排至长江。河道地形高程如图 9.4.1。

本区域进出水通道较为明晰，扬州闸为主要入流边界，瓜洲闸与泗源沟闸为主要出流边界。将区域概化为一个相对独立的河网型湖库，基于生态水文学原理，用湖库生态需水量计算进行本区域生态需水量的计算。

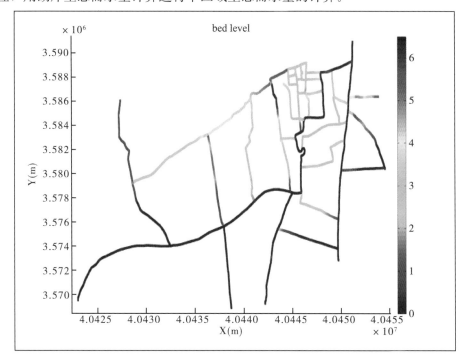

图 9.4.1 河道地形高程

（2）出流长系列数据综合分析

瓜洲闸和泗源沟闸为扬州城市活水主要排水入江的节制闸。根据两闸 1972—2015 年共 44 年合并排水量进行频率计算，年活水水量较大者（频率为 25%）约 5.645 亿 m³，即两闸合计排泄入江的年平均流量为 17.9 m³/s；年活水水量正常者（频率为 50%）约 3.828 亿 m³，即两闸合计排泄入江的年平均流量为 12.1 m³/s；年活水水量较小者（频率为 75%）约 2.165 亿 m³，即两闸合计排泄入江的年平均流量为 6.87 m³/s。多年长系列数据包含了区域水环境较好的年份，所以在扬州城区古运河沿线排污现状工情下，古运河活水水量与水功能区达标率的最佳组合是：瓜洲闸和泗源沟闸的合并流量必须全年 $Q_p \geqslant 31$ m³/s。2014 年年排水量 9.510 亿 m³（平均流量为 30.2 m³/s）基本达到了最佳组合状态。

（3）近 10 年现状出流计算

根据两闸 2005—2015 年合并排水量进行分析计算，两闸合计排泄入江的年平均流量为 21.9 m³/s，平均排水量为 6.908 亿 m³；根据不同控制目标的水量交换系数 [0.8，1，1.5]，确定区域年引水量的阈值如表 9.4.1 所示。

表 9.4.1　年引水量与流量阈值

控制目标	引水量（万 m³）	入流流量（m³/s）
最小	55 262	18
适宜	69 078	22
最佳	103 616	33

2. 引水量阈值与换水周期

（1）年总量

根据实测资料并结合模型演算，在生态流速控制阈值的范围内考虑适宜引水流量流区间为 [18，26，40] m³/s，年引水量为阈值区间为 [5.6，7.0，11.0] 亿 m³。

（2）逐月水量

根据两闸 2005—2015 年合并逐日排水量进行分析计算，在水量交换系数控制阈值的范围内结合模型计算得出逐月引水流量的阈值，如表 9.4.2 所示。

表 9.4.2　逐月引水流量的阈值

单位：m³/s

月　份	1月	2月	3月	4月	5月	6月
最小	13.4	17.6	15.2	18.7	10.8	12.1
适宜	16.8	22.1	19.0	23.3	13.5	15.1
最佳	25.1	33.1	28.5	35.0	20.2	22.7
月　份	7月	8月	9月	10月	11月	12月
最小	35.8	24.0	20.9	12.5	13.7	15.9
适宜	44.7	30.0	26.2	15.6	17.2	19.9
最佳	67.1	45.1	39.3	23.4	25.7	29.8

（3）换水周期

利用模型计算不同水位下的区域蓄水量来计算区域水网的换水周期，成果如下表 9.4.3 所示。

表 9.4.3 不同控制水位下的换水周期

控制水位（m）	蓄水量（亿 m³）	换水周期（d）
4.6	0.36	19
4.8	0.38	20
5.0	0.41	21
5.2	0.43	23

3. 区域生态需水保障

从河道地形图 9.4.1 可见古运河沿线地势最低，市区河道直接或间接汇入古运河，形成市区河网；在没有外来动力的情况下，除非北部山丘区来水，东片扬州闸引水很难惠及至西部城区。现状扬州城区河道有序流动体系尚未完善，北引南排的正常有序流向首先受长江高潮位和高邮湖、邵伯湖水源限制，在汛期长江高潮位和高邮湖、邵伯湖水源缺乏时，内河活水体系受阻；加之部分内河水系未能有效沟通，城市内部河道桥涵阻水、局部河道断头，活水动力不足，水体流动性差，水生态功能有下降的诸多影响因素。图 9.4.2 为扬州闸引水流量 30 m³/s 时，区域无水利工程调控情况下的流速分布。由图可见，瘦西湖-二道河以西片区明显水动力不足，流速缓慢，仅扬河以北沿山河以南水网流速均小于 0.02 m/s。西部城区生态需水在保证源头水量水质的前提下，重点是调节区域内河网的有序流动。

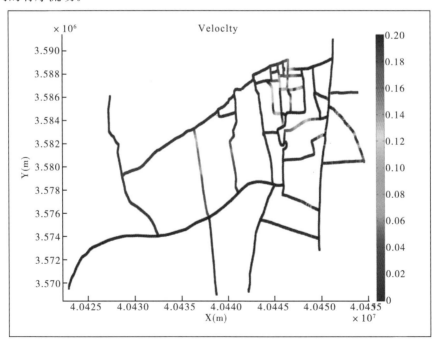

图 9.4.2 无水利工程调控情况下的河道流速分布

当模型中考虑西北部水系沟通工程，黄金坝闸至沿山河的活水通道，通过黄金坝闸扩建至 18 m³/s 抽引古运河水，平山堂站 10 m³/s 的输水能力，为古运河西侧城市活水提供水源保障。根据模型计算结果显示河网中扬州市城区河道各月最大流速较小，古运河河道最大流速较大，邗沟流速较大。图 9.4.3 为水利工程调控情况下的河道流速分布，由图可见区域总体流速分布较无工程调控情况优化许多，但部分节点的流速盲点仍然存在，主要体现在黄金坝下游邗沟、新城河与赵家沟等河道：黄金坝闸下游由于邗沟过水能力不足，流速增加至 0.32 m/s，超过适宜流速与景观流速上限，极易产生扰动引起浊度增加影响景观；新城河与赵家沟下游流速较小，低于生态流速阈值 0.05 m/s。

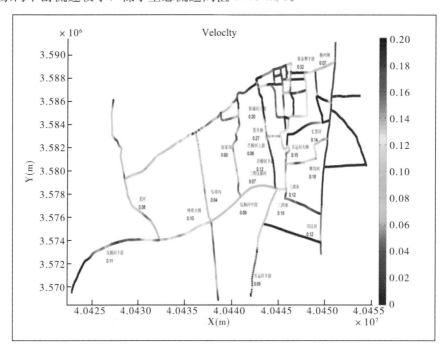

图 9.4.3   水利工程调控情况下的河道流速分布

9.4.1.4   调控效益分析

1. 水功能区水质改善

城区污水排放及河道内源污染释放是片区内水功能区水质较差的重要原因，在水系沟通不畅的情况下，水体自净能力下降，污染物不易降解，水质状况更加难以好转。利用邵伯湖供水区抱江控淮的有利条件，遵循区域水系特征，串活内部水网进行调水，通过优化调度控制，加强了城市水系沟通，改善了河流水质。

（1）污染物浓度变化分析

调水提高了水体的稀释和自净能力，对降低河道内污染物浓度起到一定的促进作用。以区域重点控制断面为例，针对近几年中心城区供水区重点问题河道的主要超标因子，通过邵伯湖调水，分析不同调水工况下（即扬州闸流量为

20 m³/s、30 m³/s、40 m³/s 和 50 m³/s 的情况下）主要超标污染物浓度削减情况。

总体来看，调水对区域内河道污染物的稀释降解起到了一定的促进作用，尤其对古运河、七里河、新城河的水质改善效果较为显著。

（2）水质改善效益分析

不同工况条件下，区域河道主要污染物的浓度在调水 72 h 后均基本趋于稳定。以区域主要超标因子氨氮为例，对比不同工况下调水对氨氮影响分析，对比结果见表 9.4.4。可知，古运河、七里河、新城河等水质状况受调水影响大的河道，不同工况对氨氮浓度的削减影响也较大，而乌塔沟、仪扬河下游及邗江河的氨氮浓度变化受调水流量影响不明显。

故以古运河为例，分析邵伯湖调水对水质改善的优选方案。调水流量从 20 m³/s 升至 30 m³/s 时，古运河 72 h 后氨氮的浓度削减有较大的提升；但调水流量从 30 m³/s 升至 40 m³/s、50 m³/s 时，古运河 72 h 后氨氮的浓度削减基本变化较小。

所以邵伯湖调水期间，扬州闸流量 30 m³/s 可作为一种适宜优选入流工况，调水 72 h 后对区域水质将会产生积极的改善作用。

表 9.4.4　不同工况下调水对氨氮浓度的影响对比

重点河道	监测断面	氨氮浓度削减（%）											
		24 h				48 h				72 h			
	调水流量（m³/s）	50	40	30	20	50	40	30	20	50	40	30	20
古运河	扬州闸	94.2	90.1	79.9	56.5	98.0	97.6	97.0	94.7	98.0	98.0	98.0	97.8
	三湾	7.7	7.6	6.9	7.7	80.2	71.4	36.0	15.0	86.0	83.0	76.2	41.7
	瓜洲闸	8.0	8.0	8.0	8.0	71.0	40.4	16.4	16.9	83.1	78.0	65.1	24.0
七里河	三里桥	12.3	10.9	10.0	9.6	54.2	52.0	48.1	41.0	77.0	76.1	74.2	71.2
新城河	赏月桥	11.3	11.3	11.3	11.3	33.5	31.7	30.9	29.4	71.3	67.0	65.1	58.1
乌塔沟	蒋王西	9.4	9.4	9.4	9.4	18.4	18.4	18.4	18.4	28.3	28.3	28.3	28.3
仪扬河	朴席大桥	9.4	9.4	9.4	9.4	17.6	17.6	17.6	17.6	59.2	32.5	25.2	25.2
	泗源沟闸	9.4	9.4	9.4	9.4	18.3	18.3	18.3	18.3	26.1	26.1	25.2	26.1
邗江河	邗江河桥	9.4	9.4	9.4	9.4	18.3	18.3	18.3	18.3	26.3	26.3	26.2	26.2

2. 生态需水满足度提升

城市河网水环境污染是经济社会发展到一定阶段的必然产物。随着人口增加，城市规模扩大和现代工农业体系的发展，城市生产、生活垃圾和污染物排放量急剧增加，这必将影响甚至危及城市河网水环境和水质；同时又受到特定经济发展阶段经济实力、管理能力、技术水平的限制，无法对城市河网水环境进行有效保护和改善。

平原型河网河道比降小，古城区河网平均比降仅约为 0.1‰，水体流动性极差，流动无序，统筹调控难度大，这更加剧了城市河网水环境改善的难度。

表 9.4.5 为工程控制下生态流速满足度统计，分别为扬州闸 20 m^3/s、30 m^3/s 和 40 m^3/s，黄金坝 9 m^3/s，平山堂泵站 5 m^3/s 情况下，城区重要节点的流速在适宜生态流速阈值和最低生态流速阈值范围内的满足比率，由表可见工程控制条件下扬州闸引水流量为扬州闸 30 m^3/s 生态流速阈值满足度的最佳。

表 9.4.5　工程控制下生态流速满足度统计

控制目标	扬州闸 20 m^3/s	扬州闸 30 m^3/s	扬州闸 40 m^3/s
生态流速阈值 [0.1, 0.2] 满足（%）	12.5	88.5	75.3
生态流速阈值 [0.05, 0.25] 满足（%）	78.1	100	91.5

9.4.2　以苏州古城区为例

苏州因水而秀美，因水而富庶，因水而闻名，水是苏州千年不变的文脉与主题，承载着吴文化的核心与内涵，展现着文明发展的轨迹。苏州古城坐落在水网之中，街道依河而建，水陆并行；建筑临水而造，前巷后河，形成"小桥、流水、人家"的独特风貌，"人家尽枕河"，水乡泽国，被誉为东方魅力之城。

为加快提升古城区河道水质，2012 年 6 月份，苏州市委市政府提出并开展"古城区河道水质提升行动计划"，围绕"截污、清淤、畅流、保洁"四个环节，通过三年集中治理，到 2014 年底，百分百实现污水入河截流，百分百实行河道清淤，百分百消除断头河，百分百达到河道保洁全覆盖，全面提升河道管理水平，使古城区水质、水景观明显改善，感官黑臭河道彻底消除，呈现"水清水好水美，河净岸洁景秀"。环城河水质主要指标达到Ⅲ类，其他河道达到Ⅳ类不低于Ⅴ类水标准。

苏州古城区河道提升计划的核心是提升与改善河网水质，这是再现东方水乡魅力之城、重构滨水空间的必要前提；而"流水不腐、户枢不蠹"，水体有序流动是提升水质的有效手段，同时，只有活水自流，才能自然回归江南水乡风韵。因此，如何实现自流活水，不仅是解决古城河网水体污染的有效手段，更是恢复、回归江南水乡自然秀美之"人间天堂"的根本要求。

9.4.2.1　古城区水系

苏州古城内现有河道总长 34.72 km，其中包括"三直三横"骨干河道和阊门支流、平江水系、南园水系、其他内部河道等支河道。古城区河道的现状如图

9.4.4 所示。

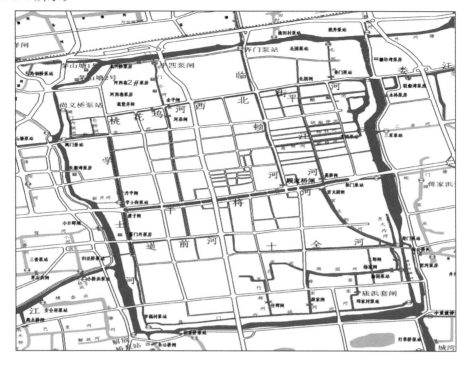

图 9.4.4　古城区河道水系示意图

(1)"三直"骨干河道

"三直"是指南北向的骨干河道，包括：学士河、临顿河-齐门河、平江河，总长约 18 km。

学士河：南自外城河起，经盘门水关桥、盘门水城门等至皋桥中市河，跨桥 18 座，长约3.2 km，宽约 5～8 m。

临顿河、齐门河：南自干将河起，经顾家桥、大郎桥等至齐门外城河，跨桥 19 座，河长约 2.4 km，宽约 8 m。

平江河：南自莳门十全河起，经望门桥、忠信桥等至东、西北街河，上跨桥 20 座，长约 2.85 km，宽约 8～10 m。

(2)"三横"骨干河道

"三横"是指苏州古城内东西方向的骨干河道，分别为桃花坞河-东西北街河、干将河、府前河。

桃花坞河、东西北街河：西自阊门内城河起，经板桥、宝城桥等至外城河，上跨桥 23 座，长约 3.12 km，宽约 6 m。

干将河：西自学士河起，经乘马坡桥、太平桥等至相门外城河，上跨桥 18 座，长约 3.1 km，宽约 5～10 m。

府前河：西自学士河起，经孙老桥、乐村桥等至莳门外城河，上跨桥 22 座，长约3.33 km，宽约 5～6 m。

（3）支河道

古城区内支河道包括：①阊门支流，包括阊门内城河、仓桥浜、平门小河、中市河，共计长 2.92 km；②平江水系，包括北园河、麒麟河、胡相思河、柳枝河、新桥河、悬桥河、娄门内城河，共计长 4.08 km；③南园水系，包括盘门内城河、竹辉河、薛家河、苗家河、羊王庙河、南园河、葑门内城河、沧浪亭河；④其他内部河道，如东园内城河、传芳河、盘门放生池、苏大内城河。

9.4.2.2 专题研究

1. 水质提升指标体系研究

本专题主要确定古城区河网水体的水质目标。结合苏州古城区河网水质特点，依据《地表水环境质量标准》（GB 3838—2002）、《景观娱乐用水水质标准》（GB 12941—91）及《关于开展城市黑臭河流专项整治工作的通知》（苏环委办〔2009〕8 号）等标准规范，确定苏州古城区水质评价指标：感官指标（色度、浊度、透明度），理化指标（总氮、氨氮、总磷、溶解氧、化学需氧量、五日生化需氧量和高锰酸盐指数）。

对 2012 年 1 月—5 月苏州城区 30 个测点水质监测值进行分析评价：①总氮、氨氮和总磷 3 个指标基本处于劣Ⅴ类水平；②溶解氧、化学需氧量、五日生化需氧量、高锰酸盐指数：环城河区为Ⅲ～Ⅴ类水平，古城区为Ⅳ～Ⅴ类水平；③局部水体溶解氧和化学需氧量指标为劣Ⅴ类：如官太尉河/望星桥，中市河/水关桥，中市河/中市桥和临顿河/醋坊桥；④阳澄湖与望虞河水源地水质：总氮、氨氮处于劣Ⅴ类水平，其余指标为Ⅲ类水平。

根据水质现状评价最终确定古城区河网水质改善目标为：除去总氮的限制，环城河水体溶解氧要求达到Ⅳ类（3 mg/L 以上），其他河道要求达到Ⅴ类（2 mg/L 以上）；COD_{Mn}、BOD_5 和 COD_{Cr} 三个指标在环城河和骨干河道要求达到Ⅲ类，其他支河道不低于Ⅴ类。氨氮放宽至 3 mg/L；总磷指标在环城河、骨干河道和其他支河道分别达到Ⅲ类、Ⅳ类和Ⅴ类。

2. 流速与浊度透明度关系研究

本专题从感官指标角度研究古城区河网配水目标。通过对历史实测资料分析和现场试验，研究河网流速与水体浊度和透明度的相关关系，分析满足河网感官指标需求的水体适宜流速范围，确定古城河网引水流量及其时（昼夜）空（环城河及古城区河网）配水过程。

通过分析 42 组浊度—流速，和 115 组浊度—透明实测数据认为：随着速度的增加，浊度呈增大趋势；随着浊度的增加，透明度呈降低趋势。为了明确分析实测数据所得到的结论，以干将河为例，研究发现不换水情况下，流速趋近于 0，COD、TN、NH_3-N 和 TP 的浓度变化与流速关系没有直接关系；换水情况下流速为 0.10～0.32 m/s，与之相比，不换水情况下透明度可提高 3～7cm，浊度可降低 3～10NTU。因而建议对苏州古城区来水的调度方式分为：白天低流速自流，古城区水体的适宜流速为 0.02～0.03 m/s，维持水体较好感官水平；晚上高流速换水，维持较好理化水质水平。

3. 特征控制站水文分析

本专题从水文（水位）角度分析古城区"活水"自流方案的可行性。采用实测水文系列，对代表站点（枫桥站、琳桥站、湘城站、苏州站）的水位过程进行概率统计，重点分析枫桥站、琳桥站、湘城站对苏州站的比较水位过程及其特征，并结合区域泵、闸工程建设与调度运用，论证古城区"活水"自流方案的可行性，得出如下结论：

①在现状无刻意工程调度的情况下，湘城站代表的阳澄湖水位比由苏州站代表的古城河网水位高出 0.2 m 的概率为 20%，高出 0.1 m 的保证率为 75%。②随着沿江七浦塘、杨林塘等因排水工程的扩建实施，引入大量清洁水源至阳澄湖，阳澄湖水位将得到有效提高，为外塘河引水创造更加有利的自流条件；阳澄湖水位抬高 0.05 m，湘城站比苏州站水位高 0.2 m 的概率提高为 50%；阳澄湖水位抬高 0.1 m，湘城站比苏州站水位高 0.2 m 的概率提高为 75%。③在特殊枯水不利条件下，阳澄湖水位以 15% 的概率水平低于古城区河网水位，为了保证古城河网的活水水源，需要采用外塘河泵抽引水，因此建议扩建外塘河泵站规模，将其引水能力由目前的 15 m³/s 增扩至 40 m³/s。④位于望虞河与西塘河交汇口附近的琳桥水位站，比苏州站高出 0.4 m 的保证率为 75%，高出 0.2 m 的保证率为 95%，以超过 90% 的保证率满足清洁水自流至古城区环城河。⑤长江高潮位为古城区河网引水创造了得天独厚的便利条件。沿江浒浦闸平均高潮位比古城河网水位高出 0.65 m，有利于通过长江高潮位自流，引丰沛水源进入阳澄湖，为古城区经外塘河引水提供可靠的水源。

4. 配水方案研究

本专题重点研究古城区内及外围片区的配水方案。在通过外塘河（主要水源）、西塘河（第二水源）、元和塘河（备用水源）调引 40 m³/s 清洁水进入北被环城河以后，实施配水工程的主要目标是在不影响苏州城区防洪排涝、环城河游船航行安全的前提下，想方设法在南、北环城河之间形成一定的水位差，最大限度地使清水流经古城区河网，控制东西、环城河的最大流量不超过 30 m³/s，确保 10 m³/s 的清水进入河网，极大改善古城区河网水质，使其长期维持在Ⅳ类甚至Ⅲ类水的水平。

配水工程的布局（图 9.4.5）为：①在东环城河娄门桥至三星泵站之间新建一座配水工程，阻水外塘河来的清洁水直接流走，使大部分清水留在北环城河，通过北园河、临顿河、平门河进入古城区河网，其余部分通过西环城河；②在西环城河尚义桥至五龙桥泵站之间新建另一座配水工程，阻水西塘河引来的清洁水直接流走，使大部分清水留在北环城河，引导清水通过北园河、临顿河、平门河南下进入古城区河网，其余部分进入东环城河；③在相门桥和葑门桥之间修建一座壅水工程——大糙率明渠，以在东环城河形成三级水差，东环城河在该处水面非常开阔、平静，是开展水上运动、水上娱乐的理想之地，在满足壅水效果的基础上，可建设皮划艇训练基地，提高工程的健身、娱乐功能。初步计划利用最新型阻水材料（透水率20%左右）在苏州大学一侧围挡一片约45 m宽、600 m长的水域，建成一座拥有4条500 m长赛道的大学生皮划艇训练基地，同时还预留建设一座9赛道标准皮划艇比赛场地的水面（相门桥桥墩影响2赛道）。同时在环城河东岸相应围挡一小片水域，以缩小东环城过流断面，阻挡东环城河水流直接进入南环城河，以增大东西方向河流的流量、流速，改善干将河、十字河等的水质。

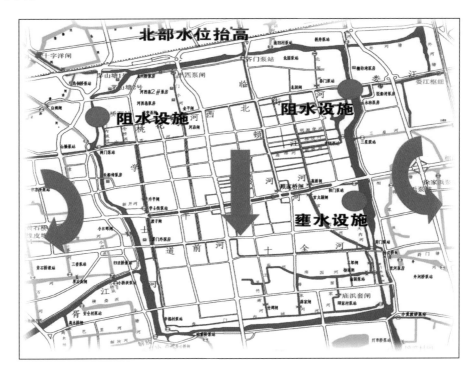

图9.4.5 配水工程位置图

经分析：在进入北环城河的引水流量、古城区河网下游控制水位确定的情况下，经平门河、临顿河、北园河及阊门内城河进入古城河网的流量取决于北环城河水位。因此，可选择借用任一备选配水工程，调整其控制方式，即可生成不同运用方式下的北环城河水位，进而确定相应的上下游水位差和进入河网流量，建立不同工况（引水流量、下游控制水位）下古城区环城河南北水位差与河网过水流量关系曲线。

本次计算，以活动溢流堰配水工程为借用手段，在东西环城河的五龙桥与娄门桥设置两座配水活动溢流堰（尺寸：长500.0 m、宽15.0 m、高1.7 m），活动溢流堰底平台高程1.5 m，活动溢流堰竖直挡水时堰顶高程3.2 m。设置工程全开和全关两种工况，利用构建的古城区河网水量-水质模型进行数值计算，并对结果进行统计分析。统计结果见表9.4.6。

表 9.4.6 水位差与古城区进水流量统计

	下游水位 （m）	来水流量 （m³/s）	上下游水位差 （m）	古城区进水流量 （m³/s）
配水工程全关	2.80	30	0.34	30.00
		40	0.46	36.52
		50	0.53	38.86
	3.00	30	0.23	28.69
		40	0.30	33.00
		50	0.35	36.35
	3.29	30	0.07	18.32
		40	0.11	22.91
		50	0.15	28.93
配水工程全开	2.80	30	0.03	7.45
		40	0.06	10.42
		50	0.10	13.43
	3.00	30	0.02	7.46
		40	0.04	10.42
		50	0.07	13.47
	3.29	30	0.01	7.33
		40	0.03	10.27
		50	0.04	13.33

由表9.4.6，即可生成不同下游水位条件下的河网水位差-古城区进水流量关系曲线。图9.4.6为河网下游水位分别为2.80 m、3.00 m和3.29 m时，古城区河网上下游水位差与古城区进水流量关系曲线。

由图9.4.6可以看出，河网下游水位与上下游水位差共同影响古城河网的进水流量。在相同的水位差条件下，随着下游水位的升高，河网进水流量增大。水位差为0.1 m时，河网下游水位为2.80 m、3.00 m、3.29 m条件下，河网进水流量分别约为：13.4 m³/s、17.5 m³/s和20.5 m³/s；水位差为0.15 m时，河网进水流量分别约为：17.0 m³/s、12.0 m³/s和30.0 m³/s。

5. 配水工程方案优化

本专题重点研究配水工程设计方案。提出潜坝、桥梁、活动溢流堰、高地堰、船闸、升船机、大糙率明渠等配水工程方案及其效果图，对部分方案配水效

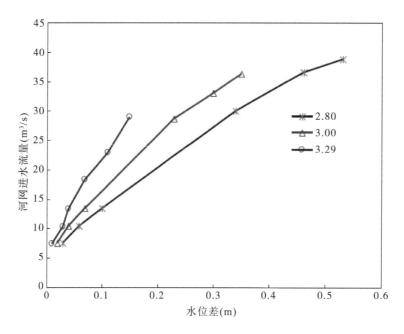

图 9.4.6 不同下游水位条件下河网水位差-进水流量关系曲线

果进行了数值模拟。综合考虑改善水质效果、形成水位差、城市防洪、自由通航、景观融合等，通过方案功效比选，提出活动溢流堰结合老桥改造的推荐配水工程方案型式：在东西环城河的五龙桥与娄门桥桥下分别设置两座配水活动溢流堰（尺寸：长 500.0 m、宽 15.0 m、高 1.7 m），活动溢流堰底平台高程 1.5 m，活动溢流堰竖直挡水时堰顶高程 3.2 m。同时，环城河东侧干将河河口以南，修建大糙率明渠壅水设施，结合钢板闸工程以在东环城河形成三级水差，以利于古城区外东片从环城河引水。

9.4.2.3 活水工程与运行调度

1. 水源工程

现状条件下：西塘河与外塘河水质均较好，古城区外引清水以西塘河为主，外塘河为辅。

阳澄湖水体水质良好，水量有保障，包括七浦闸、杨林闸、白茆闸在内的"通江达湖"区域重点骨干工程建设后，从长江引水量将大幅提升，外塘河将成为古城区引水的主要水源；西塘河受水权限制，引水量不能保证，可作为第二引水水源，实现双源供水。总体而言，古城区外引 40 m^3/s 的清水目标是有保障的。

另外，为保证枯水年份不利条件下的古城区引水需求，需扩建外塘河泵站工程，将其引水能力由当前的 15 m^3/s 提高至 40 m^3/s，如图 9.4.7 所示。

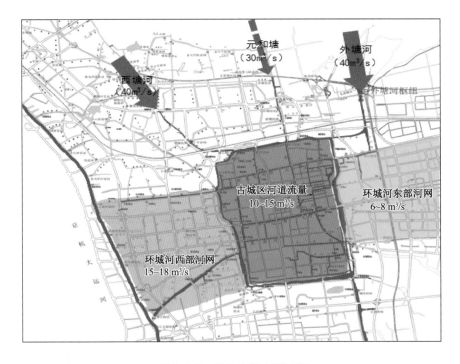

图 9.4.7 活水方案水源工程

2. 配水工程

在东、西环城河的五龙桥与娄门桥设置两座配水活动溢流堰（尺寸：长500.0 m、宽15.0 m、高1.7 m），活动溢流堰底平台高程1.5 m，活动溢流堰竖直挡水时堰顶高程3.2 m；分别在东、西环城河的活动溢流堰上、下游筑2座抛石浅坝，在环城河东侧干将河河口以南，修建1座500 m长大糙率明渠壅水设施，如图9.4.8所示。

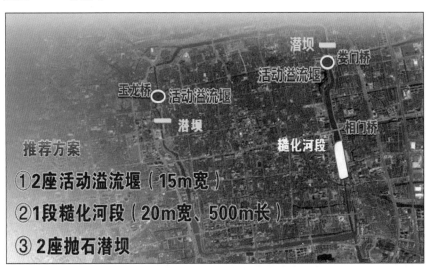

图 9.4.8 "活水"方案配水工程

3. 辅助工程

对环城河附近平四闸、尚义桥闸进行改建；南环城河邱家村泵站进行改建，扩大其引排能力，满足在引水量不足不利条件下通过动力引排保持河网活水的需求。同时，进行校场桥、单家桥拓宽扩建工程，扩大其过水能力，以有利于将北环城河清洁水源引入古城河网；通过沧浪亭联通工程沟通水系。另外，在古城区河网选择若干重要区段，安置滤网净水设施，以阻止大粒径污染物进入，如图9.4.9所示。

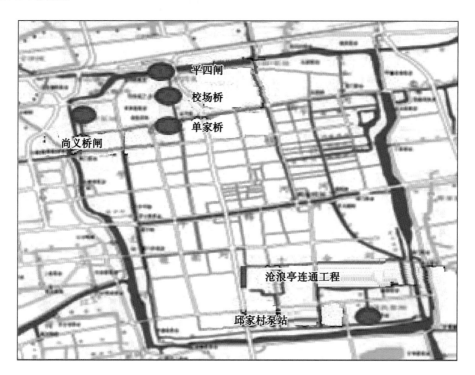

图 9.4.9　辅助工程示意图

4. 运行调度

古城区自流活水运行调度原则为：从大尺度的流域—区域—中心区范围进行统筹谋划，充分发挥引江济太、通江达湖和完备的引排工程体系，合理调配利用丰富的过境优良水源，以达到古城河网自流活水和改善水质的目的。

流域调度：利用望虞河"引江济太"引水工程量大质优的引水和太湖流域丰富的雨洪资源，以及显著的水势条件，发挥西塘河引水对古城区河网的补给作用，如图9.4.10所示。

区域调度：利用杨林塘、七浦塘等通江达湖引排河道及巨大的引水能力，适当抬高阳澄湖水位，实时扩建外塘河泵站规模，增加外塘河向城区供水能力和实际供水量。

城区调度：充分利用大包围重点引排工程，以带动古城河网和外围河网的联

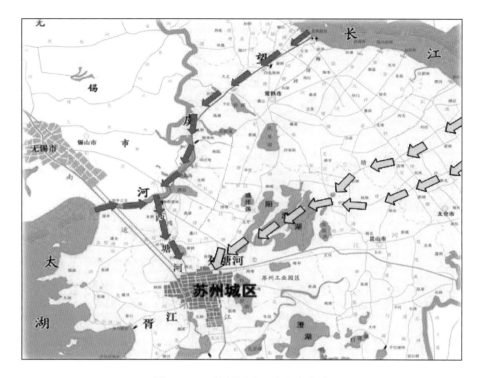

图 9.4.10　流域活水工程运行调度

动，为古城自流创造更好的条件。利用东风新枢纽西排工程，带活城西片区水系；而大龙港枢纽南排工程、澹台湖枢纽工程的运用，可带活城南水系，同时降低环城河南段水位，拉动大包围内河网水体的整体有序流动，如图 9.4.11 所示。

古城区调度：利用环城河活动溢流堰配水工程和壅水工程进行分时调控，实现持续改善河网水质状况并满足环境感官要求的目标：白天闸门卧倒过水，满足城市河道通航需求，同时较小流量自流入古城，降低河网水体流速，避免不良感官影响；晚上活动溢流坝竖起挡水，大流量自流入古城，对河网污染物进行冲刷携带，提升河网水环境状况。

5. 不利条件下的运行调度

在发生水源引水条件不足、城区洪涝、局部污染等突发事件条件下，通过河网闸、泵等水利工程科学调度运用，合理改变河网局部流速或水位，提出应对外引水量不足、城区洪涝、局部污染等突发事件条件下的应急对策，实现苏州古城区更高意义上的"活水"效果。

（1）枯水期：北环城河水位低于 3.0 m

动用西塘河、外塘河泵站引水，抬高北环城河水位，增加进入河网流量。

（2）洪水期：南部水位高于警戒水位 3.5 m

动用南部邱家村泵站抽水外排，降低河网水位，提高河网水体流动性。

（3）苏州大包围联动：南部水位处于 3.1～3.5 m

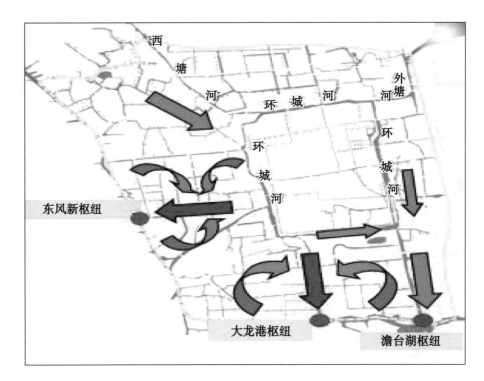

图 9.4.11　区域活水工程运行调度

　　动用大龙港枢纽、东风新泵站、澹台湖枢纽排水，实现大包围与古城区联动排水，降低古城区水位，拉动大包围内河网水体的整体有序流动。

9.4.2.4　效益分析

　　苏州古城区河道水质提升行动计划"活水"自流方案，具有显著的环境、经济效益和良好的社会、工程示范效益。

　　（1）环境效益：通过苏州古城区水源工程、配水工程和运行调度工程建设，实现古城区河网"活水"自流，促进与改善河网水体水质，再现水清景美的江南水乡秀丽风光，消除泵抽噪音扰民及不稳定、不可靠、不安全缺陷，改善河网水环境的同时，改善居民居住环境。

　　（2）社会效益：变6个分区合成1个大区，恢复古城统一水系，为开发古城水上游项目创造条件；配水工程注重与周边景致相融合，开发水域空间的景观与休闲功能彰显江南水上文化，促进当地旅游业发展；自流方案消除泵抽噪音，提高居民生活环境质量。

　　（3）经济效益：通过古城区河网的水环境治理与改善，再现江南水乡水清景美的"人间天堂"，随着宜居程度的彻底改善，精致优美的河网河道两岸土地必将大大升值，从而带动外来投资和房地产事业发展，经济效益不可估量。自流方案替代耗费电力和机械寿命的泵抽方案，将大大降低资金投入成本。

　　（4）示范效益："苏州古城区河道水质提升行动计划"的实现，将全面提升苏州古城区水利防洪保安、水环境保护、水资源保障和服务民生能力，形成"水安全、水资源、水环境、水文化"四位一体的新格局，初步建成全国水利现代化城市，为我国其他城市水利现代化建设提供示范。

9.5 2019 年"三抗"

江苏省自 2018 年入冬以来气候形势复杂多变，冬季降雨异常偏多，沿江苏南雨量超历史；入汛前出现干旱先兆，入汛后苏北地区遭遇 60 年一遇气象干旱，梅雨呈现非典型特征，8 月初遭受超强台风、沂沭泗地区发生 1974 年以来最大洪水。江苏省水利厅积极有序应对各类事件，水文部门深化测报基础业务，推进水文预报预警工作，省防指部门强化用水管理，因时制宜科学精准调度，为"三抗"攻坚战赢得最终胜利。7 月 23 日至 8 月 9 日江苏省淮北地区发生多场降雨，微山湖、骆马湖、石梁河水库水位缓慢回升至旱限水位以上，省防指于 9 日 12 时结束苏北地区抗旱四级应急响应。

9.5.1 洪旱形势异常严峻复杂

极端事件多现，洪旱交织。冬季降雨异常偏多，沿江苏南地区雨量雨日均超历史。5 月入汛后，苏北地区降雨显著偏少，淮河上游自 7 月中旬至 8 月底仅维持生态基流，淮河以南地区呈现非典型梅雨，长江中下游 7 月初发生一次洪水过程，南丰北枯现象极为明显。8 月中旬，极端旱情遭遇超强台风，沂沭泗地区旱涝急转发生 1974 年以来最大洪水。

雨情复杂多变，前多后少。一是冬季降雨异常偏多。1—2 月全省降雨量 111 mm，比常年同期偏多 55%，其中：沿江苏南、江淮之间分别为 165 mm、105 mm，偏多 64%、62%；淮北地区 53 mm，偏多 23%。其间全省雨日 23 日，其中沿江苏南 30 日、位列历史第一。二是汛前出现干旱征兆。3—4 月全省降雨量 82 mm，比常年同期偏少 35%，其中：3 月 25 mm，偏少 58%；4 月 57 mm，偏少 17%。其间全省雨日 11 日，3 月仅 4 日。三是入汛至 7 月 22 日降雨历史同期最低。5 月 1 日—7 月 22 日，江苏省淮河流域面雨量 173 mm，较常年同期偏少 53%，为历史同期倒数第一，历史同期最小降水量为 1978 年的 192 mm。经频率分析，江苏省淮河流域降水量重现期达 60 年一遇。2019 年江苏省汛期行政分区面雨量距平图如图 9.5.1 所示。

入汛旱情严重，湖库几近枯竭。一是区域上游来水接近断流。5—7 月，淮河干流来水仅 19.15 亿 m³，较常年同期偏少近 8 成。7 月 17 日后，蚌埠闸流量 30 m³/s 左右，仅维持生态基流，接近断流。9 号台风影响前沂沭泗上游基本无来水，5—7 月沂河来水量 0.34 亿 m³、沭河 0.05 亿 m³、新沭河 0.13 亿 m³、中运河 0.17 亿 m³，较常年同期偏少 6～9.5 成。二是主要湖库蓄水几近枯竭。受

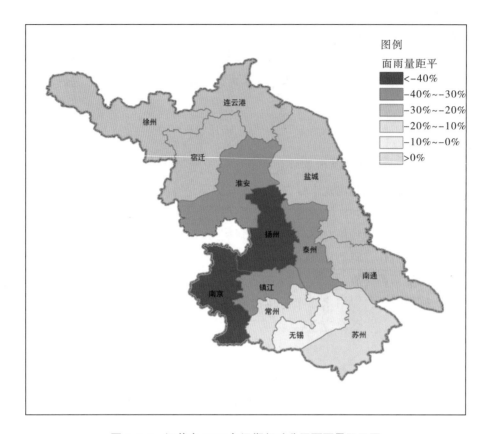

图 9.5.1 江苏省 2019 年汛期行政分区面雨量距平图

本地降雨量、上游来水量偏少共同影响，江苏省苏北地区主要水源地"三湖一库"洪泽湖、骆马湖、微山湖和石梁河水库蓄水位持续下降，可用水量几近枯竭。6 月 20 日—7 月 31 日，洪泽湖水位基本低于旱限水位 11.80 m，7 月 23—29 日更是低于死水位 11.30 m，最低水位 11.18 m，水域面积缩小到仅 900 km²；微山湖水位 6 月 23 日—8 月 1 日低于死水位 31.50 m，最低水位 31.29 m；骆马湖水位 6 月 24 日—7 月 30 日低于旱限水位 21.30 m，最低水位 21.06 m；石梁河水库水位 7 月 3—29 日低于旱限水位 22.00 m，最低水位 21.71 m。三是流域中上游中到重度缺墒。7 月底淮河洪泽湖以上轻旱～中旱，其中淮河上游、涡河上中游、淮北—徐州区间为重旱，涡河上中游局地特旱；淮河洪泽湖以下至沂沭泗水系土壤墒情正常，局地轻旱。据统计，截至 7 月 25 日，全省已有 5 个市 16 个县区 191.1 千 hm² 耕地受旱，其中轻旱面积 147.1 千 hm²、重旱面积 44.0 千 hm²，主要集中在徐州、连云港、宿迁、淮安、盐城等市岗坡地或用水末梢。

台风"利奇马"过境，沂沭泗太湖旱涝急转。一是台风强度大历时长。据国家气候中心评估，超强台风"利奇马"是 2019 年登陆我国的最强台风，陆上滞留时间为 1949 年以来第六长，风雨综合强度指数为 1961 年以来最大，10 多个省（市）受影响，直接经济损失为 2000 年以来第二多。二是台风暴雨量大级强。

"利奇马"对江苏省全面影响主要集中在 8 月 10 日至 11 日上午，日降雨量达 50 年一遇，最大累计降雨量连云港麦坡站 362.5 mm；短时强降雨特征明显，部分站点短历时暴雨超 50 年一遇，个别站点超 100 年一遇；50 mm 以上暴雨笼罩面积占全省面积 94%，100 mm 以上暴雨笼罩面积占全省 55%。江苏省逐日及累积降雨量分布如图 9.4.2 所示。三是发生超警、超保和超历史洪水。太湖流域、沂沭泗流域相继出现超警、超保和超历史洪水。太湖流域 23 个站超警戒，其中 6 个超保证水位，最高超警幅度 0.56 m，最高超保幅度 0.25 m。沂河发生 2019 年第 1 号洪水，临沂洪峰流量 7 300 m³/s，徐州港上站最大洪峰流量 5 550 m³/s，为1974 年以来第 2 大洪峰；沭河发生 2019 年第 1 号洪水，沭河大兴镇洪峰 3 850 m³/s，历史排名第 2 位。骆马湖水位持续超警，嶂山闸持续泄洪，新沂河沭阳站持续超历史最高水位。

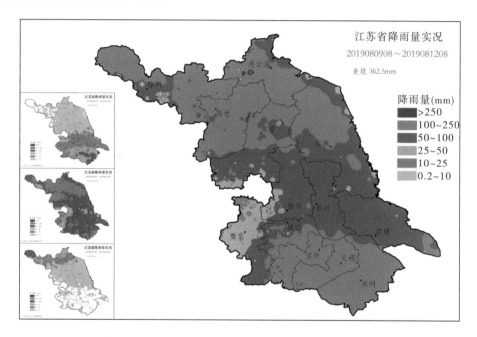

图 9.5.2 受台风"利奇马"影响江苏省 8 月 9 日至 11 日逐日及累积降雨量分布

9.5.2 水文测报强力支撑水旱灾害防御

以长期预测成果为依据，及早部署汛前准备工作。水文局汛前补齐水文气象长期预测短板，积极探索水文气象数据共享和业务合作新模式，引进上海中心气象台实况观测数据和模式预报产品，以强化天气趋势预判能力，进一步提高水文预报精度和延长预见期。分阶段开展雨情、墒情等长期气候预测工作，预测成果显示江苏省 2019 年暴雨、洪涝、强台风等极端天气气候灾害出现概率偏大，汛期防汛抗旱形势不容乐观，区域性干旱可能重于常年。特别是"长江中下游地区高概率发生洪水，春夏我省淮北地区可能发生轻度到中度干旱，夏季干旱范围有向南部地区扩大的趋势；沂沭泗可能发生中等及以上级别洪水"得到有力验证。预判准确保障工作提前有效，水文局及早部署、多措并举夯实软硬件基础，局属各分局和厅属相关管理处随时待命，重点关注水库，持续置顶预报，强化预警意识，确保测报信息链路畅通，全方位扎实做好2019年入汛各项基础工作。

以中短期预报为抓手，严密监控湖库抵御旱情。一是预报支撑。6月进入用水高峰期，水文局每周进行气象和旱情预测，根据气象数值预报预测未来10日雨水情势，为淮北三湖一库调度用水提供技术支撑。二是精细监测。针对极端旱情，省水利厅实施江水北调应急调水工程、启用通榆河北延送水工程，水文局以中短期预测预报为有力抓手，高度重视、周密部署，沿线分局通力合作，对"双线两湖"各调水站点开展水质、流量应急同步监测，为调水方案的实施保驾护航。组织连云港、盐城水文分局开展通榆河北延送水工程抗旱应急调水水质监测工作，投入人力495余人次，完成巡查水质监测222站次，编制应急调水水情专报20期、水质监测报表14份；组织徐州、宿迁水文分局开展江水北调沿线地区抗旱应急供水水质监测工作，投入人力210余人次，完成巡查水质监测49站次，为应急调水方案实施提供重要决策依据。三是精确计量。应对最严格的用水管理要求，组织里运河沿线扬州、淮安分局及总渠水利工程管理处开展里运河沿线主要断面及宝应段部分涵闸的流量应急监测工作，逐段排查测量，科学计算，逐日分县统计用水总量，为用水监管起到关键的数据支撑作用。

以精细化报预警为基础，布局防线支撑沂沭河大洪水。一是全流域布局监测战线。在主要行洪河道及骆马湖主要进出湖口门24 h值守，在省界监测断面监测入境水量，在骆马湖水位代表站及主要进出湖口门做好水位及出入湖流量监测；在新沂河沭阳等站控制河道中段洪水过程；在河道入海口增设临时流量测验断面，控制入海水量。根据测站水位、流量涨落率，科学布设测次，加强洪水过程测验。二是以精确预报支撑精准调度。利用长系列历史水文资料，迅速分析判定沂河堰上段洪水频率为50年一遇。水文预报紧跟工程调度，精准预报堰上洪峰流量，相对误差仅为6%，峰现时间仅相差1 h；准确模拟嶂山闸4 000 m³/s下泄条件下骆马湖水位变化过程，最高水位误差仅0.04 m。三是及时发布预警提醒公众防范。台风"利奇马"影响期间，省防汛抗旱指挥部办公室、省水文水资源勘测局及相关分局根据《江苏省水情预警发布管理办法（试行）》发布洪水预警15期，其中蓝色预警11期、黄色预警3期、橙色预警1期，涉及江苏省太湖流域和沂沭泗地区6条流域性河道、1条区域性骨干河道和1个重要调蓄湖泊。新沂河沭阳段洪水橙色预警为江苏省首次发布该等级预警。水情预警在提醒有关单位做好防御、社会公众防范避险等方面发挥了积极作用。

9.5.3 科学调度有效缓解苏北旱情

针对苏北地区严重旱情，省委书记娄勤俭、省长吴政隆多次作出批示指示，要求始终将确保人民群众生命财产安全放在首位，把做好防汛抗旱工作作为对初心使命的检验，切实加强科学调度和用水管理，确保全省安全度汛，为高质量发展提供强有力保障。省委常委、常务副省长樊金龙，副省长费高云多次召集会议研究部署。省防指按照省委、省政府部署要求，全力以赴投入抗旱工作，科学调度水利工程，有效保证了城乡居民生活、工农业生产和航运重要节点用水需求。

加强用水管理，实施抗旱应急水量调度。根据旱情发展，在下达的江水北调沿线地区各市月度供水调度计划基础上，专门制定下发了《江水北调沿线地区抗旱应急供水调度计划》，明确沿线各市县抗旱应急期间用水量，将用水计划细化到各引水口门，并每 5 天进行一次优化调整；下发《关于执行洪泽湖抗旱应急水量调度实施方案的通知》《关于执行骆马湖抗旱应急水量调度实施方案的通知》，压减相关区域农业用水、严控生态用水，保障城乡居民生活、重点工业等用水需求，尽可能维持洪泽湖、骆马湖等湖库水位；加强江水北调输水河道里运河市县际断面、部分引水口门水量监测；派出工作组对沿线用水情况进行巡查督查，对各地执行应急供水调度计划情况进行检查并指导抗旱工作；对个别市县超计划用水问题，专门通报批评，并约谈了有关县政府负责人。此外，还与省交通运输厅多次会商大运河、苏北灌溉总渠航运问题，明确"保干线、不保支线，保节点、不保全程"和减少船闸开启频次的要求。

加强调度，全力增加抗旱水源。一是前期加强湖库蓄水保水。从 4 月份开始实施江水北调，抽引江淮水源向骆马湖补湖，严格控制湖库出流，尽可能多储备水源。二是启用南水北调工程。在江水北调工程抽江流量达 480 m³/s 的基础上，6 月 10 日 14 时起，启用南水北调宝应站等 8 个泵站投入抗旱抽水，并在抗旱紧张期调度启用备用机组投入运行，满负荷北调送水。三是启用里下河水源调整工程。督促扬州、淮安、盐城等市及时启用里下河调整砍尾泵站，压缩其里运河、总渠沿线用水量，增加北调水量。同时，加大江水东引，保障里下河腹部和沿海垦区用水需求。四是首次启用通榆河北延送水工程。针对连云港市用水紧张情况，首次启用通榆河北延工程，实行"双线"向连云港送水，有力缓解了连云港供水末梢地区用水紧张。五是严格执行江水北调沿线地区抗旱应急水量调度实施方案、洪泽湖抗旱应急水量调度实施方案等，全面压减调水沿线供水流量，减少洪泽湖出湖，尽力保持洪泽湖、骆马湖入出湖水量平衡。据统计，5—7 月，江水北调（含南水北调）各梯级泵站累计抽水 115.5 亿 m³，相当于 3.8 个洪泽湖正常蓄水量，其中江都站、宝应站等抽江水量 41.5 亿 m³；江水东引累计向里下河地区补水 46.6 亿 m³。

采取应急措施，临时架机增加补洪泽湖流量。在前期启用石港站、金湖站的基础上，省防指研究制定了淮河入江水道金湖控制线架设临时机组方案，并于 7 月 25 日起在淮河入江水道金湖控制线架设 175 台套临时机组，增加向洪泽湖补湖流量 50 m³/s；洪泽站抽水入洪泽湖最大流量达 180 m³/s。此外，还与气象部门协调开展人工增雨，加强天气监测和预报，抓住有利天气过程，全力组织开展人工增雨作业，为缓解旱情提供有力支持。

主要工程调度过程选摘如下：

1. 江都站

农业大用水前江都站等提前开机抽水，储备抗旱水源。5月6日11时江都站开机抽水90 m³/s，5月8日11时增加抽水流量至190 m³/s，5月16日12时增加至320 m³/s，5月17日10时增加至380 m³/s，5月28日进一步增加抽水流量至440 m³/s。5月29日，因里运河高邮北港码头发生原油泄漏事件，调度江水北调各梯级泵站暂时停机，仅保留江都站抽水流量90 m³/s左右。6月3日，里运河漏油事件处置完毕，15时江都站抽水流量增至360 m³/s，并于6月4日9时进一步增加抽水流量至480 m³/s，至此，江都站33台机组全部投入运行。据统计，5月6日至6月10日，在农业夏栽用水高峰期前，江都站累计抽引江水9.2亿m³，相当于节省了洪泽湖0.54 m水深的水量，缓解了洪泽湖水位下降速度。

农业用水高峰期，江都站全力调水，保水稻栽插任务完成。6月10日，"三湖一库"蓄水总量仅32.3亿m³，苏北地区正逐步进入水稻大栽插阶段，水源供需矛盾突出。为保障苏北地区水稻栽插用水，6月10日，省水利厅通知要求扬州、淮安、盐城三市启用里下河水源调整工程投入运行，压缩其里运河、总渠沿线用水量，增加北调水量，并启用南水北调宝应站投入抗旱抽水。同时调度江都站根据站下潮位调整叶片角度全力抽水，6月24日，江都站日抽水流量达到515.6 m³/s。其间，还根据雨水情适时调整江都站抽水流量，并照顾高水河险工段防汛工作、江都站下捞草等要求，精细调度，适时调整江都站抽水流量。6月29日，芒稻闸上最高水位达到8.31 m，调度江都站临时按照站上水位8.20 m控制运行，抽水流量由480 m³/s左右压至440 m³/s左右，7月4日芒稻闸上水位回落，又将江都站流量增至480 m³/s左右。后为控制高水河、里运河地方安全，根据7月6日发生强降雨，用水紧张形势得以适当缓解的情况，调度江都站临时压缩流量至430 m³/s左右。

抗旱应急期间，兼顾高水河防汛工作要求，尽可能增加江都站抽水流量。7月16日14时省防汛抗旱指挥部启动了苏北地区抗旱Ⅳ级应急响应。为增加抗旱水源，7月16日，江都站再次增加流量至480 m³/s左右，并于7月18日调度宝应站备用机组投入运行。受长时间高水位影响，高水河、里运河东堤沿线多处出现渗漏情况，为尽快降低芒稻闸上水位，7月20日，江都站临时压缩流量至430 m³/s左右。后按照芒稻闸上水位白天8.30 m、夜间8.20 m的控制目标，通过夜间临时关闭1~2台机组的方式，及时调整江都站抽水站流量，控制白天抽水流量485 m³/s左右，夜间抽水流量430 m³/s左右，日均抽水流量维持在455 m³/s左右，缓解了高水河险工堤段防汛压力。

通过淮河入江水道金湖控制线架设临时机组，挖掘江都站抽水潜力。7 月 22 日，洪泽湖蒋坝水位跌至死水位 11.30 m 以下。7 月 25 日下午，省水利厅组织召开紧急工作会议，专门研究保障洪泽湖水位不低于 11.0 m 的应急措施。会上决定 7 月 25 日起在入江水道金湖控制线架设临时机组，增加向洪泽湖补湖水量。为保障入江水道金湖控制线架设的临时泵站抽水水源，7 月 27 日调度高邮河湖调度闸开闸从里运河向高邮湖补水 20 m³/s，江都站白天抽水流量相应增加到 500 m³/s 以上；7 月 28 日临时泵站部分机组陆续投入抽水运行，8 月 3 日，入江水道金湖控制线在已架设 95 台套临时机组基础上，又增加架设了 80 台套临时机组，高邮河湖调度闸相应增加流量至 50 m³/s，8 月 4 日，江都站白天瞬时最大抽水流量达 528 m³/s。8 月 8 日18 时，根据第 9 号台风"利奇马"预报强降雨，入江水道金湖控制线临时泵站停止抽水，江都站压缩流量至 270 m³/s 左右，为里运河、灌溉总渠沿线及入江水道三河段提供水源；8 月 10 日受台风"利奇马"影响，全省普降暴雨、大暴雨，局部特大暴雨，面上旱情暂时解除，江都站临时停机，抗御春夏旱暂告一段落。

自 5 月 6 日投入抗旱调水至 8 月 10 日面上旱情暂时解除，江都站累计抽江水量 33.6 亿 m³。其间江都站抽水流量与芒稻闸上水位变化情况如图 9.5.3 所示。

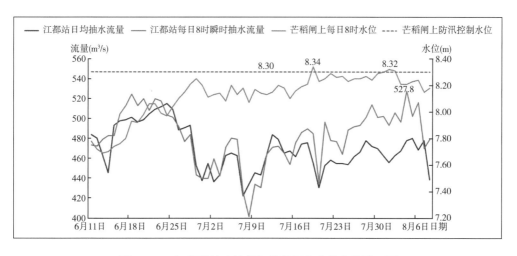

图 9.5.3　江都站抽水流量与芒稻闸上水位变化情况图

2. 洪泽湖

(1) 提前蓄水，减少出湖

1—3 月，江苏省水利厅未雨绸缪，利用淮河上中游来水多于常年同期的有利情况，部署洪泽湖等苏北地区湖库开展拦蓄工作。洪泽湖 1 月初的水位与常年同期基本持平，随后洪泽湖一直处于蓄水状态，最高蓄至 13.50 m 左右，比正常蓄水位和常年同期水位偏高 0.5 m 左右，保障了后期用水。

4月份后，淮河上游来水偏少、本地降雨同步偏少，洪泽湖水位4月19日起降至正常蓄水位（13.0 m）以下。5月6日8时洪泽湖蒋坝水位12.55 m、淮河干流蚌埠闸流量仅230 m³/s左右，根据当时洪泽湖水情、淮河来水及5、6月苏北地区供需水形势和天气趋势，省水利厅经会商研判，做出了实施江水北调、压减洪泽湖出湖流量的调度决策，并先后调度江都梯级、淮安梯级、淮阴梯级泵站抽水。5月6日至6月10日，江都站累计抽引江水9.2亿 m³，相当于节省了洪泽湖0.54 m水深的水量，缓解了洪泽湖水位下降速度。

（2）实施应急调度

随着农业大用水的消耗及上游无来水补充，7月5日8时，洪泽湖蒋坝水位降至11.70 m、低于旱限水位0.10 m，10时省防指发布洪泽湖枯水蓝色预警。7月16日14时，省防指启动苏北地区抗旱Ⅳ级应急响应。7月25日8时，洪泽湖蒋坝水位降至死水位11.30 m，省水利厅调整江水北调沿线地区抗旱应急水量调度实施方案。同步对洪泽湖实施抗旱应急水量调度，将洪泽湖周边用水压缩至47 m³/s、二河闸流量压减至90 m³/s、泗洪站抽水流量压减至25 m³/s。

（3）实施补湖

为延缓洪泽湖水位的下降趋势，6月10日，省水利厅调度南水北调洪泽站开机70 m³/s，向洪泽湖补充水源。随后，根据水情变化逐步加大抽水流量。6月11日，洪泽站加大至80 m³/s；7月18日，加大至105 m³/s；7月22日，加大至130 m³/s。7月30日17时起，洪泽站超设计流量运行，8月4日至8日启用备机运行，超设计流量额外抽水1 852万 m³；8月5日15时，洪泽站最大抽水流量191 m³/s。8月7日，洪泽站停机。据统计，洪泽站自6月10日开机运行至8月7日停机，共向洪泽湖补湖4.92亿 m³。

省水利厅于7月25日紧急部署，26日起在入江水道金湖控制线（东西偏泓闸）架设临时机组95台套，29日起再增加临时机组80台套，合计增加50 m³/s左右的流量入入江水道三河段，抬升入江水道三河段水位，并适时启用洪泽湖备用机组，使洪泽站的抽水流量达180 m³/s，持续加大向洪泽湖的补湖力度。其中省防汛防旱抢险中心负责的西偏泓闸，共架设85台套临时机组，投入640余人次、各类车辆111车次、累计运行18 056 h、共翻水2 157万 m³；省骆运水利工程管理处负责的东偏泓闸，共架设90台套临时机组，共翻水2 594万 m³。据统计，临时机组累计运行14天，共抽水4 751万 m³。

（4）实施引沂济淮

7月24至27日、7月30日至8月2日，江苏省淮北地区多强对流天气，7月24日至8月2日淮北地区平均面雨量141.56 mm，较常年同期偏多107%，局部地区因短时强降雨产生内涝。江苏省水利厅在做好指导淮北地方充分利用雨洪资源补湖补库的同时，7月28日起调度刘集地涵、民便河闸等工程，通过徐洪河实施沂沭泗地区涝水南调，补充洪泽湖水源。据统计，7月28日至8月5日，累计向洪泽湖南调沂沭泗地区涝水约 1 216 万 m³。

8 月 6 日，骆马湖水位涨至 21.70 m 以上，同时上游沂河来水开始进入我省，为保障洪水资源的充分利用，省水利厅调度刘集闸通过房亭河、徐洪河，将骆马湖水南调入洪泽湖，最大日均入湖流量 489 m³/s；8 月 4 日起，调度皂河闸放骆马湖水进中运河，解决中运河南部用水和通过中运河、二河向洪泽湖补湖；8 日，当二河水位高于洪泽湖水位时，调度开启二河闸反向运行，将沂水南调入洪泽湖，最大日均入湖流量 537 m³/s。据统计，8 月 6 日至 20 日，通过徐洪河线和中运河线，共引沂济淮（洪泽湖）约 6.6 亿 m³，洪泽湖水位由 11.35 m 涨至 12.28 m，洪水资源得到充分利用。

3. 骆马湖

（1）提前补湖，蓄水保水

由于降雨偏少，特别是淮北地区基本无雨，4 月 13 日骆马湖水位 22.44 m，比常年同期低 0.23 m。为做好骆马湖蓄水保水工作，省水利厅下达了《关于实施向骆马湖补水的通知》，于 4 月 13 日 10 时起实施向骆马湖补水，调度泗阳站、刘老涧一站、皂河一站等站开机抽水，流量分别为 150 m³/s、120～130 m³/s、110 m³/s 左右，后视情调整抽水补湖流量。

在沙集站 5 月 10 日结束南水北调抽水后，省水利厅于 5 月 13 日 11 时启用沙集等站，流量 50 m³/s，实现双线向骆马湖送水。在上游无来水且沂沭泗地区基本无降雨的情况下，骆马湖水位从 4 月 13 日（开始补湖）的 22.44 m 到 6 月 6 日（停止补湖）的 22.43 m，得到了有效维持，为后面水稻栽插大用水储备了水源。

（2）有序调度，保证大用水期间水源

从 5 月 27 日左右，宿迁市中运河沿线用水逐渐增加，相应减少抽水补湖流量，到 6 月 6 日，皂河站停止抽水，泗阳、刘老涧、沙集等站抽水均用来解决沿线用水。为节省骆马湖水源，骆马湖向周边供水主要是南水北调刘山站（为刘山北站拆建工程施工导流），其余各大口门，除洋河滩闸于 6 月 13 日至 27 日开闸放水（为补充栽插用水高峰期宿迁中运河段供水不足所实施的南放骆马湖水源），刘集地涵在 6 月 18、19 日开闸放水外，在 6、7 月均未放水。

针对黄墩湖地区用水要求，省水利厅协调淮委沂沭泗局调度宿迁闸 6 月 17 日 15 时关闸，以便抬高闸上水位，并于 6 月 28 日 18 时恢复开闸。期间，宿迁闸以上用水通过民便河闸来水及邳洪河上游来水解决；宿迁闸至刘老涧段用水通过刘老涧站抽水解决；井儿头站视情开机抽水，和洋河滩闸放水一并供给来龙灌区。

由于沙集站下水位下降，机组不能正常运行，省水利厅于 6 月 19 日在洪泽湖蒋坝水位降至 11.82 m 接近旱限水位时，调度泗洪站开机抽水，抬高沙集站下水位，最大抽水流量 80 m³/s。

在大用水期间，为维持河道水位，泗阳、刘老涧、沙集等站还采取间歇供水的方式，即白天开足流量以保障用水，下午18时左右开始，夜里根据上下游水位相应压缩抽水流量，以抬高站下河段水位，保护机组运行安全。

至6月27日，骆马湖水位已经跌至21.06 m，此时周边水稻栽插基本结束。

（3）全力补湖，保证居民生活用水

6月28日起，考虑骆马湖周边灌溉基本结束，以及骆马湖水位低于21.30 m旱限水位，处于枯水蓝色预警的情况，江苏省水利厅充分利用6月28日至29日降雨、7月6日降雨及7月23日以后淮北地区多次局地强降雨有利时机，优化江水北调沿线地区水源调度，及时调整各梯级泵站抽水流量，充分利用雨水资源，继续实施向骆马湖补水，以维持骆马湖水位。至7月27日，在保证沿线用水基础上，皂河站均开机运行，最大补湖流量140 m³/s，有力地支持了淮北地区的用水，力保骆马湖水位不低于21.0 m，保证了周边居民生活用水安全。7月1至27日，皂河站补湖水量2亿 m³，由于晴热高温天气及刘山站抽水等因素影响，骆马湖最高水位21.19 m，最低水位21.06 m。如果不补湖，骆马湖水位将降低至20.05 m，直接威胁到两市生活供水安全。

（4）加强管理，保障水源

今年江苏省苏北地区严重干旱，加之6、7月份是处于水稻插播、生长期，骆马湖周边地区用水需求较大，抗旱形势十分严峻。

进入6月份，苏北地区陆续进入水稻泡田栽插用水阶段，各地用水量明显增加，骆马湖水位下降较快，为保证周边人民生活、生产及农业灌溉、航运等需要，省水利厅6月10日下发《关于加强当前用水管理工作的通知》（苏水传发〔2019〕70号），要求江水北调沿线各市强化用水管理工作，严格执行省水利厅下达的供水调度计划和调度指令，并要求省属各管理处开展用水管理巡查。

受江苏省防指授权，江苏省水文水资源勘测局于6月24日19时发布了骆马湖枯水蓝色预警。骆马湖6月24日开始水位低于旱限水位，最低水位21.06 m（6月27日），低于旱限水位0.24 m，之后一直持续到7月底，均在旱限水位以下运行。

针对骆马湖水源严重不足，抗旱形势非常紧张，省水利厅7月多次下发通知要求做好用水管理工作。7月1日，骆马湖水位21.13 m还低于旱限水位0.17 m时，针对骆马湖水位持续低于旱限水位可能影响生活用水，省水利厅专门下达《关于加强骆马湖周边地区用水管理工作的通知》（苏水传发〔2019〕85号），要求徐州、宿迁市做好骆马湖周边地区用水管理工作；7月8日再次下发《关于进一步加强当前苏北地区用水管理工作的通知》（苏水传发〔2019〕88号），进一步强调当前用水形势严峻性及加强管理的必要性，要求各地加强用水管理。

7月2日，省防办下达《关于开展骆马湖周边地区取水口门调查工作的通知》（苏防办电传〔2019〕18号），制定骆马湖周边地区取水口门调查表，由省骆运水利工程管理处对骆马湖周边地区取水口门的现状进行调查，摸清骆马湖周边口门实际用水情况。

7月16日14时，省防指启动了苏北地区抗旱Ⅳ级应急响应。根据旱情发展，骆马湖水位接近21.0 m，省水利厅在下达的江水北调沿线地区各市月度供水调度计划基础上，7月16日制定下发了江水北调沿线地区抗旱应急供水调度计划，明确沿线各市县抗旱应急期间用水量，将用水计划细化到各引水口门，并每5天根据湖库蓄水及用水情况进行一次调整，严控区间用水量，保证补湖流量，避免骆马湖水位继续下降。

7月18日，省防指下达了《关于加强苏北地区抗旱应急用水管理工作的通知》（苏防电传〔2019〕4号），再次强调了做好当前抗旱工作的必要性和重要性。

7月23日，省水利厅制定《苏北地区当前抗旱水源应急调度方案》，努力实现"两保一兼顾"的抗旱目标，即保生活用水、重点工业用水，保大运河干线航运，兼顾农业、生态用水；并尽可能保持洪泽湖、骆马湖等湖泊入出湖水量平衡。

7月26日，在骆马湖水位21.15 m时，省水利厅还下发《关于执行骆马湖抗旱应急水量调度实施方案的通知》，明确应急调度目标，通过全面压减调水沿线农业用水、严控生态用水，强化用水管理，落实应急供水计划到位，保障城乡居民生活、重点工业等用水需求，尽可能维持骆马湖进出湖水量平衡，尽力保证骆马湖水位不低于21.0 m。

农业用水量大阶段，省水利厅还及时和省农业农村厅及各市水利局保持联系，了解各地水稻栽插进度，根据栽插进度合理调整沿线用水，细化不同阶段用水安排。

为了保证用水按计划，保障骆马湖水源合理使用，相关管理处自6月11日起，根据巡查河段引水口门流量分配计划对用水口门进行巡查，常规巡查每周不少于2次，用水高峰期每周巡查不少于5次，有效地对骆马湖周边用水进行了监督。

在抗旱期间，省水利厅还多次召开水情调度会商会，掌握全省水情及预测、当前调度措施和天气趋势预测等情况，就做好当前调度、预报等工作提出要求。围绕"两保一兼顾"的抗旱目标，即保生活用水、保运河干线航运、兼顾农业用水，加强当前抗旱工作组织领导、加强监测预报预警、继续做好水源调配、严格执行应急调度计划、强化用水管理考核问责、强化工程安全运行、加强信息报送及值班值守、坚持防汛防旱两手抓。

在苏北地区全面进入大用水前的6月10日，皂河站补给骆马湖的水量达4.83亿 m³，相当于骆马湖水深1.6 m；至7月底，皂河站共抽水补骆马湖7亿 m³。泗阳站、沙集站在6、7月份分别抽引洪泽湖水6.66亿 m³、2.05亿 m³补给骆马湖及解决沿线用水。

由于科学合理调度抗旱水源，用水管理得当，骆马湖饮用水源地水质得到了保证，同时也保障了大用水期间宿迁、徐州两地389万亩水稻顺利栽插。

附　录

附录 A　调度方案

A1　调度方案汇总

表 A1　江苏省流域性、区域性及重点工程调度方案汇总

	所处流域 （区域）	名称	批复单位	文号
流域性	长江流域	长江防御洪水方案	国务院	国函〔2015〕124 号
		长江洪水调度方案	国家防总	国汛〔2011〕22 号
	滁河流域	滁河洪水调度方案	长江防总	长防总〔2016〕49 号
	水阳江	水阳江洪水调度方案	长江防总	长防总〔2008〕9 号
	太湖地区	太湖流域洪水与水量调度方案	国家防总	国汛〔2011〕17 号
		太湖抗旱水量应急调度预案	国家防总	国汛〔2015〕17 号
		太湖流域引江济太调度方案	水利部	水资源〔2009〕212 号
		太湖超标准洪水应急处理预案	太湖防总	太防总〔2015〕10 号
	淮河流域	淮河防御洪水方案	国务院	国函〔2007〕48 号
		淮河洪水调度方案	国家防总	国汛〔2016〕14 号
	沂沭泗	沂沭泗河洪水调度方案	国家防总	国汛〔2012〕8 号
	南水北调	南水北调东线一期工程水量调度方案（试行）	水利部	水资源〔2013〕466 号
区域性	太湖地区	苏南运河区域洪涝联合调度方案（试行）	省防指	苏防〔2016〕22 号
	秦淮河流域	秦淮河洪水调度方案	省防指	苏防〔2016〕20 号
	淮河流域	白马湖区域性水利工程调度方案	省防指	苏防〔2008〕32 号
		淮河入海水道调度运用方案	省防指	苏防〔2010〕6 号
		通榆河北延送水工程调度方案（试行）	省防指	苏防〔2011〕19 号

重点工程如淮河入海水道等，节点工程如谏壁闸站等的调度方案不一一列举。

A2　调度方案摘录

A2.1　流域洪水调度

A2.2.1　沂沭泗河洪水调度

沂沭泗水系由沂河、沭河和泗（运）河组成，经过 60 多年的治理，已形成由水库、河湖堤防、控制性水闸、分洪河道及蓄滞洪工程等组成的防洪工程体系。目前，除南四湖部分工程外，沂沭泗河洪水东调南下续建工程已完成，骨干河道中下游防洪工程体系基本达到 50 年一遇防洪标准。沂沭泗洪水调度根据不同的上、下游水情，围绕"东调南下"进行水位控制和流量分配，以及确定超标准洪水对策原则。沂河洪水调度以临沂为控制站，划分不同等级洪峰流量，分别安排沂河洪水通过刘家道口闸南下入骆马湖、通过彭家道口闸东调分沂入沭、通过江风口闸进邳苍分洪道再入中运河及骆马湖；沭河洪水调度以大官庄站为控制站，汇合沭河来水和分沂入沭来水，划分不同等级洪峰流量，分别通过大官庄闸东入石梁河水库下泄新沭河入海、通过人民胜利堰南下总沭河入新沂河；南四湖洪水调度以上、下级湖水位及中运河运河镇和骆马湖水位为指标，控制二级坝闸及韩庄闸下泄流量；骆马湖洪水调度划分不同等级的洪水，安排新沂河泄洪、中运河及徐洪河分泄、照顾黄墩湖地区排涝、退守宿迁大控制、黄墩湖滞洪区滞洪。

国家防总批准的《沂沭泗河洪水调度方案》（国汛〔2012〕8 号）与江苏省相关的主要内容如下：

（1）沂河洪水调度

①预报沂河临沂站洪峰流量小于 3 000 m³/s 时，沂河上游来水原则上通过刘家道口闸向南下泄；如骆马湖以上南四湖及邳苍地区来水较大，或骆马湖及新沂河汛情紧张，采用彭道口闸分洪。

②预报沂河临沂站洪峰流量为 3 000 至 9 500 m³/s 时，彭道口闸尽量分洪，控制沂河江风口以下流量不超过 7 000 m³/s。

③预报沂河临沂站洪峰流量为 9 500 至 12 000 m³/s 时，彭道口闸分洪流量不超过 4 000 m³/s，当刘家道口闸下泄流量超过 8 000 m³/s 或江风口闸闸前水位达 58.5 m 时，开启江风口闸分洪，控制沂河江风口以下流量不超过 8 000 m³/s。

④预报沂河临沂站洪峰流量为 12 000 至 16 000 m³/s 时，彭道口闸分洪流量不超过 4 000 m³/s，控制刘家道口闸下泄流量不超过 12 000 m³/s。江风口闸分洪流量不超过 4 000 m³/s，沂河江风口以下流量不超过 8 000 m³/s。

⑤预报沂河临沂站洪峰流量超过 16 000 m³/s 时，彭道口闸分洪流量 4 000～4 500 m³/s，控制刘家道口闸下泄流量 12 000 m³/s。江风口闸分洪流量 4 000 m³/s，沂河江风口以下流量 8 000 m³/s。当采取上述措施仍不能满足要求时，超额洪水

在分沂入沭以北地区采取应急措施处理。

（2）沭河洪水调度

①预报沭河大官庄枢纽洪峰流量（沭河干流洪水加分沂入沭来水，下同）小于 3 000 m³/s 时，人民胜利堰闸（含灌溉孔）下泄流量不超过 1 000 m³/s，余额洪水由新沭河闸下泄。预报石梁河水库水位将超过汛限水位时，水库预泄接纳上游来水。若石梁河水库需控制下泄流量，可控制库水位不超过 24.5 m，并于洪峰过后尽快降至汛限水位。

②预报沭河大官庄枢纽洪峰流量为 3 000 至 7 500 m³/s 时，来水尽量东调。视新沂河、老沭河洪水，人民胜利堰闸下泄流量不超过 2 500 m³/s，新沭河闸下泄流量不超过 5 000 m³/s；石梁河水库提前预泄腾库接纳上游来水，水库泄洪控制库水位不超过 25.0 m，并于洪峰过后尽快降至汛限水位。

③预报沭河大官庄枢纽洪峰流量为 7 500 至 8 500 m³/s 时，来水尽量东调。视新沂河、老沭河洪水，人民胜利堰闸下泄流量不超过 2 500 m³/s，新沭河闸下泄流量不超过 6 000 m³/s；石梁河水库提前预泄腾库接纳上游来水，水库泄洪控制库水位不超过 26.0 m，并于洪峰过后尽快降至汛限水位。

④预报沭河大官庄枢纽洪峰流量超过 8 500 m³/s 时，来水尽量东调，控制新沭河闸下泄流量不超过 6 500 m³/s；视新沂河、老沭河洪水，人民胜利堰闸下泄流量不超过 3 000 m³/s。当采取上述措施仍不能满足要求时，超额洪水在大官庄枢纽上游地区采取应急措施处理。石梁河水库要提前预泄接纳上游来水，尽量加大下泄流量，必要时保坝泄洪。洪峰过后水库尽快降至汛限水位。

（3）南四湖洪水调度

①当上级湖南阳站水位达到 34.2 m 并继续上涨时，二级坝枢纽开闸泄洪，视水情上级湖洪水尽量下泄。预报南阳站水位超过 37.0 m 时，二级坝枢纽敞泄。当南阳站水位超过 37.0 m 时，启用南四湖湖东滞洪区白马片和界潮片滞洪。

②当下级湖微山站水位达到 32.5 m 并继续上涨时，韩庄枢纽开闸泄洪，视南四湖、中运河、骆马湖水情，下级湖洪水尽量下泄。如预报微山站水位不超过 36.5 m 时，当中运河运河站水位达到 26.5 m 或骆马湖水位达到 25.0 m 时，韩庄枢纽控制下泄。

预报微山站水位超过 36.5 m 时，韩庄枢纽尽量泄洪，尽可能控制中运河运河站流量不超过 6 500 m³/s。

当微山站水位超过 36.5 m 时，启用南四湖湖东滞洪区蒋集片滞洪，韩庄枢纽敞泄；在不影响徐州城市、工矿安全的前提下，蔺家坝闸参加泄洪。

（4）骆马湖洪水调度

①当骆马湖水位达到 22.5 m 并继续上涨时，嶂山闸泄洪，或相机利用皂河闸、宿迁闸泄洪；如预报骆马湖水位不超过 23.5 m，照顾黄墩湖地区排涝。

②预报骆马湖水位超过 23.5 m 时，骆马湖提前预泄。预报骆马湖水位不超过 24.5 m 时，嶂山闸泄洪控制新沂河沭阳站洪峰流量不超过 5 000 m³/s，同时相机利用皂河闸、宿迁闸泄洪。

③预报骆马湖水位超过 24.5 m 时，嶂山闸泄洪控制新沂河沭阳站洪峰流量不超过 6 000 m³/s，同时相机利用皂河闸、宿迁闸泄洪。

④当骆马湖水位超过 24.5 m 并预报继续上涨时，退守宿迁大控制；嶂山闸泄洪控制新沂河沭阳站洪峰流量不超过 7 800 m³/s；视下游水情，控制宿迁闸泄洪不超过 1 000 m³/s；徐洪河相机分洪。

⑤如预报骆马湖水位超过 26.0 m，当骆马湖水位达到 25.5 m 时，启用黄墩湖滞洪区滞洪，确保宿迁大控制安全。

（5）洪水资源调度

①6 月 1 日至 15 日，视天气情况及用水需要，可逐步控制湖泊水位至汛限水位。

②8 月 15 日至 9 月 30 日，视适时雨水情及中长期预报，决定南四湖、骆马湖是否由汛限水位逐步抬高到汛末蓄水位。

A2.1.2 淮河洪水调度

经过 60 多年的治理，淮河已初步形成由水库、河道堤防、行蓄洪区、湖泊等组成的防洪工程体系。淮河干流上游设计防洪标准 10 年一遇，中游淮北大堤和沿淮重要城市设计防洪标准 100 年一遇，洪泽湖以下主要堤防设计防洪标准 100 年一遇。江苏省境内的淮河洪水调度，主要是洪泽湖的调度，根据洪泽湖不同等级洪水，分别安排苏北灌溉总渠（废黄河）、淮河入江水道、淮河入海水道、分淮入沂的启用时序和控制流量，洪泽湖周边滞洪区滞洪，以及超标准洪水对策和调度权限等。

国家防总批准的《淮河洪水调度方案》（国汛〔2016〕14 号）与江苏省相关的主要内容如下：

（1）洪泽湖洪水调度

①洪泽湖汛限水位为 12.5 m。当预报淮河上中游发生较大洪水时，洪泽湖应提前预泄，尽可能降低湖水位。

②当洪泽湖水位达到 13.5 m 时，充分利用入江水道、苏北灌溉总渠及废黄河泄洪；淮、沂洪水不遭遇时，利用淮沭河分洪。

洪泽湖水位达到 13.5～14.0 m，启用入海水道泄洪。

③当预报洪泽湖水位将达到 14.5 m 时，三河闸全开敞泄，入海水道充分泄洪，在淮、沂洪水不遭遇时淮沭河充分分洪。

④当洪泽湖水位达到 14.5 m 且继续上涨时，滨湖圩区破圩滞洪。

⑤当洪泽湖水位超过 15.0 m 时，三河闸控泄 12 000 m³/s。如三河闸以下区间来水大且高邮水位达 9.5 m，或遇台风影响威胁里运河大堤安全时，三河闸可

适当减少下泄流量,确保洪泽湖大堤、里运河大堤安全。

⑥当洪泽湖水位超过 16.0 m 时,入江水道、入海水道、淮沭河、苏北灌溉总渠等适当利用堤防超高强迫行洪,加强防守,控制洪泽湖蒋坝水位不超过 17.0 m。

⑦当洪泽湖蒋坝水位达到 17.0 m,且仍有上涨趋势时,利用入海水道北侧、废黄河南侧的夹道地区泄洪入海,以确保洪泽湖大堤的安全。

（2）洪水资源利用

在不影响防洪和排涝的前提下,洪泽湖可在后汛期根据雨水情适时拦蓄尾水,逐步由汛限水位抬高至汛末蓄水位 13.0 m,充分利用洪水资源。

（3）调度权限

蒋坝水位低于 14.5 m,洪泽湖的调度运用由江苏省负责。遇特殊情况,由淮河防汛抗旱总指挥部调度。

蒋坝水位达到或超过 14.5 m 时,洪泽湖的调度运用由淮河防汛抗旱总指挥部商有关省提出意见,报国家防汛抗旱总指挥部决定。

入海水道的运用由淮河防汛抗旱总指挥部决定。

洪泽湖周边圩区的运用由淮河防汛抗旱总指挥部商有关省提出意见,报国家防汛抗旱总指挥部决定。

A2.1.3　太湖流域洪水调度

目前,太湖流域已初步形成北通长江、东出黄浦江、南排杭州湾的骨干水利工程体系,基本达到防御 1954 年降雨典型的洪水标准。太湖流域洪水外排能力受江海潮位限制,对河湖调蓄的依赖性大,且流域洪水下泄与区域涝水外排交织,太湖洪水调度方案规定了不同阶段的太湖排、蓄控制水位,太浦河、望虞河的下泄流量根据太湖不同水位、太浦河平望水位、望虞河琳桥水位进行控制,以及超标准洪水对策等。

国家防总批准的《太湖流域洪水与水量调度方案》（国汛〔2011〕17 号）与江苏省相关的主要内容如下:

（1）太湖调度控制水位

① 4 月 1 日至 6 月 15 日,防洪控制水位 3.10 m;调水限制水位 3.00 m。

② 6 月 16 日至 7 月 20 日,防洪控制水位按 3.10 m 至 3.50 m 直线递增;调水限制水位按 3.00 m 至 3.30 m 直线递增。

③ 7 月 21 日至次年 3 月 15 日,防洪控制水位 3.50 m;调水限制水位 3.30 m。

④ 3 月 16 日至 3 月 31 日,防洪控制水位按 3.50 m 至 3.10 m 直线递减;调水限制水位按 3.30 m 至 3.00 m 直线递减。

（2）洪水调度

当太湖水位高于防洪控制水位且低于 4.65 m 时，实施洪水调度，并按下列情形执行：

①太浦河工程

当太湖水位不超过 3.50 m 时，太浦闸泄水按平望水位不超过 3.30 m 控制；

当太湖水位不超过 3.80 m 时，太浦闸泄水按平望水位不超过 3.45 m 控制；

当太湖水位不超过 4.20 m 时，太浦闸泄水按平望水位不超过 3.60 m 控制；

当太湖水位不超过 4.40 m 时，太浦闸泄水按平望水位不超过 3.75 m 控制；

当太湖水位不超过 4.65 m 时，太浦闸泄水按平望水位不超过 3.90 m 控制。

当预报太浦闸下游地区遭受地区性大暴雨袭击或预报米市渡水位超过 3.70 m（吴山吴淞基面）时，太浦闸可提前适当减少泄量。

②望虞河工程

a. 望亭水利枢纽

当太湖水位不超过 4.20 m 时，望亭水利枢纽泄水按琳桥水位不超过 4.15 m 控制；

当太湖水位不超过 4.40 m 时，望亭水利枢纽泄水按琳桥水位不超过 4.30 m 控制；

当太湖水位不超过 4.65 m 时，望亭水利枢纽泄水按琳桥水位不超过 4.40 m 控制。

当预报望虞河下游地区遭受风暴潮或地区性大暴雨袭击时，望亭水利枢纽提前适当减少泄量。

b. 常熟水利枢纽

当太湖水位高于防洪控制水位时，望虞河常熟水利枢纽泄水；当太湖水位超过 3.80 m，并预测流域有持续强降雨时开泵排水。

（3）当太湖水位超过 4.65 m 时的非常措施

当太湖水位超过 4.65 m 时，要进一步加强流域统一指挥调度，局部服从全局，重点保护环湖大堤和大中城市等重要保护对象安全；应尽可能加大太浦河、望虞河的泄洪流量，充分发挥沿长江各口门以及杭嘉湖南排工程的排水能力，加大东苕溪导流东岸各闸泄洪流量，打开东太湖沿岸及流域下游地区各排水通道。环湖大堤临湖一侧围湖区破口蓄洪，并视水情发展采取一切可能的分滞洪措施。流域内各重要城镇采取自保应急措施。

A2.2 区域性洪涝调度

A2.2.1 里下河地区

经过 60 多年的治理，里下河地区已形成了以里运河东堤、苏北灌溉总渠南堤、海堤和通扬公路为外围屏障的流域防洪工程体系；形成了由河道堤防、沿海挡潮闸、泵站以及湖泊湖荡、滞涝圩等组成的区域防洪除涝工程体系。现状外围流域性防洪标准 100 年一遇，区域防洪标准基本达到 20 年一遇，除涝标准 5～10 年一遇，重要城市防洪标准 50～100 年一遇，除涝标准 10～20 年一遇。里下河地区的洪涝调度以兴化、射阳镇、建湖、阜宁为水位代表站，以不同水位等级，按照"自排为主，抽排为辅，必要时滞涝圩滞涝"的原则，分别安排沿海港闸自排入海，江都、高港等站抽排入江，必要时滞涝圩分批按规定滞涝。

2017 年江苏省防汛防旱指挥部印发的《里下河地区洪涝调度方案》相关调度内容如下：

1. 洪涝调度

（1）兴化控制水位

入梅前插秧用水高峰阶段，调节引江水量，控制兴化水位在 1.2 m 左右；梅雨即将来临前，控制兴化水位在 1.1 m 左右；出梅后至 9 月底控制兴化水位在 1.2 m 左右；10 月至次年 6 月上旬控制兴化水位在 1.3 m 左右。具体调度时根据当时雨水情进行适当调整。

（2）沿海主要挡潮闸

①当天气预报有较大降雨时，射阳河闸、黄沙港闸、新洋港闸、斗龙港闸、川东港闸应适时开闸，利用黄海潮位涨落规律抢排，在不影响供水、航运等安全前提下，预降内河水位。

②当兴化水位超过阶段防洪控制水位或建湖水位超过 0.8 m，并有继续上涨趋势时，射阳河闸、黄沙港闸、新洋港闸、斗龙港闸、川东港闸开闸抢潮排水。

（3）泵站工程

①当兴化水位达到 1.4 m 且预报将超过 2.0 m 时，江都站、高港站开机抽排。

②当射阳镇水位达到 1.6 m 且预报将超过 2.0 m 时，宝应站开机抽排。

③当阜宁水位达到 1.3 m 且预报将超过 1.9 m 时，大套一和二站、滨海站视废黄河、通榆河大套船闸以北段雨情、水情相机开机抽排；北坍站视苏北灌溉总渠水情相机开机抽排。

④当兴化水位达到 2.5 m 且预报将超过 3.0 m 时，通榆河沿线草堰站、东台站、安丰站、富安站以及贲家集水利枢纽泵站视所在垦区雨情、水情相机开机抽排。

⑤当阜宁水位达到 1.9 m 且预报将超过 2.4 m 时，阜宁泵站视苏北灌溉总渠水情相机开机抽排。

（4）湖泊湖荡及滞涝圩

根据 1992 年江苏省人民政府文件《批转省水利厅关于里下河腹部地区滞涝、清障实施意见的通知》（苏政发〔1992〕44 号）和 2006 年江苏省人民政府批复的《江苏省省管湖泊保护规划》（苏政发〔2006〕99 号）规定，保证约 216 km² 湖泊湖荡滞涝面积；分三批启用滞涝圩，滞涝圩总面积约 479 km²。

①湖泊湖荡

当里下河地区发生洪涝时，湖泊湖荡应蓄洪滞涝。

②滞涝圩

当兴化水位达到 2.5 m 时，第一批滞涝圩滞涝；

当兴化水位达到 3.0 m 时，第二批滞涝圩滞涝；

当兴化水位超过 3.0 m，并有继续上涨趋势时，第三批滞涝圩滞涝。

滞涝圩启用后应根据外河水位回落情况适时进行退水，一般应遵循错峰延后退水的原则，避免增加下游防洪压力。

（5）周边地区排水调度

通南、通榆河以东地区汛期涝水原则上不得排入里下河腹部地区。特殊情况需要相机向里下河腹部地区排水时，由所在市防汛防旱指挥部提出意见，报省防汛防旱指挥部同意，再由市防汛防旱指挥部负责组织实施。

运西地区向里下河地区排涝调度按《白马湖区域性水利工程调度方案》执行。

（6）其他调度要求

里下河地区排涝期间，沿运和渠南自流灌区内已建有提水站的要坚决改提里下河水灌溉，减少自流灌区的回归水进入里下河腹部。

2. 非常措施

当里下河地区遭遇超标准洪水时，要进一步加强区域统一指挥调度，局部服从全局；必要时采取以下调度措施，以确保重要城市、供水供电设施、交通干线、机场、工业区等重点防护对象的防洪安全。

（1）圩区泵站限排

限排原则是：农业圩先限排，水面率大且调蓄能力强的圩区先限排，圩内无重点防洪对象且经济损失小的圩区先限排。

①当兴化水位超过 3.1 m 时，南部圩区泵站应适时限排；当建湖水位超过 2.7 m 时，北部圩区泵站应适时限排。必要时，南部、北部圩区泵站提前限排。

②当兴化水位、建湖水位继续上涨接近或达到历史最高水位时，圩区泵站应当停排。

（2）经沿海垦区、通南地区相机分排

当里下河腹部地区发生超标准洪水而沿海垦区、通南地区水位较低，具备分泄腹部地区洪水条件时，应视各地区雨情、水情，相机启用垦区与腹部有联系的独立排水通道调度闸，增加经垦区排水入海通道；开启沿通扬公路部分涵闸，启用姜堰抽水站，帮助里下河腹部排水入江。

（3）应急破圩滞洪

在遭遇超标准洪水或重要防护对象出现险情，急需分洪滞洪以减轻防洪压力时，采取应急破圩滞洪措施。破圩原则是：选择经济损失小、调蓄库容大且能发挥作用的圩子。

A2.2.2 滁河洪水调度

经过长期治理，滁河流域已基本形成了以堤防为基础，分洪道、蓄滞洪区、支流水库和河道整治等工程措施与非工程措施相结合的综合防洪减灾体系。滁河流域总体防洪标准为 1991 年 6 月实际洪水（约 20 年一遇）。滁州市城区、六合区城区、南京化学工业园区防洪标准为 50 年一遇，全椒、来安县城防洪标准为 20 年一遇；以后可根据经济社会发展情况适当提高防洪标准。滁河洪水调度，江苏省境内调度代表站为晓桥站，根据不同水位等级，要求及时开启干流各闸畅泄，充分发挥马汊河、朱家山河、划子口等各通江分洪道的作用，以及必要时启用蒿子圩滞洪区滞洪；对安徽、江苏两省大中型水库，要求适时为下游洪水错峰。

长江防汛抗旱总指挥部印发的《滁河洪水调度方案》（长防总〔2016〕49号）的主要调度内容如下：

1. 标准以内洪水防御

（1）河道和分洪道

主汛期（6—8 月）当晓桥水位低于 9.5 m 时，滁河干流各节制闸按各自调度方案运行。当晓桥水位达到 9.5 m，并预报将继续上涨时，滁河干流及分洪道节制闸应全部敞开泄洪，充分发挥河道和分洪道泄洪入江能力。

（2）水库

滁河支流上的黄栗树、沙河集、城西、屯仓、金牛山等大中型水库，在保证大坝安全的前提下，按照控制运用计划拦洪错峰，以减轻下游的防洪压力。

各水库的调度运用方式，按照皖苏两省有管辖权的防汛抗旱指挥机构批复执行。

（3）蓄滞洪区

①当襄河口闸上水位达到 13.0 m，且预报水位将继续上涨超过 13.50 m 时，做好荒草三圩、荒草二圩的分洪运用准备。当襄河口闸上水位达到 13.5 m，且预报将继续上涨时，视雨情、水情和工程情况，相继运用荒草三圩、荒草二圩分洪。

②当晓桥水位达到 12.00 m，且预报晓桥或汊河集闸上水位将继续上涨超过堤防设计水位时，做好蒿子圩、汪波东荡的分洪准备。晓桥水位达到 12.50 m，并预报将继续上涨，若汊河集闸上水位低于 12.30 m，则首先运用蒿子圩分洪，若仍不能控制晓桥水位上涨，再运用汪波东荡分洪；若汊河集闸上水位达到 12.30 m 时，并预报将继续上涨，则首先运用汪波东荡分洪，若仍不能控制汊河集闸上水位上涨，再运用蒿子圩分洪。

2. 超标准洪水防御

（1）若荒草二圩、荒草三圩全部运用后，襄河口闸上水位继续上涨，则短时间内适当提高堤防运用水位至襄河口闸上水位 14.28 m；若预报水位还将继续上涨，则根据需要相机运用襄河口闸上游一般圩垸分蓄洪水。

（2）若汪波东荡、蒿子圩全部运用后，晓桥或汊河集闸上水位继续上涨，则短时间内局部河段适当提高堤防运用水位至汊河集闸上水位 12.55 m；若预报水位还将继续上涨，则根据需要相机运用襄河口闸至汊河集闸段一般圩垸分蓄洪水。

·············

A2.2.3　秦淮河洪水调度

秦淮河洪水调度，上游、下游分别以赤山湖（赤山闸）、东山为代表站，根据不同洪水等级，安排及时开启秦淮新河闸、武定门闸排水入长江、上游水库错峰，天生桥套闸相机跨流域排水至石臼湖水系，必要时启用赤山湖蓄滞洪区滞洪，此外，调度方案还包括超标准洪水对策、工程调度权限等。

省防指印发的《秦淮河洪水调度方案》（苏防〔2016〕16 号）主要内容如下：

经过 60 年多年治理，秦淮河流域已形成了"上蓄、中滞、下泄"防洪体系格局，上游众多水库塘坝发挥蓄洪作用，中游赤山湖及众多圩区水域发挥滞洪作用，下游有秦淮河及秦淮新河分洪道泄洪入江。目前，秦淮河堤防防洪标准基本达到 50 年一遇，下游南京城区段堤防挡洪标准基本达到 100 年一遇，支流防洪标准 10～20 年一遇，圩区治涝标准接近 10 年一遇。

秦淮河干流调度代表站为东山站，警戒水位 8.50 m；句容河赤山闸下警戒水位 9.5 m；赤山湖警戒水位 11.0 m。

（1）防洪控制水位

①入汛后，东山水位在梅雨期间按不超过 7.5 m 控制，其他时间按不超过 7.8 m 控制。

②入汛后，赤山湖（含环湖、内湖）水位在梅雨期间按不超过 8.5 m 控制，其他时间按不超过 9.0 m 控制。

③入汛后，各中型水库水位按不超过汛限水位控制（见表 A2）。

表 A2　秦淮河流域中型水库主汛期汛限水位　　　　　　单位：m

水库名称	主汛期汛限水位
北山水库	52.00
句容水库	26.50
二圣桥水库	15.00
茅山水库	28.00
方便水库	26.20

水库名称	主汛期汛限水位
中山水库	26.00
卧龙水库	18.50
赵村水库	32.50

（2）洪水调度

①入江枢纽工程

a. 水位预降：当天气预报有较大降雨时，武定门闸、秦淮新河闸应适时开闸，充分利用长江潮位涨落规律抢排，预降东山水位到 7.0 m 左右；当长江潮位较高，两闸自排受阻，必要时利用秦淮新河站抽排。

b. 洪水期排洪：当东山水位超过防洪控制水位，武定门闸和秦淮新河闸视情开闸排水，武定门闸优先开启，控制东山水位不超过防洪控制水位；当东山水位继续上涨，且天气预报有暴雨或更大量级降雨时，武定门闸、秦淮新河闸应全力排洪，秦淮新河站视情开机抽排。

c. 武定门抽水站应根据方案，当内秦淮河东关水位达 6.5 m 时，按省防指的要求，及时排除南京城区内涝，确保城区汛期的安全。

d. 当长江潮位高于内河水位，且内河无引水要求时，武定门闸、秦淮新河闸应及时关闸，防止江水倒灌。

②赤山湖蓄滞洪区

a. 水位预降：当天气预报有较大降雨时，赤山闸应提前开闸，预降水位与下游句容河水位持平；内湖应适时开闸预降水位不超过 8.5 m。

b. 赤山闸分泄句容河洪水：当句容河发生洪水，赤山闸下水位达 12.5 m 且继续上涨，而赤山闸上水位低于闸下时，赤山闸应开闸进洪，分泄句容河洪水，减轻句容河防洪压力。

c. 赤山闸下泄赤山湖上游来水：当流域发生较大洪水，赤山闸下水位达到 12.5 m 且继续上涨，同时赤山湖上游地区有来水需要赤山闸泄洪时，赤山闸应控制下泄流量不超过 300 m³/s；当闸下水位达到 13.0 m 且继续上涨，统筹考虑沿湖堤防安全及下游干流防洪压力，赤山闸应适时关闸错峰；当闸上水位超过 13.5 m，为保沿湖堤防安全，赤山闸应敞开泄洪。

d. 赤山湖内湖和白水荡滞洪运用：当赤山湖环湖水位在 12.0～12.5 m 且继续上涨时，白水荡、赤山湖内湖应适时开启分洪闸进洪。

e. 洪水退水：赤山湖蓄滞的洪水应根据句容河洪水位回落情况适时进行退水，一般应遵循错峰延后退水的原则，避免增加下游防洪压力。

③中型水库

a. 水位预降：当预报水库水位超过汛限水位时，水库应根据自身情况提前预降水位至汛限水位以下，以腾空库容，保证防洪安全。

b. 水库泄洪：水库泄洪应按照省防指批复的调度方案实施。

c. 错峰调度：当水库下游河道遭遇超标准洪水或者发生重大险情时，在确保水库自身安全的前提下，运用水库适时拦蓄洪水，为下游河道洪水错峰，减轻下游防洪压力。

④天生桥套闸

当秦淮河流域发生较大洪水而石臼湖水位较低具备分泄秦淮河洪水条件时，应视两地区雨情、水情，相机启用天生桥套闸，分泄秦淮河洪水。

（3）责任与权限

赤山湖内湖、白水荡蓄滞洪区的运用以及赤山闸在赤山湖水位超过12.5 m时的运用由省防汛防旱指挥部决定，镇江市防汛防旱指挥部负责组织句容市防汛防旱指挥部实施。赤山闸的其他运用由句容市防汛防旱指挥部负责组织实施。

……

A2.2.4　苏南运河区域洪涝联合调度

苏南运河区域洪涝联合调度，以苏南运河为主线，对沿线相关区域、城市大包围等，分别选定调度代表站并划分不同水位等级；根据水位等级，分别安排沿江口门工程北排洪涝水入江、环太湖口门工程相机排水入太湖、城市大包围工程适时启闭，区域控制工程如钟楼闸、丹金闸适时启用减轻下游压力；以及超标准洪水对策、工程调度权限等。

江苏省防指印发的《苏南运河区域洪涝联合调度方案》（苏防〔2016〕22号）主要内容如下：

江南运河沿线区域分属太湖湖西区、武澄锡虞区、阳澄淀泖区、太湖区，防洪工程体系由江南运河堤防、城市防洪包围圈、控制性工程和圩区等组成。常州、无锡、苏州市城市防洪工程设计防洪标准为200年一遇，其余河段防洪标准基本达到50年一遇。

（1）调度代表站及特征水位表（见表A3）

（2）沿江工程调度

当天气预报有较大降雨时，沿江口门应适时开闸，充分利用长江潮位涨落规律抢排，预降水位到正常控制水平以下；当长江潮位较高，自排受阻，必要时利用泵站抽排。汛期调度按照以下方案执行。

（3）环太湖工程调度

环湖其他口门的调度，一般情况下应按照《太湖流域洪水与水量调度方案》（国汛〔2011〕17号）执行。为兼顾江南运河区域排水和太湖水环境保护的要求，可关闭或按套闸方式运行。

表 A3　江苏省部分区域及城市防洪包围圈调度代表站及水位特征表　　单位：m

分类	区域/市	代表站	警戒水位	保证水位	起排水位	内部最高控制水位	防洪设计水位		
							50年一遇	100年一遇	200年一遇
区域	湖西区	王母观	4.60	5.60	—	—	—	—	—
		坊前	4.00	4.50	—	—	—	—	—
	武澄锡虞区	青阳	4.00	4.85	—	—	—	—	—
		陈墅	3.90	4.50	—	—	—	—	—
	阳澄淀泖区	湘城	3.70	4.00	—	—	—	—	—
		陈墓	3.60	4.00	—	—	—	—	—
运河沿线	镇江	丹阳	5.60	7.20	—	—	7.47		
	常州	常州（三）	4.30	4.80	—	—	5.65	5.80	5.95
	无锡	无锡（大）	3.90	4.53	—	—	4.75	5.00	5.15
	苏州	苏州（枫桥）	3.80	4.20	—	—	4.65	4.85	5.10
城市防洪包围圈	镇江	—	—	—	—	—	—	—	—
	常州	常州（三堡街）	—	—	4.30	4.80	—	—	—
	无锡	无锡（南门）	—	—	3.80	4.20	—	—	—
	苏州	苏州（觅渡桥）	—	—	北片2.90南片2.70	北片3.40南片3.20	—	—	—

注：1. 苏州城市防洪包围内北片指西塘河、北环城河以北地区，南片指西塘河、北环城河以南地区。2. 城市大包围分别为：常州运北大包围、无锡运东大包围、苏州城市中心区大包围。3. 运河沿线代表站防洪设计水位按照常州、无锡和苏州新一轮城市防洪规划修编中设计水位成果拟定。

直湖港闸、武进港闸、雅浦港闸

考虑到对太湖水质影响，直湖港闸、武进港闸、雅浦港闸一般情况下按套闸方式运行。遇区域强降雨时，雅浦港闸、武进港闸报省防指批准后可开闸排水，且雅浦港闸优先开启。

当雅浦港闸上水位高于 3.9 m 时，雅浦港闸和武进港闸开闸排水。

当无锡（大）水位在 3.9～4.5 m 之间时，由无锡市人民政府综合分析，决定直湖港闸是否开闸排水。

当无锡（大）水位高于 4.5 m 时，直湖港闸开闸排水。

（4）城市大包围

当江南运河沿线代表站水位低于 100 年一遇设计洪水位时，城市大包围按已批准的方案运行，及时排水，确保大包围内部治涝安全。

当江南运河沿线代表站水位在 100～200 年一遇设计洪水位之间时，沿运河泵站相机排水。当包围圈内代表站水位低于设定门槛值（内部最高控制水位以下 20 cm）时，沿运河泵站停机，包围圈内其他泵站根据排涝要求进行调度；当包围圈内水位高于设定门槛值时，沿运河泵站开机排水。

当江南运河沿线本河段或下一河段代表站水位高于 200 年一遇设计洪水位时，沿运河泵站原则上不得向运河排水。

············

（5）洪水控制工程运用

当无锡（大）水位低于 4.6 m 且常州（三）水位低于 5.3 m，钟楼闸敞开泄洪，保持正常航运。

当无锡（大）水位达到 4.6 m 或常州（三）水位达 5.3 m，且根据天气预报湖西及武澄锡有较大降雨过程，无锡、常州水位均将继续迅速上涨时，根据省防指指令，由海事部门实施停航管制，启动关闸程序。

············

洪水退水期，当无锡（大）水位低于 4.6 m，同时常州（三）水位低于 5.3 m，钟楼闸部分泄水，泄至闸上下游水位差小于 0.5 m 时，钟楼闸全部开启，恢复通航。

A2.3 流域性、区域性水量调度

A2.3.1 太湖流域水量调度

太湖水量调度主要是根据太湖在不同阶段的调水限制水位，适时启用望虞河常熟枢纽，引长江水补给太湖及周边地区，以及明确太湖发生严重干旱时的应急措施。

国家防总批准的《太湖流域洪水与水量调度方案》（国汛〔2011〕17 号）与江苏省相关的主要内容如下：

当太湖水位低于调水限制水位时，相机实施水量调度，并按下列情形执行：

（1）常熟水利枢纽

①当望虞河张桥水位不超过 3.80 m 时，可启用常熟水利枢纽调引长江水。

②当预报望虞河下游地区将遭受风暴潮或地区性大暴雨袭击时，或望虞河张桥站水位超过 3.80 m 时，或武澄锡虞区水位普遍超警戒时，常熟水利枢纽应暂停引水，必要时转为排水。

（2）望虞河两岸水利工程

在实施水量调度期间，严格控制望虞河西岸支流闸门，避免西岸支流污水进入望虞河，严格控制九里河、伯渎港引水；对望虞河东岸口门实行控制运行，可开启冶长泾、寺泾港、尚湖、琳桥港等口门分水，分水比例不超过常熟水利枢纽引水量的 30%，且分水总流量不超过 50 m³/s。当遭遇突发水污染事件等特殊情况时，可临时加大东岸口门分水比例或关闭东岸分水口门。

常熟水利枢纽泵站引水期间，虞山船闸严格按照套闸运用。

⋯⋯⋯⋯⋯

当太湖水位低于 2.80 m 时，要进一步加强引江河道的科学调度，充分利用沿江闸泵，增加引长江水量和入太湖水量，保证入太湖水质，适当降低流域河湖生态需水要求，加强环太湖口门和主要引供水河道两岸口门的统一调度和运行监督，实行用水限制措施，必要时启用备用水源，最大程度满足流域基本用水需求。

A2.3.2 区域水量调度

1. 骆马湖水源调度

骆马湖水源调度，主要是根据骆马湖不同水位等级及不同用水阶段，统筹安排适时向骆马湖补给江淮水、用水高峰时骆马湖适量向下游补水，以及妥善处理农灌与中运河航运的矛盾等。

省防指印发的《江苏省流域性、区域性水利工程调度方案》相关内容如下：

（1）骆马湖水源由省防指统一调度。

（2）皂河闸以下以及宿豫来龙灌区原则上由泗阳站抽引淮水、江水解决，但在用水高峰时，视骆马湖水情适当从骆马湖放水解决。用水紧张时，省防指确定总用水量，宿豫、宿城和泗阳等县（区）的用水由宿迁市负责分配安排，并确定井儿头、刘老涧两站的抽水流量。

（3）京杭运河不牢河段、中运河的水位，关系电厂发电和全省煤炭等重要物资的运输，对我省国民经济有着重大影响，因此徐州、宿迁两市要加强沿湖、沿运的用水管理。

（4）如宿豫等县区用水高峰已过，也可根据交通部门提出的要求，酌情利用泗阳、刘老涧等抽水站翻引江水、淮水，补给航运用水。同时皂河闸以上沿中运河和京杭运河不牢河段的各抽水站都要控制抽水。

（5）当中运河运河镇水位降至 21 m 以前，交通部门要采取紧急措施，突击抢运积存煤炭。对一些主要物资也要组织突击抢运，做好两手准备。当运河镇水位降至 20.5 m，航运和农灌用水发生严重矛盾时，农业和航运用水要兼顾，局部要服从全局。在旱情严重难以维持正常航运的时候，应减载或改用小船队运输。

2. 洪泽湖水源调度

洪泽湖水源调度，主要是根据洪泽湖不同水位等级及不同用水阶段，合理安排向扬州、淮安、盐城、连云港市，以及向中运河泗阳以上、徐洪河沙集以上的供水流量；根据水量供需分析，安排适时向洪泽湖补给江水，以及妥善处理农灌与交通航运的矛盾等。

省防指印发的《江苏省流域性、区域性水利工程调度方案》相关内容如下：

（1）洪泽湖水源由省防指统一调度。

（2）当洪泽湖水位在 12.5 m 以下时，按省规定，除经蔷北地涵和沭新退水闸（含桑墟水电站），向连云港市送水 50 m³/s，废黄河送水 15 至 20 m³/s 外，其余部分由省防指统一调度给淮安市、宿迁市等使用。

（3）当洪泽湖水位降至 11.3 m 时，由于二河闸出量不足，向连云港市及废黄河送水的流量将相应减少。但为了确保连云港港口和城市用水，根据大旱的 1992 年实况，在任何情况下，通过蔷北地涵和沭新退水闸向连云港送水不得少于 30 至 40 m³/s。当湖水位低于 11.0 m 时杨庄闸（包括杨庄水电站）停止向废黄河送农灌用水。

灌云县用水由省防指视水情调度宿迁市新沂河南偏泓闸等及时调给部分水源，一般情况下，力争灌溉期间灌云水位稳定在 1.6 m。如遇到雨涝时，要根据天气的变化做好预降工作。

3. 沙集站翻水水源

当需沙集站引用江淮水源冬春向北调水以及在灌溉期向沙集以上徐洪河补水时，由徐州市提出要求，省防指统一安排调度。

4. 江都站翻水水源

（1）江都站水源由省防指调度。

（2）在江都站抽足的情况下，除保证淮安站抽水 170～200 m³/s，经斜河大引江闸送灌溉总渠 50～70 m³/s 外，其余水源由扬州市、淮安市使用；如遇特大干旱，需采用西线向洪泽湖补水时，沿运、沿总渠用水要相应减少。因长江潮位低或其他原因抽水不足，沿运、沿总渠用水也要相应减少。

（3）为了保证江水北送，沿运、沿总渠已建的自流灌区砍尾提水站，在灌溉水源不足的情况下，要开机抽取里下河水灌溉。

（4）为保证京杭运河运东闸至淮阴闸段的通航和淮阴电厂用水，当运东闸上水位降到 9.00 m、淮阴闸上水位降到 10.80 m 时，必须采取应急措施，农灌和航运要兼顾。

附录 B   江苏省水情预警发布管理办法

第一条   为规范水情预警发布工作，防御和减轻水旱灾害，依据职责分工和水利行业标准，结合本省实际，制定本办法。

第二条   本办法所称水情预警是指水行政主管部门发布的洪水、干旱等预警信息。在本省发布水情预警适用本办法。

第三条   省水行政主管部门组织指导全省水情预警发布工作，负责全省流域性及区域性江、河、湖、库或涉及多个设区市的水情预警发布工作。

各设区市水行政主管部门组织指导所管辖范围内的水情预警发布工作，负责所管辖范围内的重要江、河、湖、库或涉及多个县、区的水情预警发布工作。

第四条   水情预警主要分洪水和干旱两类，依据洪水量级、干旱程度及其发展态势，由低至高分为四个等级，依次用蓝色、黄色、橙色、红色表示，即：洪水蓝色预警、洪水黄色预警、洪水橙色预警、洪水红色预警；干旱蓝色预警、干旱黄色预警、干旱橙色预警、干旱红色预警。

第五条   预警发布对象为相关防汛抗旱责任部门和社会公众。

第六条   水情预警内容一般包括预警类别、预警时间、预警流域或区域范围、预警信号和防御指南等内容。洪水、干旱预警信号执行水利行业标准《水情预警信号》（SL758—2018）。当水情达到或预报将达到预警等级阈值时，水行政主管部门应及时组织会商，综合确定预警范围和预警等级，及时发布水情预警。

江苏省水情预警发布标准以及省、设区市发布站点责任分工见附件。当水情、工情等发生变化，由省水行政主管部门及时调整水情预警发布阈值。

第七条   当水情发生变化，应及时调整预警等级或解除预警。

第八条   当水情未达预警标准，可根据水旱灾害防御工作需要，视情发布水情提示信息或防范要求，提醒相关行业、单位或社会公众关注或做好防范。

第九条   按照发布权限及有关规定，通过电信、广播、电视、报纸、网络等手段发布水情预警。

第十条   各设区市水行政主管部门可依据本办法，结合辖区内水旱灾害特点，增加或调整本地的预警发布站点，制定相应的发布管理办法。

第十一条   本办法由江苏省水利厅负责解释。

第十二条   本办法自印发之日起施行。此前有关规定与本办法不一致的，以本办法为准。

附件：

江苏省水情预警发布信号及标准

依据水利行业标准《水情预警信号》（SL758—2018），结合本省实际，制定江苏省水情预警发布信号及标准。

一、洪水预警信号

1. 等级

依据洪水量级及其发展态势，洪水预警信号由低至高分为四个等级，依次用蓝色、黄色、橙色、红色表示。

2. 图标

洪水蓝色、黄色、橙色、红色预警信号图标依次为：

二、干旱预警信号

1. 等级

依据干旱严重程度及其发展态势，干旱预警信号由低至高分为四个等级，依次用蓝色、黄色、橙色、红色表示。

2. 图标

干旱蓝色、黄色、橙色、红色预警信号图标依次为：

三、发布标准

表 B1　江苏省洪水预警发布标准表

流域或水系	序号	河名	站名	蓝色预警	黄色预警	橙色预警	红色预警	发布层级	备注
长江	1	长江	南京	8.70≤Z<9.20	9.20≤Z<9.70	9.70≤Z<10.39	Z≥10.39	省发布	长江江苏段
	2	长江	镇江	7.50≤Z<8.00	8.00≤Z<8.59	8.59≤Z<8.85	Z≥8.85	镇江市发布	
	3	长江	江阴	5.90≤Z<6.30	6.30≤Z<6.80	6.80≤Z<7.25	Z≥7.25	无锡市发布	
	4	长江	天生港	5.60≤Z<6.00	6.00≤Z<6.40	6.40≤Z<6.73	Z≥6.73	南通市发布	
太湖	5	太湖	太湖平均	3.80≤Z<4.20	4.20≤Z<4.50	4.50≤Z<4.80	Z≥4.80		
	6	望虞河	琳桥	3.80≤Z<4.00	4.00≤Z<4.20	4.20≤Z<4.71	Z≥4.71	省发布	调水期间不执行
	7	大浦河	平望	3.70≤Z<3.90	3.90≤Z<4.20	4.20≤Z<4.45	Z≥4.45		
	8	京杭运河	丹阳	6.50≤Z<6.80	6.80≤Z<7.00	7.00≤Z<7.20	Z≥7.20	镇江市发布	当苏南运河两个及以上站点发布预警，则省发布苏南运河预警，预警等级就高不就低。
	9	京杭运河	常州(三)	4.30≤Z<4.80	4.80≤Z<5.20	5.20≤Z<5.52	Z≥5.52	常州市发布	
	10	京杭运河	无锡	3.90≤Z<4.20	4.20≤Z<4.50	4.50≤Z<5.05	Z≥5.05	无锡市发布	
	11	京杭运河	枫桥	3.80≤Z<4.20	4.20≤Z<4.50	4.50≤Z<4.82	Z≥4.82	苏州市发布	
	12	长荡湖	王母观	4.60≤Z<5.60	5.60≤Z<6.12	6.12≤Z<6.55	Z≥6.55	常州市发布	
	13	滆湖	坊前	4.10≤Z<4.50	4.50≤Z<5.43	5.43≤Z<5.80	Z≥5.80		
	14	锡澄运河	青阳	4.00≤Z<4.40	4.40≤Z<4.85	4.85≤Z<5.10	Z≥5.10	无锡市发布	
	15	西氿	宜兴(西)	4.20≤Z<4.70	4.70≤Z<5.20	5.20≤Z<5.54	Z≥5.54		
	16	阳澄湖	湘城	3.80≤Z<4.00	4.00≤Z<4.10	4.10≤Z<4.20	Z≥4.20	苏州市发布	
	17	陈墓荡	陈墓	3.70≤Z<3.90	3.90≤Z<4.10	4.10≤Z<4.20	Z≥4.20	苏州市发布	调水期间不执行

流域或水系	序号	河名	站名	蓝色预警	黄色预警	橙色预警	红色预警	发布层级	备注
水阳江	18	水阳江	水碧桥	10.5≤Z<11.5	11.5≤Z<12.30	12.30≤Z<12.80	Z≥12.80	省发布	
	19	固城湖	高淳	10.4≤Z<11.5	11.5≤Z<12.0	12.0≤Z<12.50	Z≥12.50	南京市发布	
	20	石臼湖	蛇山闸	10.4≤Z<11.5	11.5≤Z<12.0	12.0≤Z<12.50	Z≥12.50	南京市发布	
秦淮河	21	秦淮河	东山	8.80≤Z<9.50	9.50≤Z<10.50	10.50≤Z<11.44	Z≥11.44	省发布	
	22	赤山湖	赤山闸(上)	11.00≤Z<12.50	12.50≤Z<13.00	13.00≤Z<13.34	Z≥13.34	镇江市发布	
滁河	23	滁河	晓桥	9.50≤Z<11.0	11.00≤Z<12.00	12.00≤Z<12.50	Z≥12.50	省发布	
	24	滁河	六合	8.20≤Z<9.00	9.00≤Z<9.50	9.50≤Z<9.97	Z≥9.97	南京市发布	
淮河	25	洪泽湖	蒋坝	13.60≤Z<13.90	13.90≤Z<14.20	14.20≤Z<14.50	Z≥14.50		适用于洪水影响期间，调水或枯季蓄水期不执行
	26	淮河	盱眙	14.60≤Z<15.10	15.10≤Z<15.50	15.50≤Z<15.85	Z≥15.85	省发布	
	27	高邮湖	高邮(高)	8.50≤Z<9.00	9.00≤Z<9.30	9.30≤Z<9.50	Z≥9.5	省发布	
	28	入海水道	二河新闸	1000≤Q<1500	1500≤Q<2000	2000≤Q<2270	Q≥2270		
	29	分淮入沂	淮阴闸(下)	800≤Q<1000	1000≤Q<1500	1500≤Q<2000	Q≥2000		
	30	苏北灌溉总渠	运东闸(上)水位或高良涧闸站总流量	10.00≤Z<10.20 或600≤Q<700	10.20≤Z<10.50 或700≤Q<800	10.50≤Z<10.80 或800≤Q<900	Z≥10.80 或Q≥900		调水期间不执行
	31	横泾河	兴化	2.00≤Z<2.50	2.50≤Z<3.00	3.00≤Z<3.35	Z≥3.35		
	32	入江水道	金湖	10.60≤Z<11.20	11.20≤Z<11.70	11.70≤Z<12.14	Z≥12.14		
	33	白马湖	山阳	7.50≤Z<7.80	7.80≤Z<8.00	8.00≤Z<8.20	Z≥8.20	淮安市发布	

续表

流域或水系	序号	河名	站名	蓝色预警	黄色预警	橙色预警	红色预警	发布层级	备注
淮河	34	新洋港	盐城	1.70≤Z<2.00	2.00≤Z<2.30	2.30≤Z<2.50	Z≥2.50	盐城市发布	
	35	射阳河	阜宁	1.30≤Z<1.80	1.80≤Z<2.10	2.10≤Z<2.40	Z≥2.40		
	36	北澄子河	三垛	2.00≤Z<2.50	2.50≤Z<3.00	3.00≤Z<3.15	Z≥3.15	扬州市发布	
	37	怀洪新河	双沟	14.50≤Z<15.30	15.30≤Z<16.00	16.00≤Z<16.43	Z≥16.43		
	38	新濉河	泗洪（濉）	15.66≤Z<16.20	16.20≤Z<16.72	16.72≤Z<17.20	Z≥17.20	宿迁市发布	
	39	老濉河	泗洪（老）	15.40≤Z<16.00	16.00≤Z<16.50	16.50≤Z<17.00	Z≥17.00		
	40	徐洪河	金锁镇	15.50≤Z<16.50	16.50≤Z<17.00	17.00≤Z<17.70	Z≥17.70		
沂沭泗	41	沂河	港上	4000≤Q<5500 或33.5≤Z<34.5	5500≤Q<7000 或34.5≤Z<35.5	7000≤Q<8000 或35.5≤Z<36.32	Q≥8000 或Z≥36.32	省发布	
	42	沭河	新安	28.50≤Z<29.50 或1500≤Q<2000	29.50≤Z<30.21 或2000≤Q<2500	30.21≤Z<30.94 或2500≤Q<3000	Z≥30.94 或Q≥3000		
	43	中运河	运河	24.50≤Z<25.50 或3000≤Q<4500	25.50≤Z<26.00 或4500≤Q<5500	26.00≤Z<26.50 或5500≤Q<6500	Z≥26.50 或Q≥6500		
	44	骆马湖	洋河滩闸	23.60≤Z<24.10	24.10≤Z<24.50	24.50≤Z<25.00	Z≥25.00		调水期间不执行
	45	新沂河	沭阳	9.50≤Z<10.20 或2500≤Q<4000	10.20≤Z<10.80 或4000≤Q<6000	10.80≤Z<11.40 或6000≤Q<7800	Z≥11.40 或Q≥7800	连云港发布	
	46	新沭河	石梁河水库	25.00≤Z<25.50 或3000≤Q<4000	25.50≤Z<26.00 或4000≤Q<5000	26.00≤Z<26.81 或5000≤Q<6000	Z≥26.81 或Q≥6000		Q为出库流量